台科大
since 1997

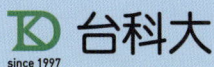

運算思維與 SCRATCH 3.0 程式設計

含 GLAD ICTP 計算機程式語言國際認證
基礎能力 Fundamentals Level

王麗君　編著

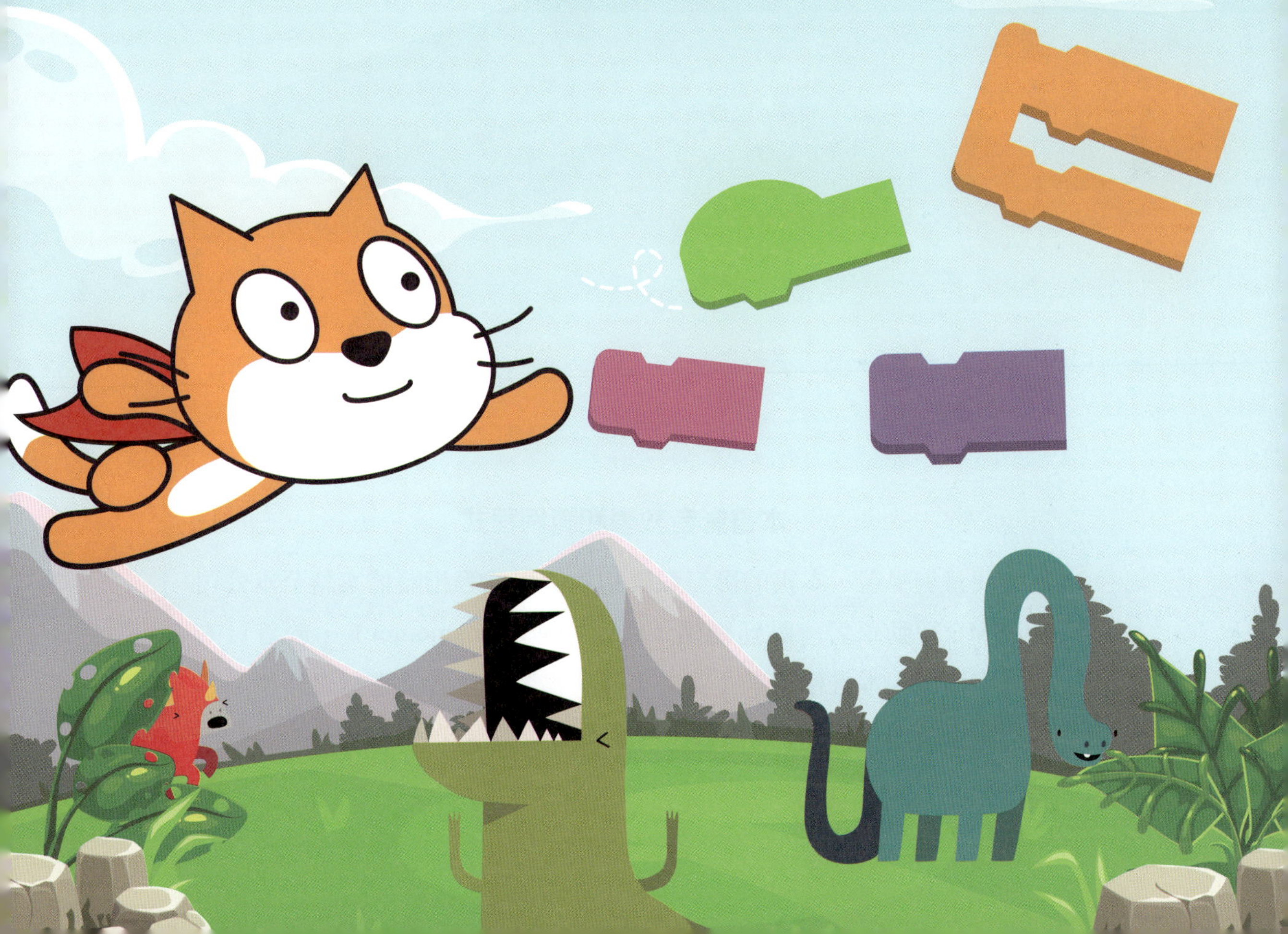

本書影音教學和範例程式

為方便讀者學習,本書的影音教學和範例程式等相關檔案請至本公司 MOSME 行動學習一點通網站(http://www.mosme.net),於首頁的關鍵字欄輸入本書相關字(例:書號、書名、作者)進行書籍搜尋,尋得該書後即可於 [學習資源] 頁籤下載範例程式。

序

　　Scratch 是美國麻省理工學院媒體實驗室（MIT Media Lab）所發展的視覺化圖形介面程式語言，只要輕鬆堆疊積木，就能將自己的想法轉換成互動故事、藝術、音樂、遊戲或動畫，培養邏輯思考能力、創造力與想像力，適合程式語言初學者或想參加 Scratch 程式設計能力認證的學習者。

　　本書《運算思維與 Scratch 3 程式設計》，應用運算思維架構在主題式範例程式設計，依據 Scratch 3 的特性分為：Scratch 功能與操作、結構化與模組化程式設計、演算法的程式設計、人機互動程式設計四大構面，詳細介紹 Scratch 與各學習領域結合的應用方式與應用範例，輕鬆激發學習者的多元智慧、創造力與想像力。同時，主題範例程式設計從動畫情境腳本規劃、自己的創意規劃、流程設計、動手堆疊積木到延伸學習，循序漸進引導學習者觸類旁通、舉一反三，將創意想法轉換成 Scratch 程式執行結果，培養運算思維能力、問題解決能力與邏輯思考能力。

　　本書獻給想激發想像力、創造力、邏輯思考能力、問題解決能力與想挑戰自己潛能，或是對 Scratch 競賽有興趣的您。讓我們一起進入 Scratch 無窮盡想像力的世界吧！

目錄

第一篇　SCRATCH 功能與操作

Chapter 1
運算思維與 Scratch 3 程式設計

1-1　Scratch 3 簡介　　　　　　　　　　　2
1-2　Scratch 3 視窗環境　　　　　　　　　4
1-3　角色與造型　　　　　　　　　　　　5
1-4　舞台與背景　　　　　　　　　　　　8
1-5　角色造型與舞台背景繪畫功能　　　　9
1-6　Scratch 角色說出：「Hello!」　　　12
1-7　運算思維與 Scratch 3 程式設計　　　14
課後評量　　　　　　　　　　　　　　　17

Chapter 2
Scratch 3 功能與應用一

2-1　事件　　　　　　　　　　　　　　20
2-2　結構化程式設計與控制　　　　　　22
2-3　動作　　　　　　　　　　　　　　29
2-4　外觀　　　　　　　　　　　　　　34
2-5　偵測　　　　　　　　　　　　　　39
課後評量　　　　　　　　　　　　　　44

Chapter3
Scratch 3 功能與應用二

3-1　音效　　　　　　　　　　　　　　56
3-2　運算　　　　　　　　　　　　　　58
3-3　變數　　　　　　　　　　　　　　64
3-4　函式積木　　　　　　　　　　　　68
3-5　擴展－音樂　　　　　　　　　　　69
3-6　擴展－畫筆　　　　　　　　　　　71
3-7　擴展－視訊偵測　　　　　　　　　74
3-8　擴展－文字轉語音　　　　　　　　76
3-9　擴展－翻譯　　　　　　　　　　　77
課後評量　　　　　　　　　　　　　　78

Contents

第二篇　結構化與模組化程式設計

Chapter 4
結構化程式設計：樂透彩球

4-1	樂透彩球腳本規劃	86
4-2	樂透彩球流程設計	86
4-3	新增角色	87
4-4	廣播開始選號－事件	90
4-5	彩球移動－動作	92
4-6	選中號碼－變數	93
課後評量		102

Chapter 5
e-Board 電子白板：控制與畫筆

5-1	e-Board 電子白板腳本規劃	106
5-2	e-Board 電子白板流程設計	106
5-3	角色跟著滑鼠游標移動	107
5-4	下筆與停筆－畫筆	109
5-5	設定畫筆顏色與寬度－畫筆	112
課後評量		115

Chapter 6
生日派對：外觀、音樂與音效

6-1	生日派對腳本規劃	120
6-2	生日派對流程設計	121
6-3	變換造型－外觀	121
6-4	播放歌曲－音效	123
6-5	碰到滑鼠變換造型	127
6-6	演奏音階－音樂	133
課後評量		137

Chapter 7
貓咪闖天關：動作與偵測

7-1	貓咪闖天關腳本規劃	142
7-2	貓咪闖天關流程設計	143
7-3	切換背景與設定角色	144
7-4	角色重複旋轉－動作	151
7-5	鍵盤控制角色移動－動作	152
7-6	角色偵測顏色移動－偵測	154
7-7	闖關成功與失敗	156
課後評量		159

目錄

第三篇　演算法的程式設計

Chapter 8
兔子的生長：費氏數列

8-1	費氏數列原理	168
8-2	設計費氏數列流程	169
8-3	設計費氏數列程式	170
課後評量		175

第四篇　人機互動程式設計

Chapter 9
英文語音翻譯與打字

9-1	英文語音翻譯與打字腳本規劃	186
9-2	設計英文語音翻譯與打字流程	186
9-3	翻譯	187
9-4	文字轉語音	190
9-5	英文打字與語音	192
課後評量		195

附錄　課後評量參考答案　　198

Chapter 1

運算思維與 Scratch 3 程式設計

本章將簡介 Scratch 3 的基本組成要素,並應用 Scratch 3 實踐運算思維程式設計。

學習目標
1. 認識 Scratch 3 的特性。
2. 理解 Scratch 3 基本組成要素。
3. 理解並能夠新增 Scratch 3 的角色與造型。
4. 理解並能夠新增 Scratch 3 的舞台與背景。
5. 應用運算思維在 Scratch 3 程式設計。

1-1 Scratch 3 簡介

Scratch 3 是美國麻省理工學院媒體實驗室終身幼兒園團隊（MIT Media Lab）所開發的視覺化程式語言，它具有下列特性：

一 免費自由軟體

Scratch 3 是免費自由軟體，分成連線網頁編輯器（Online Website editor）與離線編輯器（Offline editor），Scratch 3.0 版目前已被世界各國翻譯成 40 多國語言，能夠在 Windows 與 MacOS 作業系統執行。

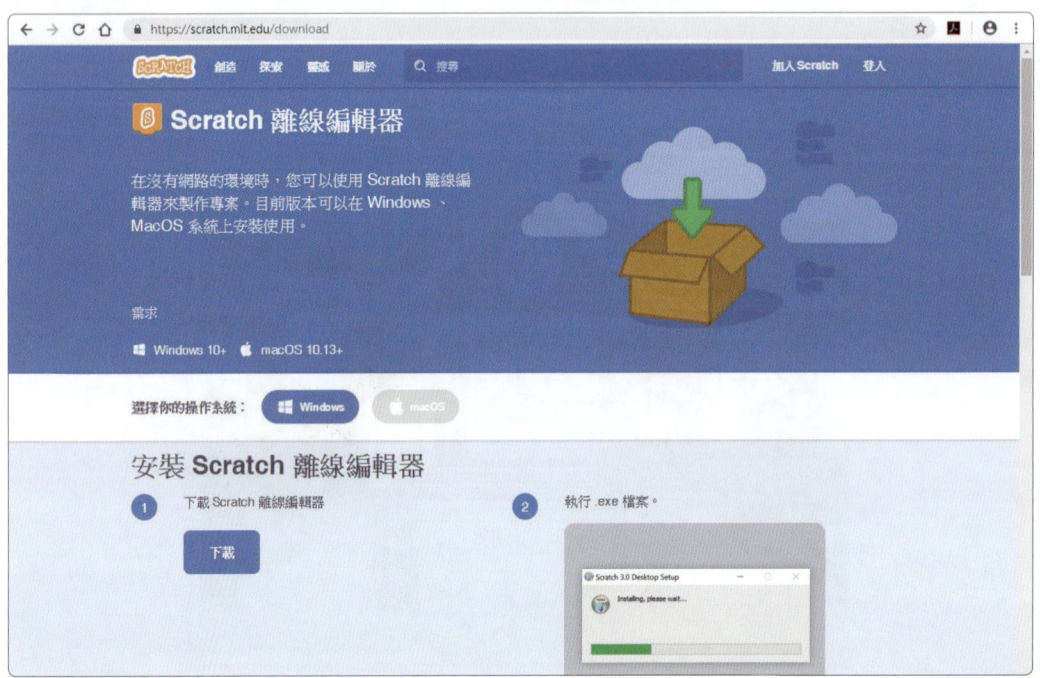

二 社群分享

使用者完成的 Scratch 專題能夠上傳到官方網站 Scratch 園地跟全世界的人分享。分享專題創作或瀏覽他人作品時都受到「數位千禧年著作權法案（DMCA）」的保護，Scratch 分享平台上目前分享已累計超過 1 千 3 百萬個專案，在合理使用原則下，這平台提供學習者具教育性及非營利創作與學習程式語言的管道。

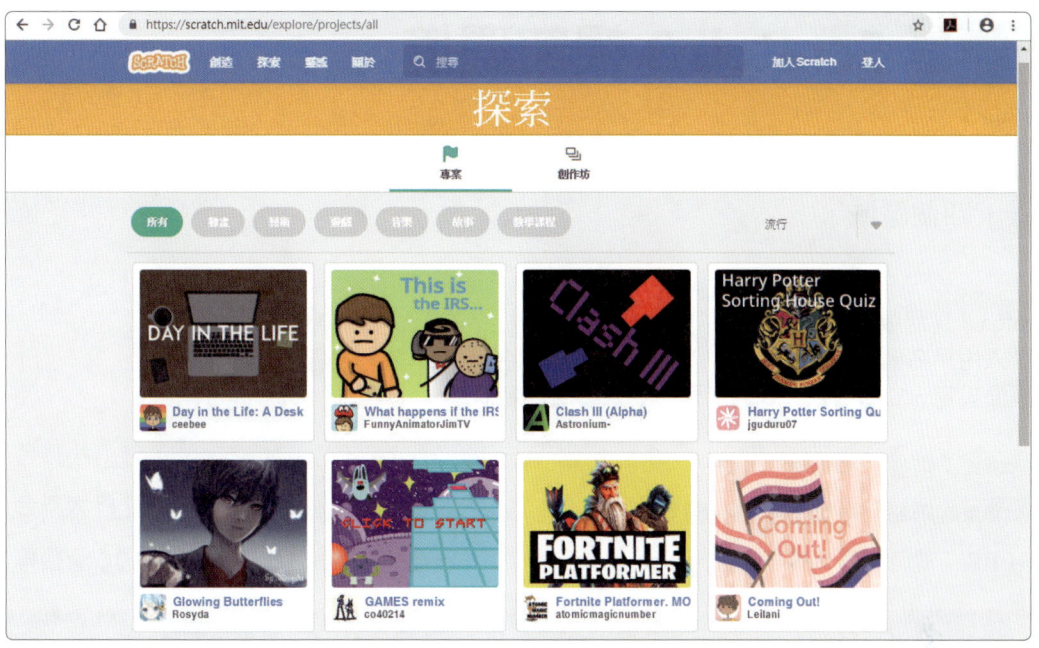

連結實體世界

　　Scratch 3 新增翻譯與語音功能，並將程式設計結合生活中常見的智能科技，例如：micro:bit、LEGO、Makey 等實體裝置結合，讓學習者利用積木創造更多的互動式故事、動畫、遊戲、音樂或藝術等。從 Scratch 寫程式過程中，培養程式設計運算思維能力、創造力、邏輯思考能力、問題解決能力與合作共創的能力。

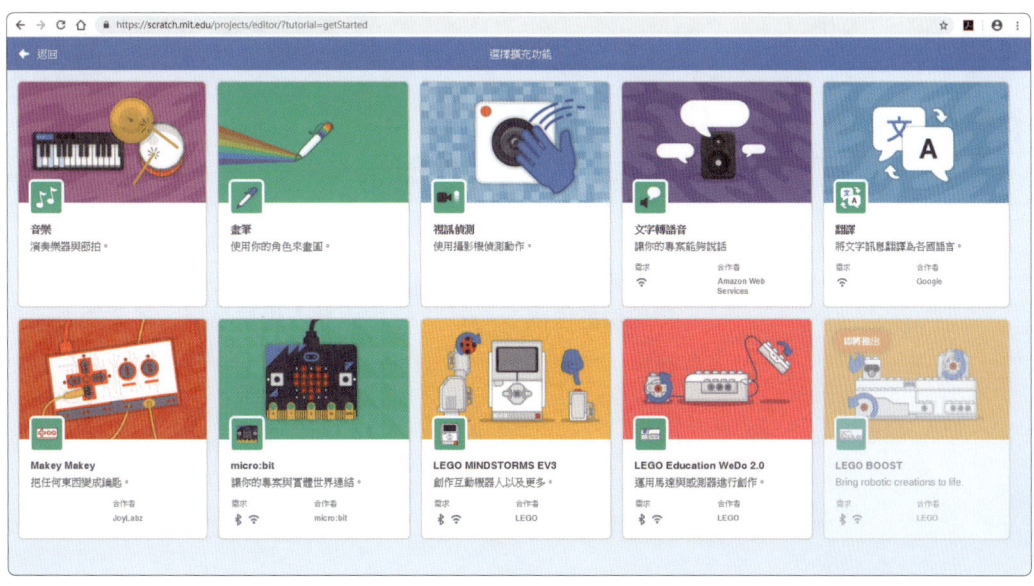

1-2　Scratch 3 視窗環境

　　Scratch 3 主要視窗環境分成：「積木」、「程式」、「舞台」及「角色與背景」四個區域。

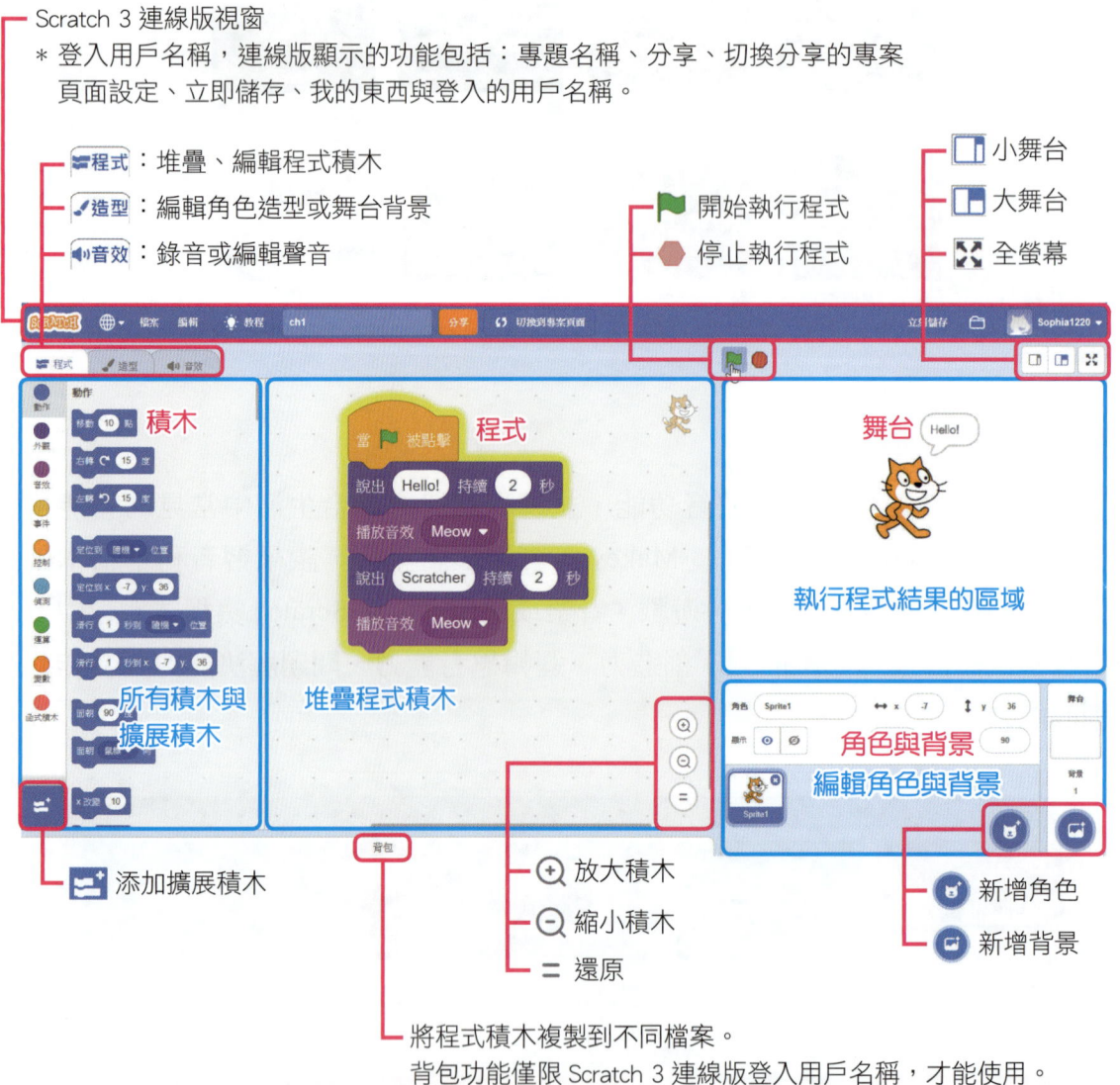

1-3 角色與造型

Scratch 3 的角色能夠設計程式，造型繪畫區能夠新增多個造型。

一、新增角色的方式

Scratch 3 新增角色的方式包括下列四種：

1. 選個角色

 從角色範例中選擇角色造型。

2. 繪畫

 在造型區畫新的角色造型。

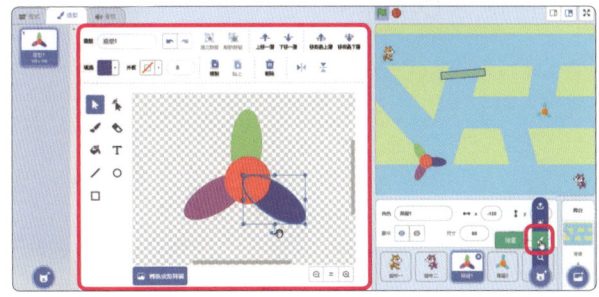

3. 驚喜

 從角色範例中隨機選擇角色造型。

4. 上傳

 從電腦上傳新的角色圖檔。

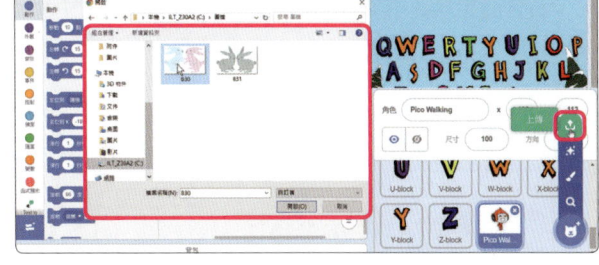

新增角色之後，在角色的「造型」，能夠利用攝影裝置拍攝角色造型圖片。

新增角色

新增「Abby」與「Dan」兩個角色。

1. 點選角色 1 按 ✕ 刪除角色。
2. 再按 🐱 或 🔍【選個角色】。
3. 點選【Abby】。

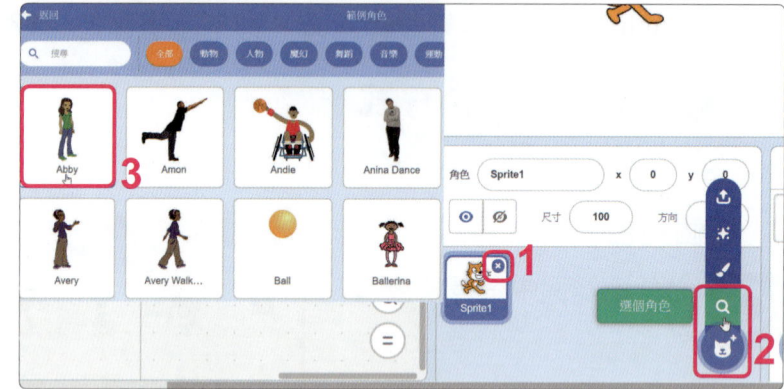

4. 重複步驟 1～3 新增角色「Dan」。

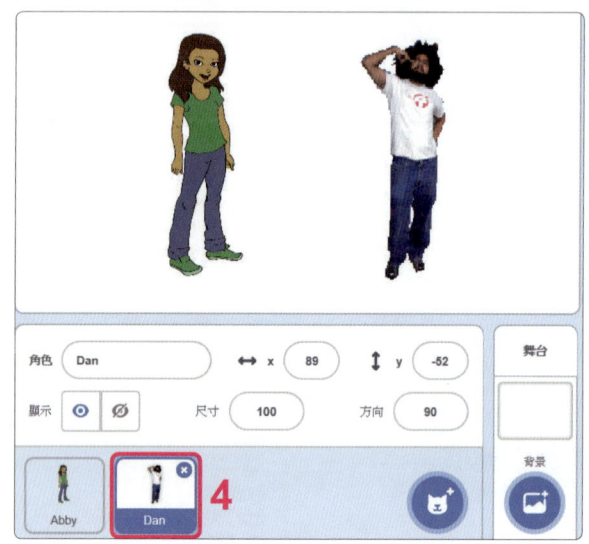

角色資訊

角色資訊顯示角色的名稱、在舞台的 x , y 座標、設定舞台顯示或隱藏、角色面朝的方向及角色尺寸。

角色名稱　　角色舞台座標
角色在舞台顯示或隱藏　　角色面朝的方向
　　　　　　角色尺寸大小

四 角色與舞台

當角色在舞台左右移動時，範圍在 –240～240 之間，稱為「x 座標」，寬度是 480。在舞台上下移動時，範圍在 –180～180 之間，稱為「y 座標」，高度是 360。正中心點的座標為（X：0，Y：0）。

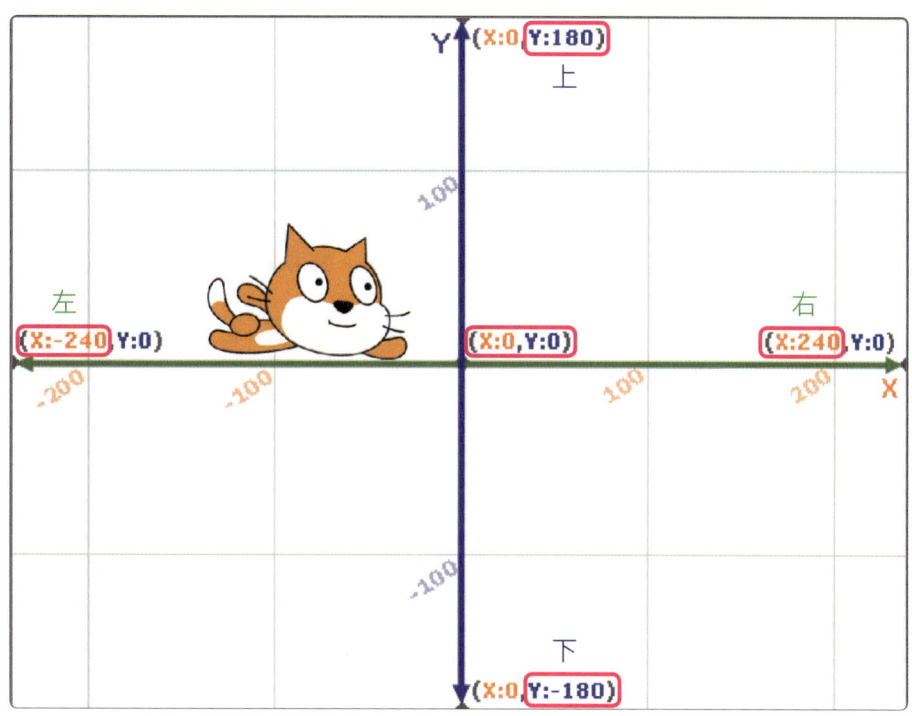

調整「Abby」與「Dan」在舞台的位置，角色資訊中的 x , y 座標隨著位置變化。

1-4 舞台與背景

Scratch 3 的舞台能夠設計程式，舞台背景繪畫區能夠新增多個背景。

➊ 舞台背景

Scratch 3 新增舞台背景的方式包括下列四種：

1. 選個背景

 從背景範例中選擇舞台背景。

2. 繪畫

 在背景造型畫新的角色造型。

3. 驚喜

 從背景範例中隨機選擇背景。

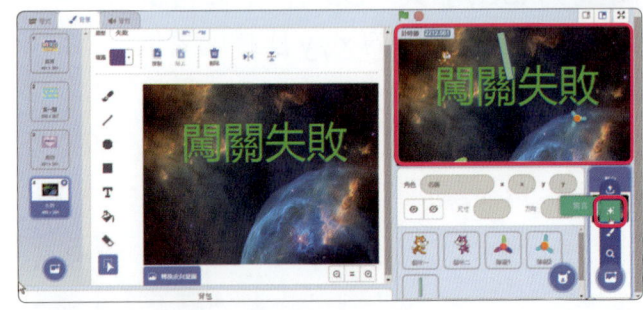

4. 上傳

 從電腦上傳新的背景圖檔。

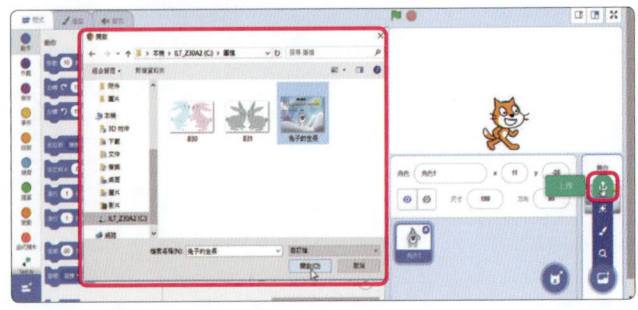

新增舞台背景

在舞台按 🖼 或 🔍【選個背景】，點選【School】（學校）。

1-5 角色造型與舞台背景繪畫功能

Scratch 3 角色造型 /造型 或舞台背景 /背景 的繪畫類型分為點陣圖與向量圖，兩種工具列如下所述：

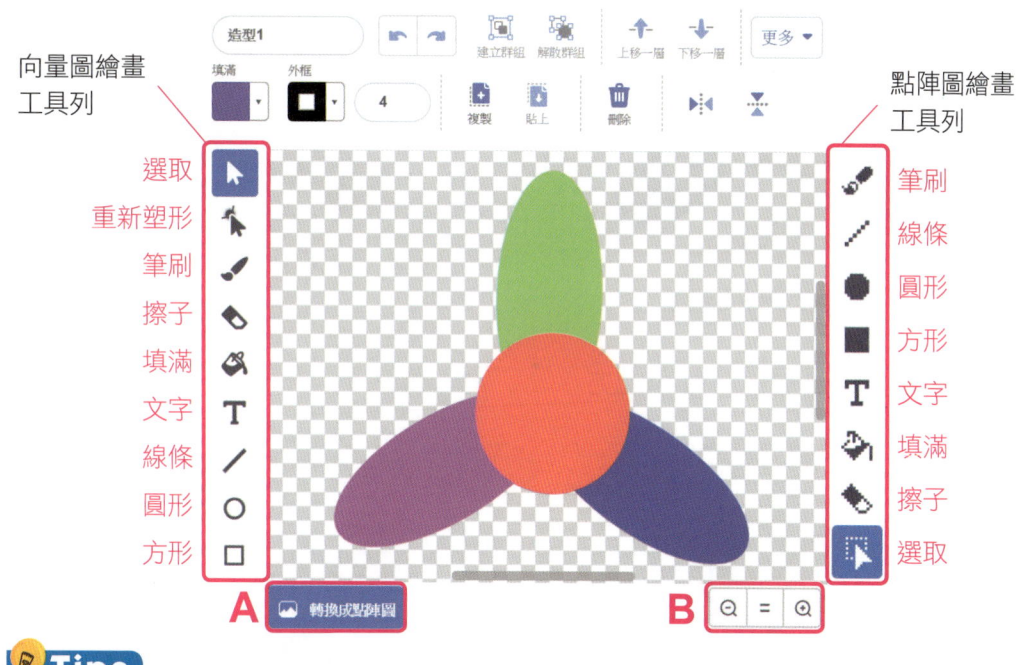

💡 Tips

A. 轉換成點陣圖 向量圖切換成點陣圖；轉換成向量圖 點陣圖切換成向量圖。

B. 按 ⊕ 放大繪圖區，按 ⊖ 縮小繪圖區，按 = 還原 100%。

一 角色造型與舞台背景繪畫功能按鈕

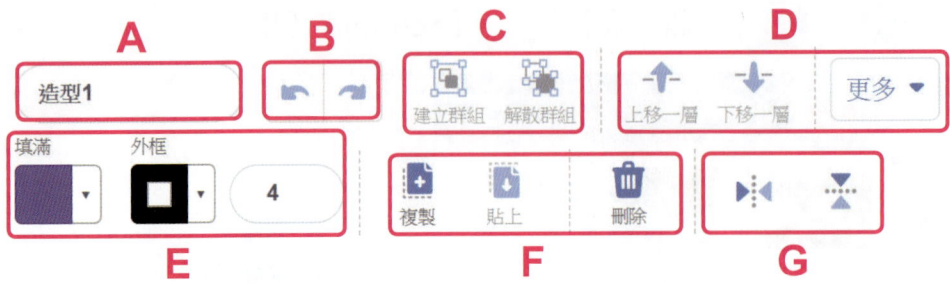

A 造型名稱【造型 1】或背景名稱。

B 復原或取消復原。
　　　復原：回復上一個動作；　　取消復原：取消回復上一個動作。

C 建立群組或解散群組。

建立群組：組合成一個物件。　　　解散群組：每個元件皆可獨立編輯。

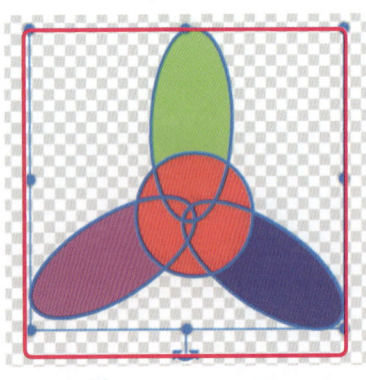
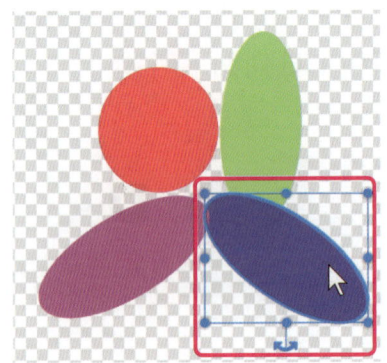

D 上移一層、下移一層或更多。

　　　綠色上移一層，在紅色上方。　　　綠色下移一層，在紅色下方。

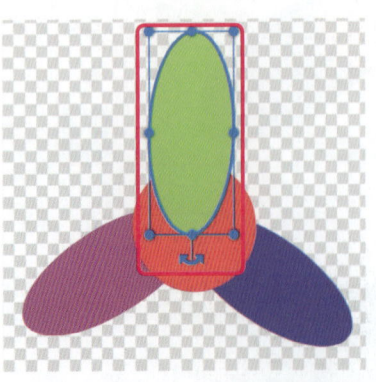
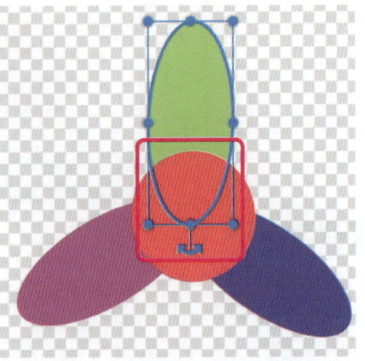

E 填滿顏色、外框顏色與線條寬度。
　填滿「綠色」、外框「紫色」、寬度「9」。

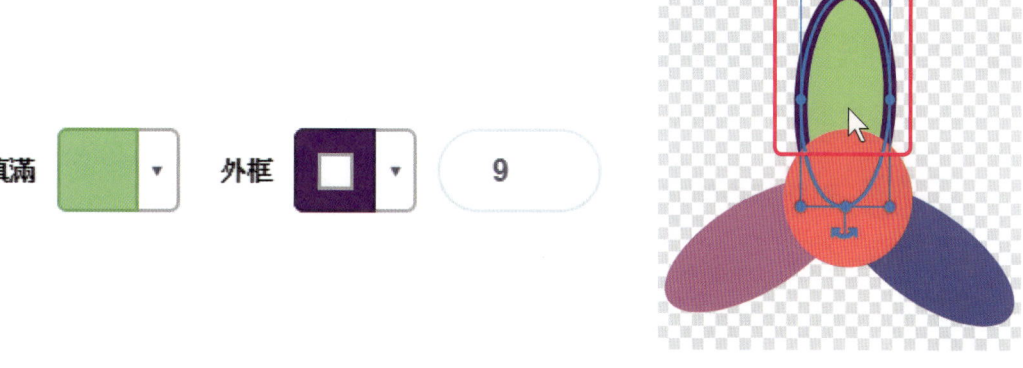

F 複製 / 貼上或刪除。

 複製：綠色。　　 貼上：多一個綠色。　　 刪除：刪除綠色。

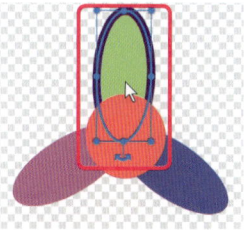 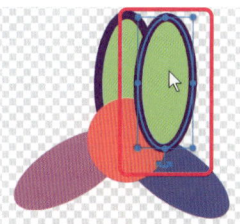 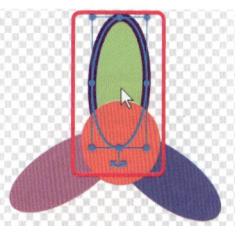

G 橫向翻轉或直向翻轉。

 橫向翻轉：右邊貓咪左右翻轉。　　 直向翻轉：右邊貓咪上下翻轉。

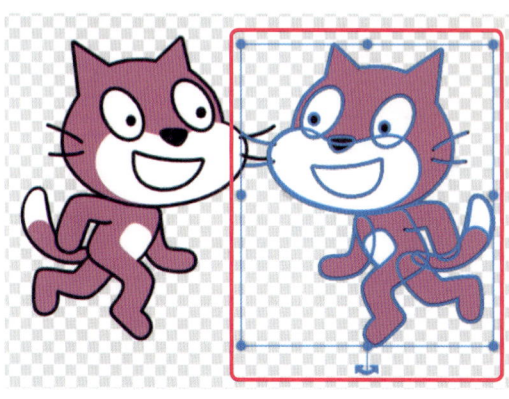 

1-6 Scratch 角色說出：「Hello!」

一 角色說出：「Hello!」

點擊綠旗時，「Abby」與「Dan」說出：「Hello!」。

動動腦 點擊綠旗時，如何讓角色在舞台顯示說話的內容呢？

Scratch 外觀積木主要功能在舞台顯示**說出**或**想著**：「**文字**」。利用下列積木，讓「Abby」與「Dan」**說出**或**想著「文字」n 秒**，或**顯示說出**或**想著**的內容。

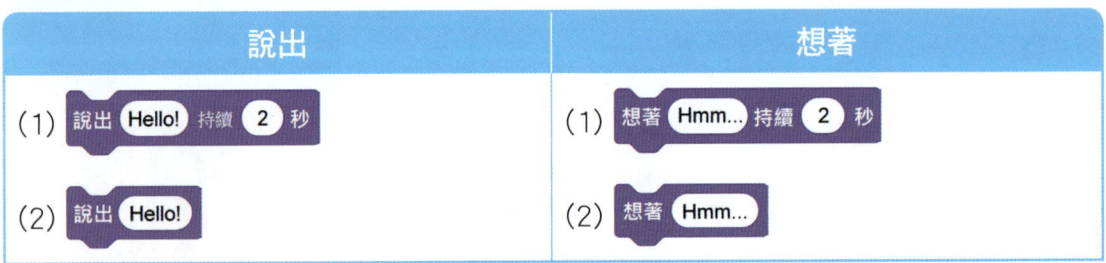

說出	想著
(1) 說出 Hello! 持續 2 秒	(1) 想著 Hmm... 持續 2 秒
(2) 說出 Hello!	(2) 想著 Hmm...

二 設計角色說出：「Hello!」程式

① 點選 【Abby】，按 程式 與 事件，拖曳 當 ▶ 被點擊 。

❷ 按 ，拖曳 說出 Hello! 持續 2 秒 。

❸ 按住積木，拖曳到「Dan」放開，複製程式積木。

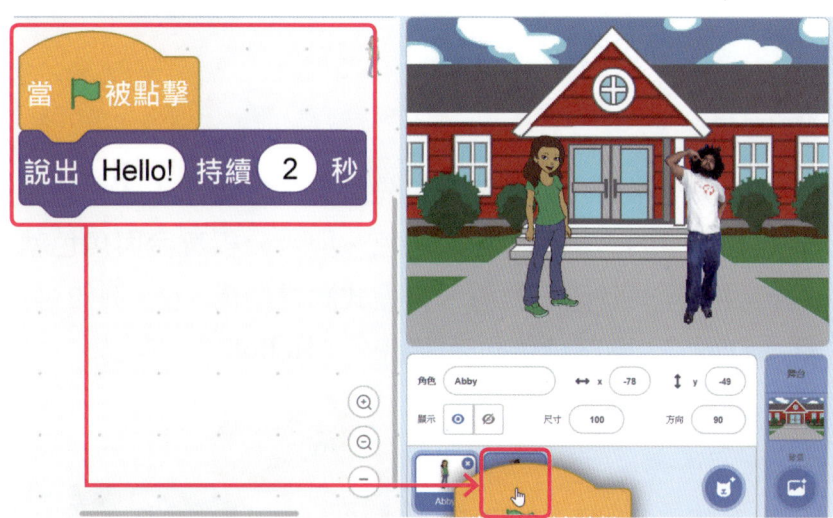

❹ 點擊 🚩，「Abby」與「Dan」同時說出：「Hello!」。

〈操作說明〉

 程式積木顯示黃色外框，表示程式執行中。

1-7 運算思維與 Scratch 3 程式設計

運算思維就是利用資訊科技解決問題的過程，當你在學習 Scratch 過程中，會有許多想法，利用 Scratch 積木設計程式，實踐想法就是運思維的實踐。因此，如何學習程式運算思維呢？Scratch 開發團隊麻省理工學院（MIT）媒體實驗室 Resnick 教授提出，程式設計運算思維應包含下列架構：

一 運算思維概念

運算思維概念（Computational Concepts）應用在 Scratch 3 程式設計時，就是利用 Scratch 3 積木設計程式解決問題，例如：應用等待 2 秒、如果～那麼或重複執行等積木設計程式，就是應用結構化程式設計的循序結構、選擇結構或重複結構在運算思維概念。

運算思維概念實作

運算思維概念實作時，首先針對「專題的主題」規劃「腳本」，腳本內容包含專題的「舞台」、「角色」與「分析舞台與角色執行的動畫情境，並解析設計程式時使用的積木與程式語言結構。」例如：點擊綠旗時「Abby」與「Dan」，兩個角色同時說出：「Hello!」。

「Abby」與「Dan」程式為：

執行結果為：

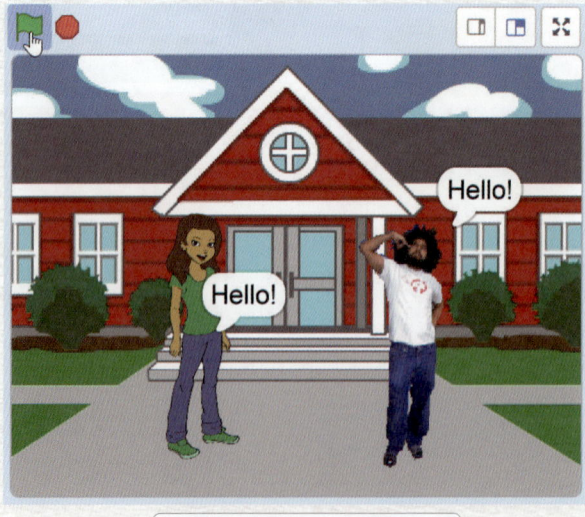

兩者同時說出：「Hello!」。

❑ 運算思維洞察力

運算思維洞察力（Computational Perspectives）就是在 Scratch 3 設計程式時，表達想法、連結創造力、提出問題的能力或發現問題的能力。

運算思維洞察力實作

當兩個角色都說出：「Hello!」時，有發現什麼問題嗎？

在正常狀況下，「Abby」說話時，「Dan」應該聆聽，等「Abby」說完，「Dan」再開始說話。但如何設計「Abby」與「Dan」分別說出哈囉，而不是在同一時間同時說呢？

實作運算思維洞察力時，依規劃好的腳本，設計程式執行的流程，亦即設計演算法，再依據演算法執行流程撰寫程式。因此，「Abby 與 Dan 對話」執行流程為：

執行結果為：

Abby 先說：「Hello!」。　Dan 聆聽、並等待

Abby 聆聽、並等待　　Dan 等 Abby 說完，再說：「Hello!」。

三 運算思維實踐

運算思維實踐（Computational Practices）就是在 Scratch 3 設計程式時，能夠除錯或整合專題的能力。在 Scratch 3 設計程式時，如果發現問題，可以與同學、朋友分享討論或在社群提出討論、解決問題，讓自己的專題更完整。

運算思維實踐實作

請利用「事件」或「控制」積木，設計啟動「Abby」與「Dan」說出：「Hello!」的方式。

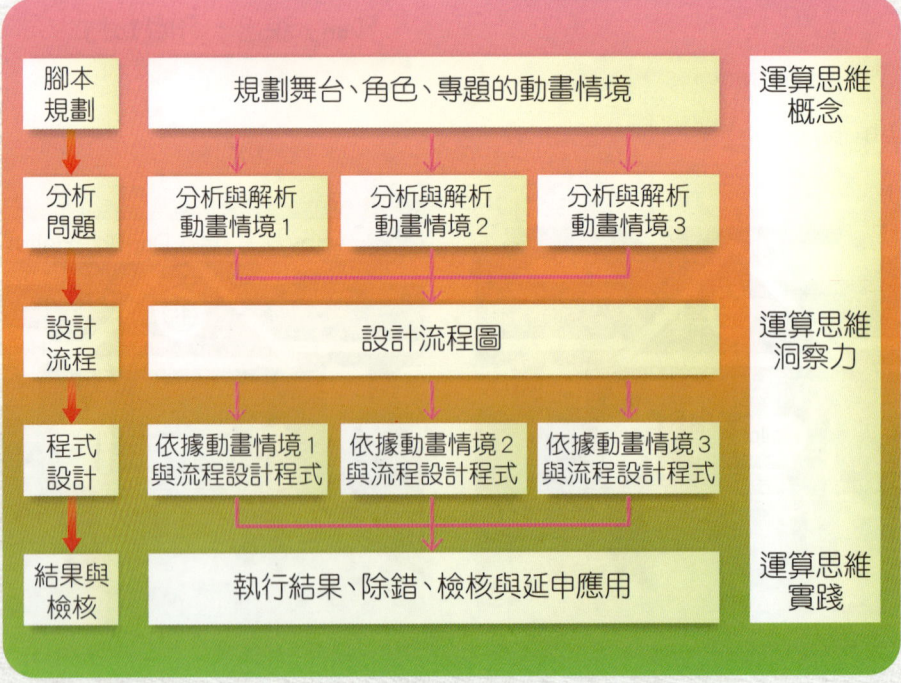

課後評量　1 Chapter

選擇題

_____ 1. 關於 Scratch 新增角色的方式，「不包括」下列哪一種？
(A) 從電腦中挑選角色　　　　(B) 從背景範例庫新增角色
(C) 用攝影裝置拍攝角色造型　(D) 自行繪製新的角色。

_____ 2. 下列哪一個積木，在 Scratch 按下綠旗時，角色會想著「Hmm...」2 秒？

(A) 　　(B)

(C) 　　(D)  。

_____ 3. 如果想讓舞台上的角色說出：「Hello!」不消失，應使用下列哪一個積木？

(A) 說出 Hello!　　(B) 說出 Hello! 持續 2 秒

(C) 想著 Hmm...　　(D)  。

_____ 4. 如果想在角色造型新增文字，應使用圖 (1) 哪一個功能？
(A) 1　(B) 2　(C) 3　(D) 4。

圖 (1)

Chapter 1 課後評量

_____ 5. 下列關於 Scratch 3.0 角色造型的敘述何者「有誤」?
　　(A) 一個角色僅能一個造型　　(B) 一個角色可以有很多個造型
　　(C) 每個造型都有造型編號　　(D) 角色的造型名稱可以更改。

_____ 6. 下列關於 Scratch 3.0 舞台背景的敘述何者「有誤」?
　　(A) 一個舞台僅有一個背景　　(B) 一個舞台有多個背景
　　(C) 每個背景都有背景編號　　(D) 背景的名稱可以更改。

_____ 7. 關於圖 (2) Scratch 角色與舞台的敘述,何者「錯誤」?
　　(A) 角色的位置以座標 (x , y) 表示
　　(B) 舞台的 x 從 –240～240,寬度 480
　　(C) 舞台的 y 從 –180～180,高度 360
　　(D) `滑行 1 秒到 x: 0 y: 0` 能夠將角色固定在舞台座標 (0 , 0)。

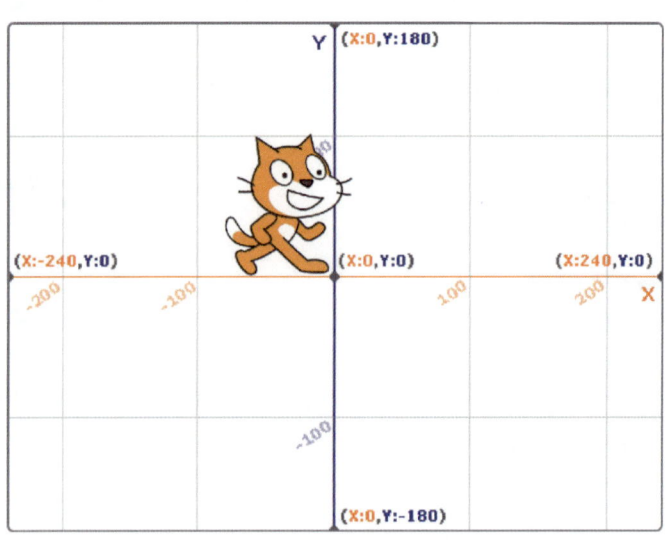

圖 (2)

Chapter 2

Scratch 3 功能與應用一

本章將認識 Scratch 3 事件、控制、動作、外觀及偵測積木與積木應用方式。

學習目標

1. 理解 Scratch 3 事件積木及應用方式。
2. 理解 Scratch 3 結構化程式設計與控制積木及應用方式。
3. 理解 Scratch 3 動作積木及應用方式。
4. 理解 Scratch 3 外觀積木及應用方式。
5. 理解 Scratch 3 偵測積木及應用方式。

2-1 事件

事件積木主要功能在設計「啟動程式執行」的方式，包括：**綠旗**、**鍵盤**、**角色或背景**、**聲音**、**時間**與**廣播**開始執行程式。事件積木啟動程式執行的方式包括如下：

1. 綠旗啟動

啟動方式	點擊綠旗
積木	當 🚩 被點擊
功能	點擊綠旗，開始依序執行下方每一行積木。
範例 ch2-1-1	點擊綠旗，角色往右移動 10 點。

2. 鍵盤啟動

啟動方式	按下鍵盤按鍵
積木	當 空白 鍵被按下
功能	當按下空白鍵（A～Z，0～9 或任何鍵）開始依序執行下方每一行積木。
範例 ch2-1-2	按下空白鍵，往左移動 10 點。

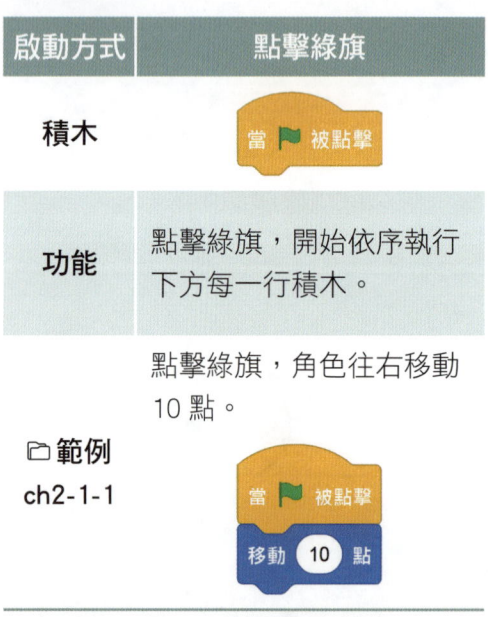

3. 音量或計時啟動

啟動方式	A．音量啟動	B．計時器啟動
積木	當 聲音響度 > 10	當 計時器 > 10
功能	當麥克風音量值大於 10，開始依序執行下方每一行積木。	當計時器大於 10，開始依序執行下方每一行積木。
範例 ch2-1-3	當音量值大於 10，往下移動 10 點。	當計時器大於 10，往右旋轉 15 度。

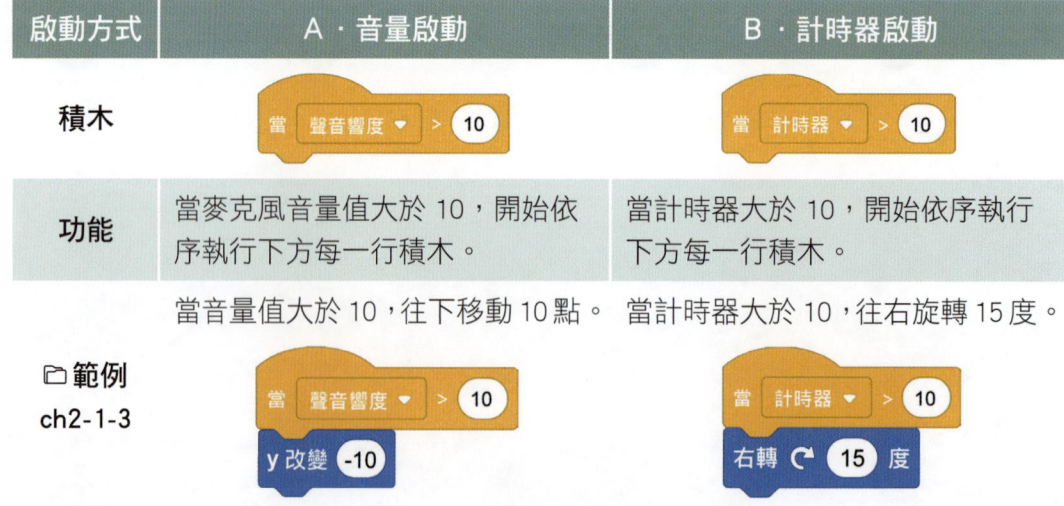

> **Tips**
> Scratch 3 預設面朝右，迴轉方式不設限。

4. 背景或角色啟動

啟動方式	A・背景啟動	B・點擊角色啟動
積木	 當背景換成 backdrop1▼	 當角色被點擊
功能	當背景切換為「backdrop1」（背景1）開始依序執行下方每一行積木。	點擊角色，開始依序執行下方每一行積木。
範例 ch2-1-4	當背景切換為「backdrop1」（背景1）時，角色切換「造型1」。  當背景換成 backdrop1▼ 造型換成 costume1▼	點擊角色時，改變角色的顏色效果。  當角色被點擊 圖像效果 顏色▼ 改變 25

5. 廣播啟動

廣播訊息的傳遞方式包括「**傳送**」與「**接收**」。因此，角色或舞台利用

兩個積木「傳送」廣播訊息。其他角色或舞台再利用 當收到訊息 message1▼ 「接收」廣播訊息，開始執行程式。

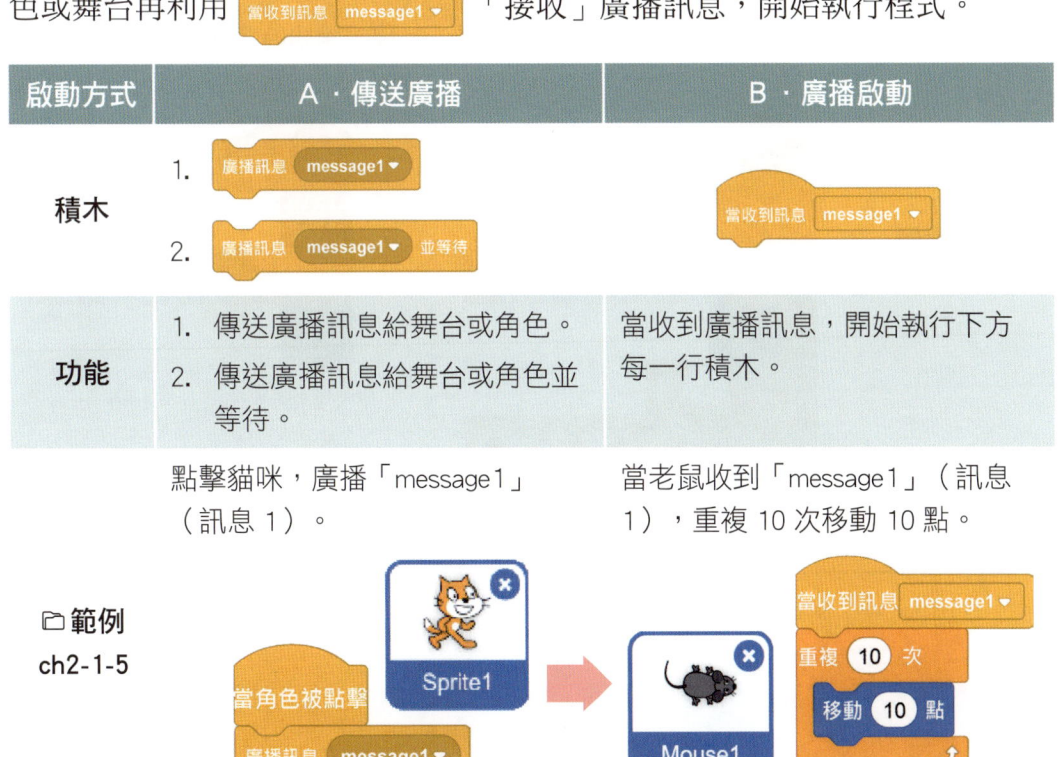

2-2 結構化程式設計與控制

控制

結構化程式計設計應用「循序結構」、「選擇結構」與「重複結構」設計程式。控制積木的功能在控制程式的**等待時間**、程式的**執行次數**、程式的**執行流程**等，常應用在結構化程式設計的「循序結構」、「選擇結構」與「重複結構」。

1. 控制等待時間與循序結構

循序結構依照積木順序，由上而下依序執行，等待積木能夠控制程式先**等待**，再執行下一個積木。

等待方式	A．等待 X 秒	B．等待直到條件成立
積木	 等待 1 秒	 等待直到 ◆
功能	等待 1 秒，再繼續執行下一個積木。	等待直到條件成立，才執行下一行積木。
	按下空白鍵，角色隱藏 1 秒再顯示。 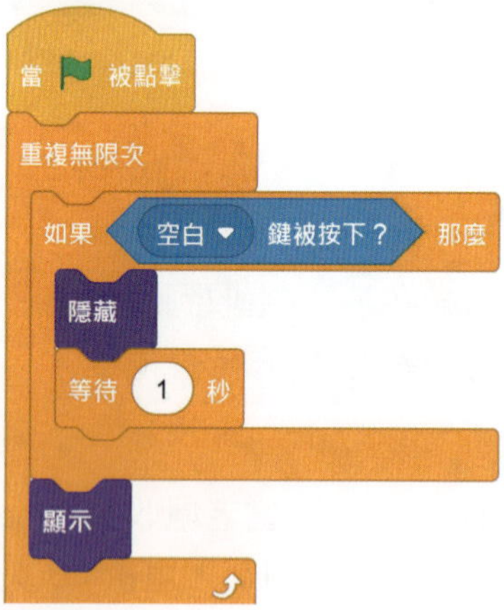	程式開始時角色隱藏，等待直到按下空白鍵才顯示。 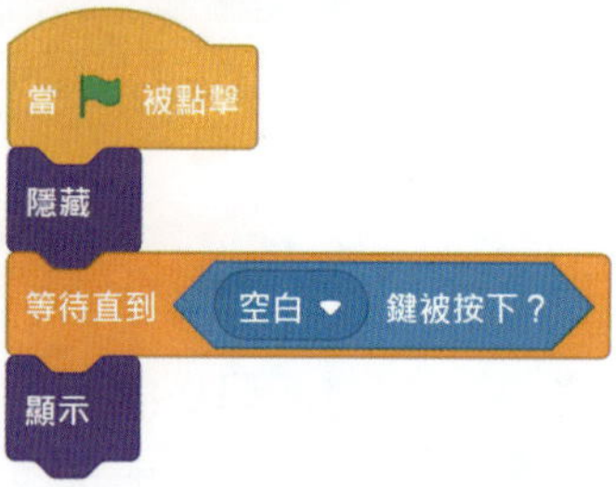

📁 範例
ch2-2-1
ch2-2-2

2. 控制執行次數與重複結構

重複結構會「重複執行某一段程式」，其中程式執行過程中，依據重複的方式又分：「**重複 n 次**」、「**重複無限次**」與「**條件式重複執行**」。Scratch 的控制積木，在執行重複結構時，能夠控制程式重複執行**內層**積木次數，設計方式如下：

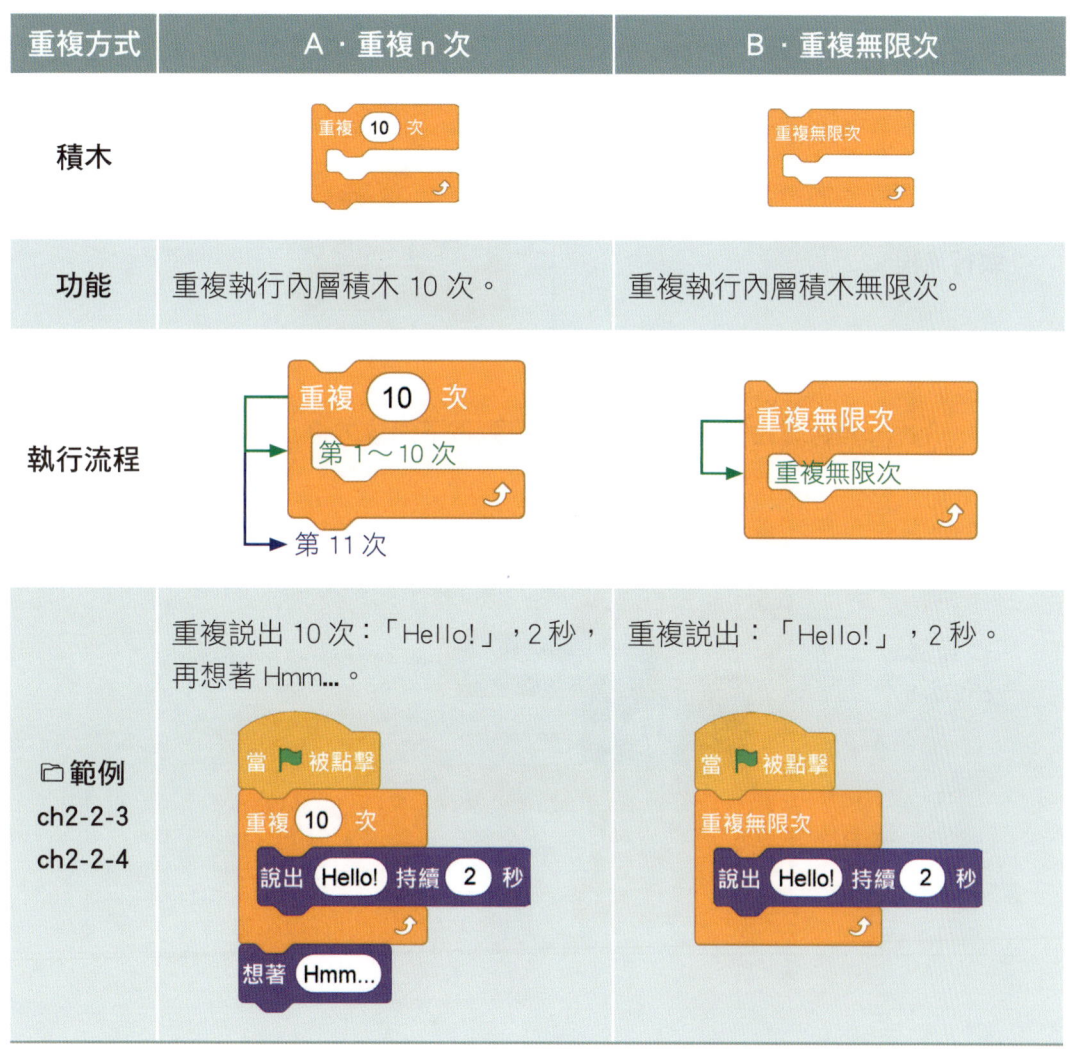

◆ 條件式重複執行

條件重複	重複執行直到～條件成立
積木	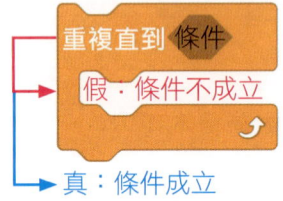
功能	「**重複執行內層**」積木,直到「**條件成立**」為真(true)才執行「**下一行**」積木。

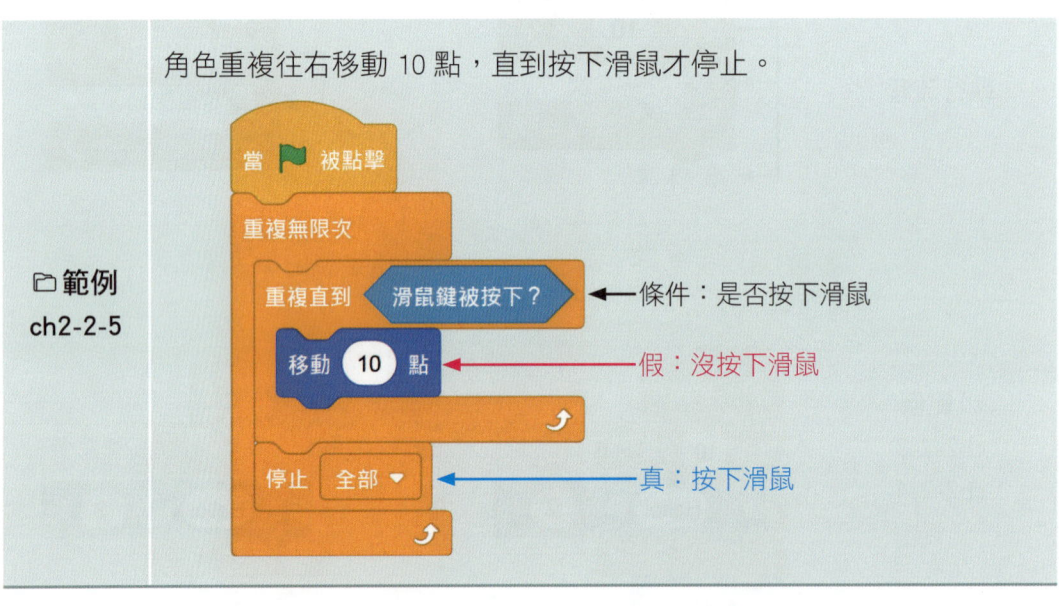

執行流程

範例
ch2-2-5

角色重複往右移動 10 點,直到按下滑鼠才停止。

3. 控制執行流程與選擇結構

　　選擇結構程式執行時，依據**條件判斷結果**決定執行流程，分為「**單一選擇**」與「**雙重選擇**」。Scratch 的控制積木，執行選擇結構時，能夠控制程式的執行流程，設計方式如下：

◆ 單一選擇

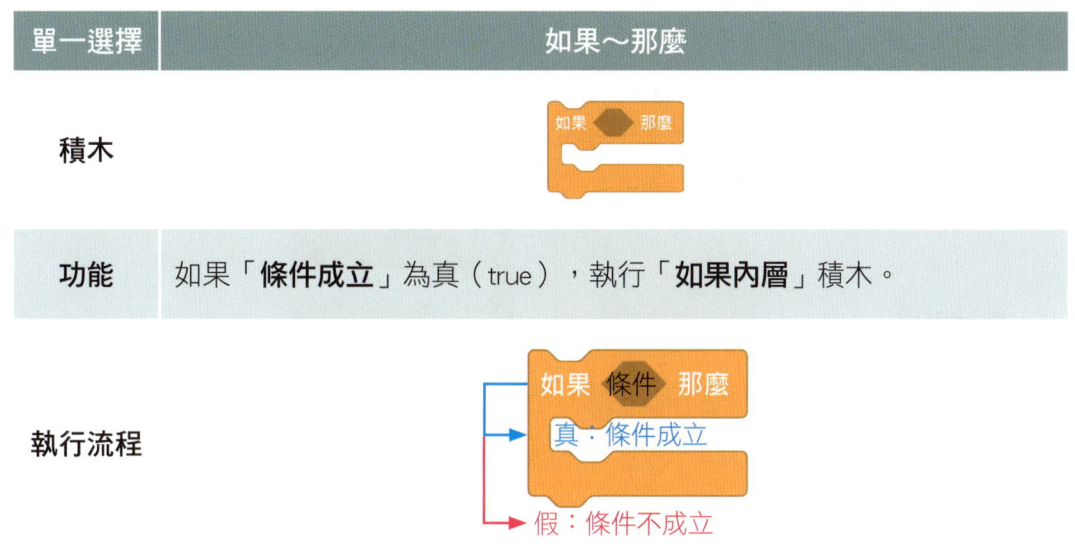

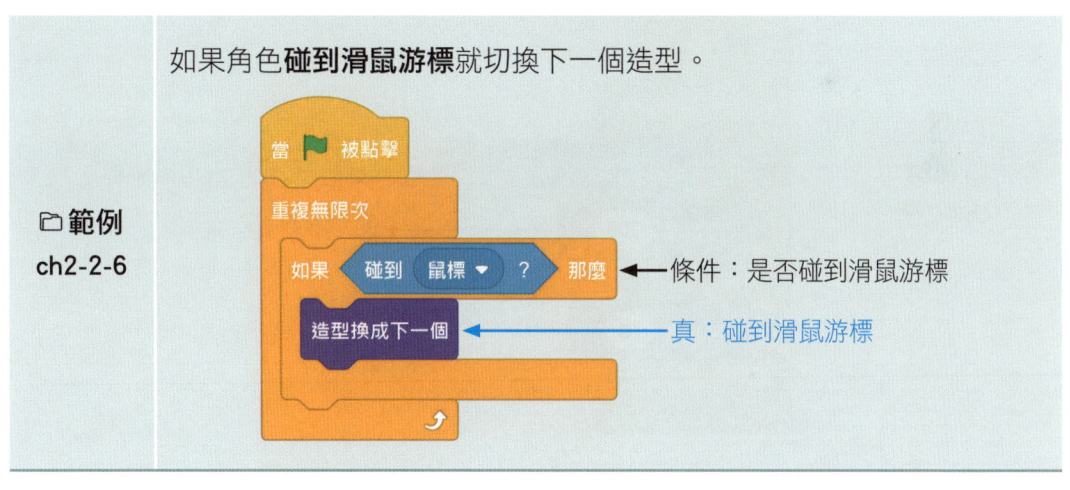

◆雙重選擇

雙重選擇	如果～那麼～否則
積木	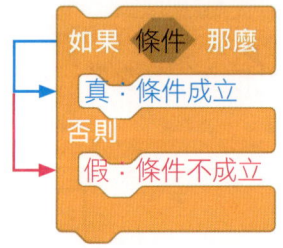
功能	如果「**條件成立**」為真（true），執行「**如果那麼內層**」積木，如果「**條件不成立**」為假（false），執行「**否則內層**」積木。
執行流程	
📁範例 ch2-2-7	如果角色**碰到滑鼠游標**就**變大**，否則**縮小**。

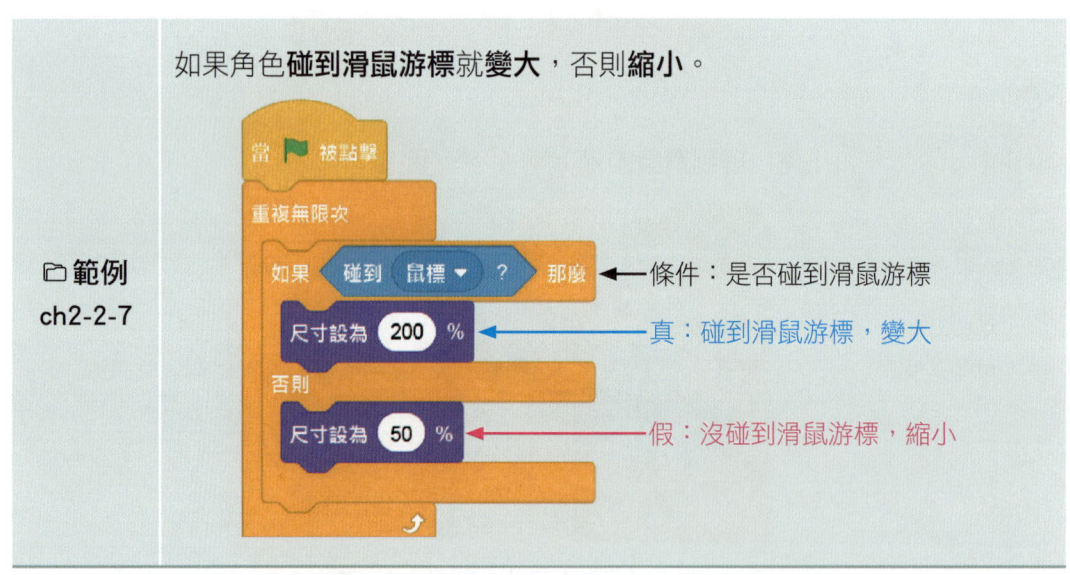

4. 分身

控制類別積木能夠控制角色**建立**自己或其他角色的分身、**刪除**分身，並**啟動**分身執行程式。

◆ 創造分身

創造分身	創造分身
積木	 建立 自己▼ 的分身
功能	在角色相同的座標，建立角色自己的分身或其他角色的分身。

按下空白鍵，建立一個自己的分身。

📁 範例 ch2-2-8

當 空白▼ 鍵被按下
建立 自己▼ 的分身

結果預覽

◆ 啟動分身程式執行

啟動分身	當分身產生時執行
積木	 當分身產生
功能	當分身產生時，開始執行分身的積木。

當身分產生時，1 秒內滑行到舞台隨機的位置。

📁 範例 ch2-2-9

當分身產生
滑行 1 秒到 隨機▼ 位置

結果預覽

💡 Tips

「本尊」在相同座標創造 1 個分身，因此在**相同座標**會有「本尊」+「分身」共 2 個角色，按下  停止按鈕，自動刪除所有分身。

◆刪除分身

刪除分身	刪除分身
積木	分身刪除
功能	刪除角色的分身。
範例 ch2-2-10	當分身產生時，1秒內滑行到舞台隨機的位置，再刪除分身。 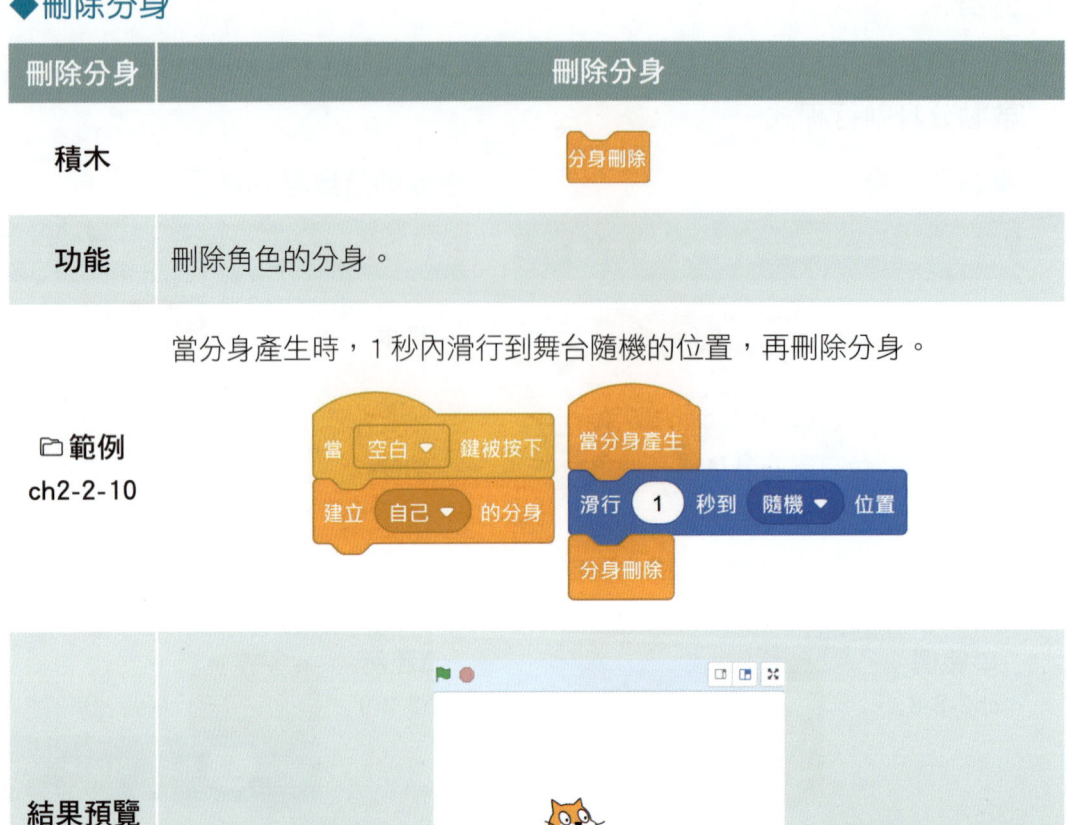
結果預覽	

2-3 動作

動作積木主要功能在控制角色在舞台**移動**、移動的**方向**、**旋轉**或**傳回角色資訊**。

1. 角色移動

角色在舞台移動方式包括：**左右**移動、**上下**移動、定位在舞台座標、**隨機**移動、**定時**移動或**移到角色或滑鼠游標的位置**。

◆ 移動方式

移動方式	A．左右移動	B．上下移動
積木	1.  移動 10 點 或 2. x 改變 10 	 y 改變 10
功能	1. 程式預設往右移動 10 點。 2. 正數：往右移動； 　負數：往左移動。	1. 往上移動 10 點。 2. 正數：往上移動； 　負數：往下移動。
範例 ch2-3-1	按向左鍵（←），往左移動。 按向右鍵（→），往右移動。   當 向左 ▼ 鍵被按下 x 改變 -10 當 向右 ▼ 鍵被按下 x 改變 10	按向上鍵（↑），往上移動。 按向上鍵（↓），往下移動。  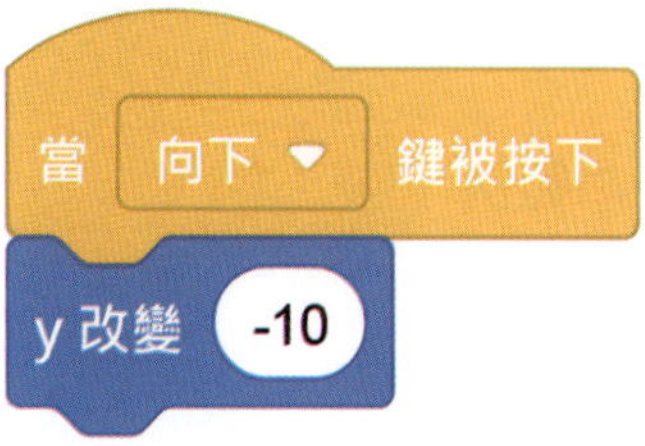 當 向上 ▼ 鍵被按下 y 改變 10 當 向下 ▼ 鍵被按下 y 改變 -10

移動方式	C．定位在固定位置	D．隨機定位滑行
積木	1. `定位到 x: 0 y: 0` 或 `定位到 隨機 位置` 2. `x 設為 0` 3. `y 設為 0`	將下列積木組合 1. `滑行 1 秒到 隨機 位置` 2. `滑行 1 秒到 x: 0 y: 0` 與 `隨機取數 1 到 10`
功能	1. 定位到舞台 x,y 位置或隨機位置。 2. 設定 x 座標或水平位置。 3. 設定 y 座標或垂直位置。	1 秒內滑行到 x,y 隨機位置。

範例
ch2-3-2
	按 3，定位到舞台左下方（-240,-180）。
	`當 3 鍵被按下`
	`定位到 x: -240 y: -180`
		按 a，在 1 秒內滑行到 x,y 隨機位置。
		`當 a 鍵被按下`
		`滑行 1 秒到 隨機 位置`

移動方式	E．定位到角色或鼠標
積木	`定位到 隨機 位置` ✓隨機 / 鼠標
功能	定位到滑鼠游標、隨機位置或其他角色位置。
範例 ch2-3-3	按下空白鍵，角色定位到滑鼠游標的位置，跟著滑鼠游標移動。 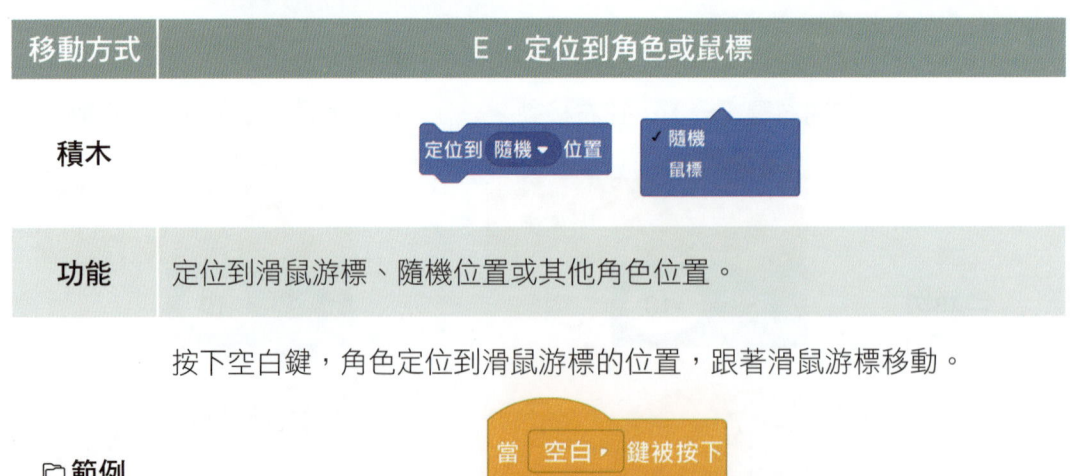

2. 角色旋轉與面朝方向

◆ 角色旋轉

旋轉方式	A．向右旋轉	B．向左旋轉
積木	右轉 ⟳ 15 度	左轉 ⟲ 15 度
功能	1. 向右旋轉 15 度。 2. 正數：向右旋轉； 　負數：向左旋轉。	1. 向左旋轉 15 度。 2. 正數：向左旋轉； 　負數：向右旋轉。
範例 ch2-3-4 ch2-3-5	點擊綠旗，每一秒向右旋轉6度。 當 ▶ 被點擊 重複無限次 　等待 1 秒 　右轉 ⟳ 6 度	點擊綠旗，每一秒向右旋轉6度。 當 ▶ 被點擊 重複無限次 　等待 1 秒 　左轉 ⟲ -6 度

◆ 角色面朝方向

角色在舞台移動或旋轉的方向，包括：「面朝**上、下、左、右**方向」或「面朝其他**角色**方向」與「面朝**滑鼠游標**方向」。

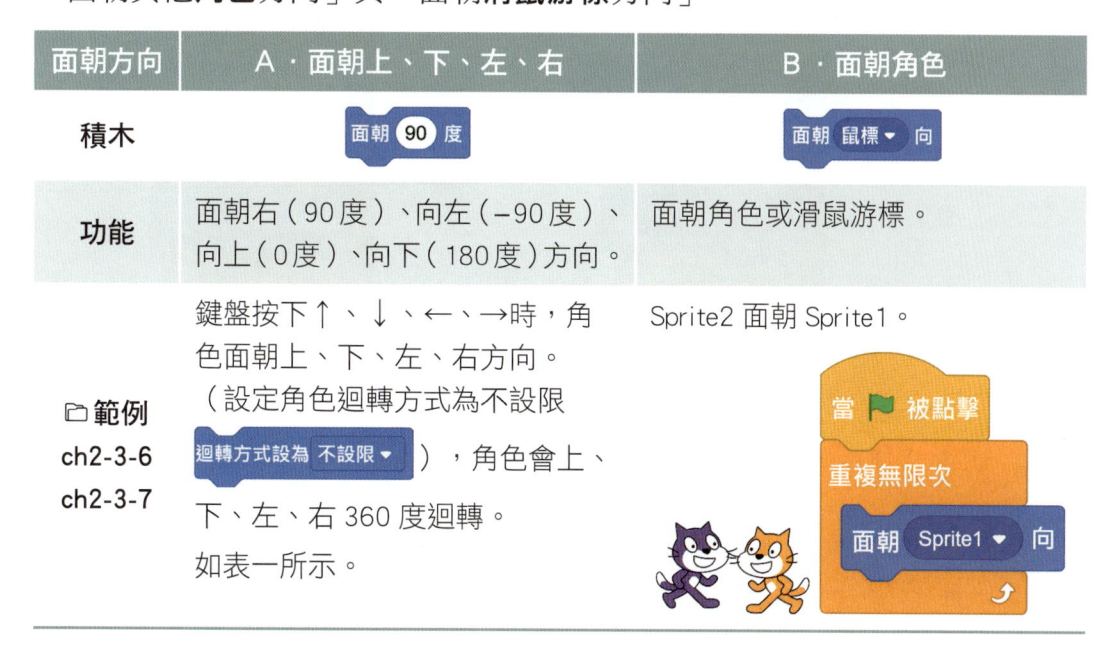

面朝方向	A．面朝上、下、左、右	B．面朝角色
積木	面朝 90 度	面朝 鼠標▼ 向
功能	面朝右(90度)、向左(-90度)、向上(0度)、向下(180度)方向。	面朝角色或滑鼠游標。
範例 ch2-3-6 ch2-3-7	鍵盤按下↑、↓、←、→時，角色面朝上、下、左、右方向。（設定角色迴轉方式為不設限 迴轉方式設為 不設限▼ ），角色會上、下、左、右360度迴轉。如表一所示。	Sprite2 面朝 Sprite1。 當 ▶ 被點擊 重複無限次 　面朝 Sprite1▼ 向

表一：角色面朝方向

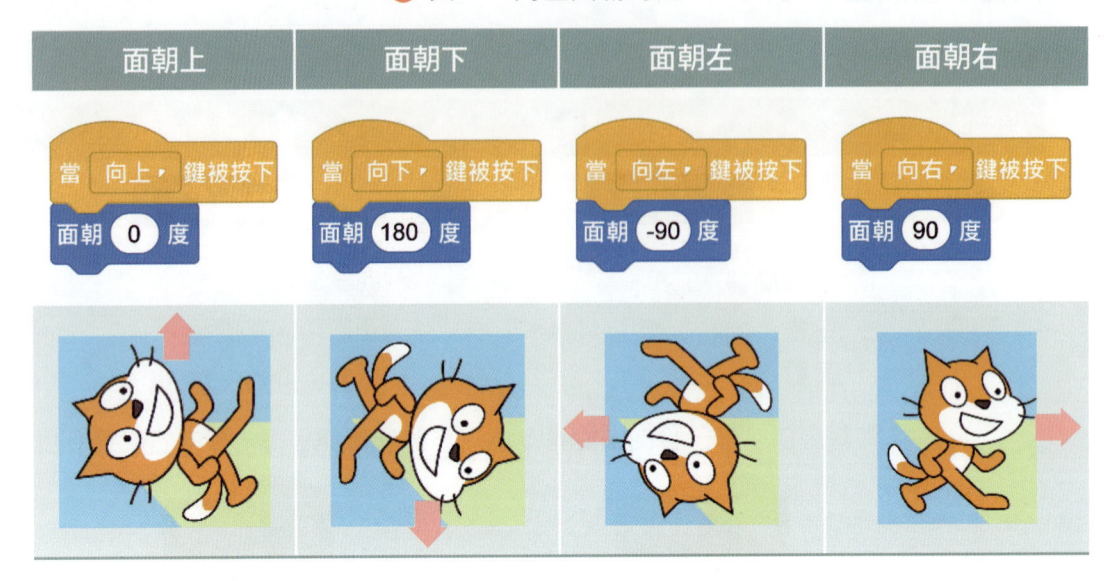

面朝上	面朝下	面朝左	面朝右
當 向上 鍵被按下 面朝 0 度	當 向下 鍵被按下 面朝 180 度	當 向左 鍵被按下 面朝 -90 度	當 向右 鍵被按下 面朝 90 度

旋轉方式	C．設定迴轉方式
積木	迴轉方式設為 左-右
功能	設定角色迴轉方式為左右、不設限或不迴轉。
範例 ch2-3-8 ch2-3-9	角色面朝滑鼠游標左右翻轉。 當 ▶ 被點擊 迴轉方式設為 左-右 重複無限次 　面朝 鼠標 向	角色面朝滑鼠游標360度迴轉不設限。 當 ▶ 被點擊 迴轉方式設為 不設限 重複無限次 　面朝 鼠標 向

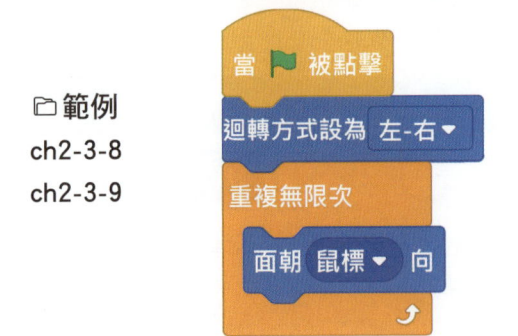

Tips
Scratch 3 預設面朝右，迴轉方式不設限。

3. 傳回角色資訊

動作類積木能夠傳回角色目前在舞台的 **x 座標**、**y 座標**與**方向**。

傳回訊息	A．x 座標	B．y 座標	C．方向
積木	x座標	y座標	方向
功能	傳回目前角色的 x 座標值。	傳回目前角色的 y 座標值。	傳回目前角色的方向值。
📁 範例 ch2-3-10 ch2-3-11 ch2-3-12	說出目前角色的 x 座標。 當 ▶ 被點擊 說出 x座標	說出目前角色的 y 座標。 當 ▶ 被點擊 說出 y座標	說出目前角色的方向。 當 ▶ 被點擊 說出 方向

2-4 外觀

外觀積木主要功能在舞台顯示**說出**的：「**文字**」、**改變角色尺寸**、**改變角色圖像效果**、設定角色**造型**或舞台**背景**、傳回角色造型或舞台背景的編號、名稱或尺寸等相關資訊值。

1. 對話

對話主要功能在**說出**或**想著「文字」n** 秒，或**顯示說出**或**想著**的內容。

對話	A．說出	B．想著
積木	1. 說出 Hello! 持續 2 秒 2. 說出 Hello!	1. 想著 Hmm... 持續 2 秒 2. 想著 Hmm...
功能	說出：「Hello!」2 秒 說出：「Hello!」	想著「Hello!」2 秒 想著「Hello!」
範例 ch2-4-1	按向上鍵，說出我愛 Scratch，2 秒後隱藏說出的內容。 當 向上 鍵被按下 說出 我愛Scratch 持續 2 秒	按向下鍵，舞台顯示想著 Scratch。 當 向下 鍵被按下 想著 Scratch

2. 改變尺寸或圖像效果

◆ 改變尺寸或圖像效果

改變尺寸或圖像效果積木會讓角色**隨著程式積木的執行而改變**尺寸大小或角色造型圖像特效。

改變	A．改變尺寸	B．改變圖像效果
積木	尺寸改變 10	圖像效果 顏色 改變 25
功能	改變角色尺寸（正數：放大、負數：縮小）。	改變角色圖像的效果，包括：顏色、魚眼、漩渦、像素化、馬賽克、亮度或幻影。

範例
ch2-4-2
ch2-4-3

按↑角色放大。
按↓角色縮小。

當 向上 鍵被按下
尺寸改變 10

當 向下 鍵被按下
尺寸改變 -10

按↑改變角色的顏色。
按↓改變角色為魚眼特效。

當 向上 鍵被按下
圖像效果 顏色 改變 25

當 向下 鍵被按下
圖像效果 魚眼 改變 25

◆ 圖像效果

圖像效果 顏色 改變 25 改變角色圖像的七種效果，包括：**顏色、魚眼、漩渦、像素化、馬賽克、亮度、幻影**，如表二所示：

⬇ 表二：改變角色圖像的七種效果

顏色	魚眼	漩渦	像素化	馬賽克	亮度	幻影

3. 設定造型或圖像效果

改變角色的圖像效果之後，必須使用「**圖像效果清除**」或「**設定圖像效果為 0**」還原預設值，或者設定特定參數值固定角色的圖像效果。

◆ 還原

還原	A．清除所有圖像效果	B．還原特定圖像效果
積木	圖像效果清除	圖像效果 顏色▼ 設為 0
功能	清除所有圖像效果。	設定角色圖像的顏色（魚眼、漩渦、像素化、馬賽克、亮度或幻影）效果。0：還原預設值。
📁 範例 ch2-4-4 ch2-4-5	點擊綠旗清除所有圖像效果。 當 🚩 被點擊 圖像效果清除	按空白鍵還原「魚眼」圖像效果。 當 空白▼ 鍵被按下 圖像效果 魚眼▼ 設為 0

◆ 設定造型或圖像效果

設定舞台背景、角色造型、尺寸或圖像效果，會讓舞台背景或角色造型的圖像效果**固定，不會隨著程式的執行而改變**。

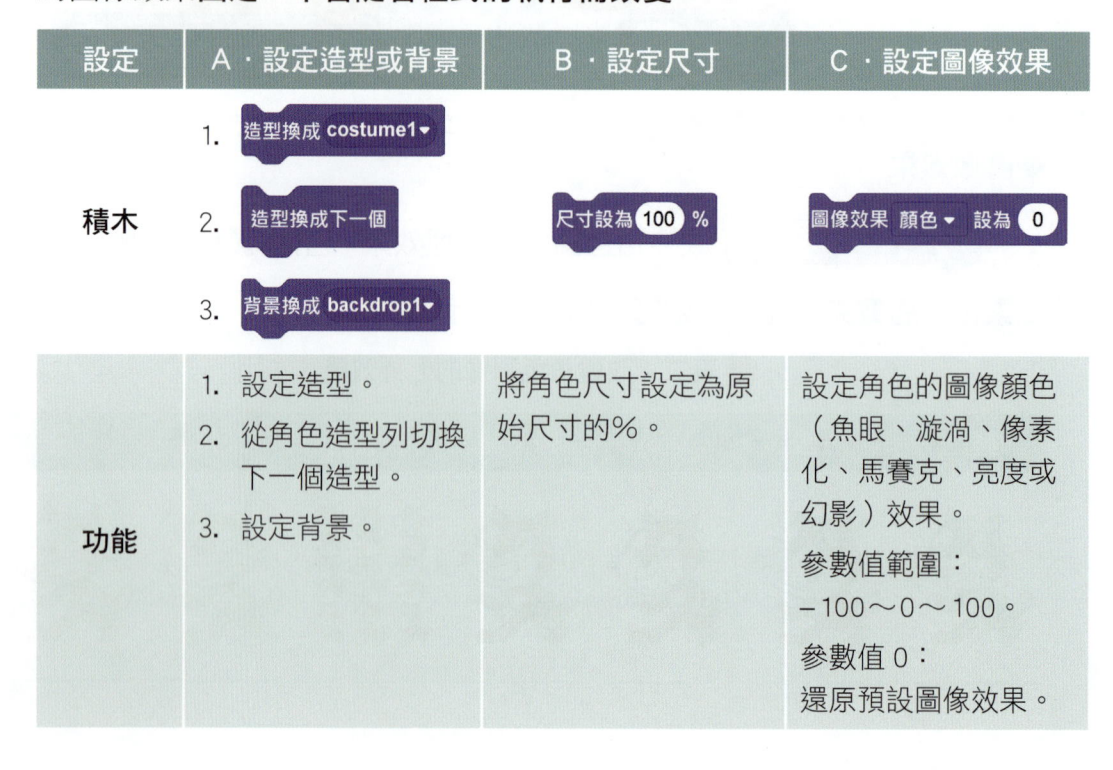

設定	A．設定造型或背景	B．設定尺寸	C．設定圖像效果
積木	1. 造型換成 costume1▼ 2. 造型換成下一個 3. 背景換成 backdrop1▼	尺寸設為 100 %	圖像效果 顏色▼ 設為 0
功能	1. 設定造型。 2. 從角色造型列切換下一個造型。 3. 設定背景。	將角色尺寸設定為原始尺寸的%。	設定角色的圖像顏色（魚眼、漩渦、像素化、馬賽克、亮度或幻影）效果。 參數值範圍： －100～0～100。 參數值 0： 還原預設圖像效果。

設定	A・設定造型或背景	B・設定尺寸	C・設定圖像效果
範例 ch2-4-6 ch2-4-7 ch2-4-8	點擊綠旗角色設定造型 1。 當 ▶ 被點擊 造型換成 costume1 ▼	點擊綠旗還原角色尺寸。 當 ▶ 被點擊 尺寸設為 100 %	按下空白鍵設定角色圖像幻影效果為 100（變透明）。 當 空白 ▼ 鍵被按下 圖像效果 幻影 ▼ 設為 100

◆ 設定圖層

　　設定圖層可以讓舞台上多個角色顯示在其他角色的**上層**、**下層**、**顯示**或**隱藏**。

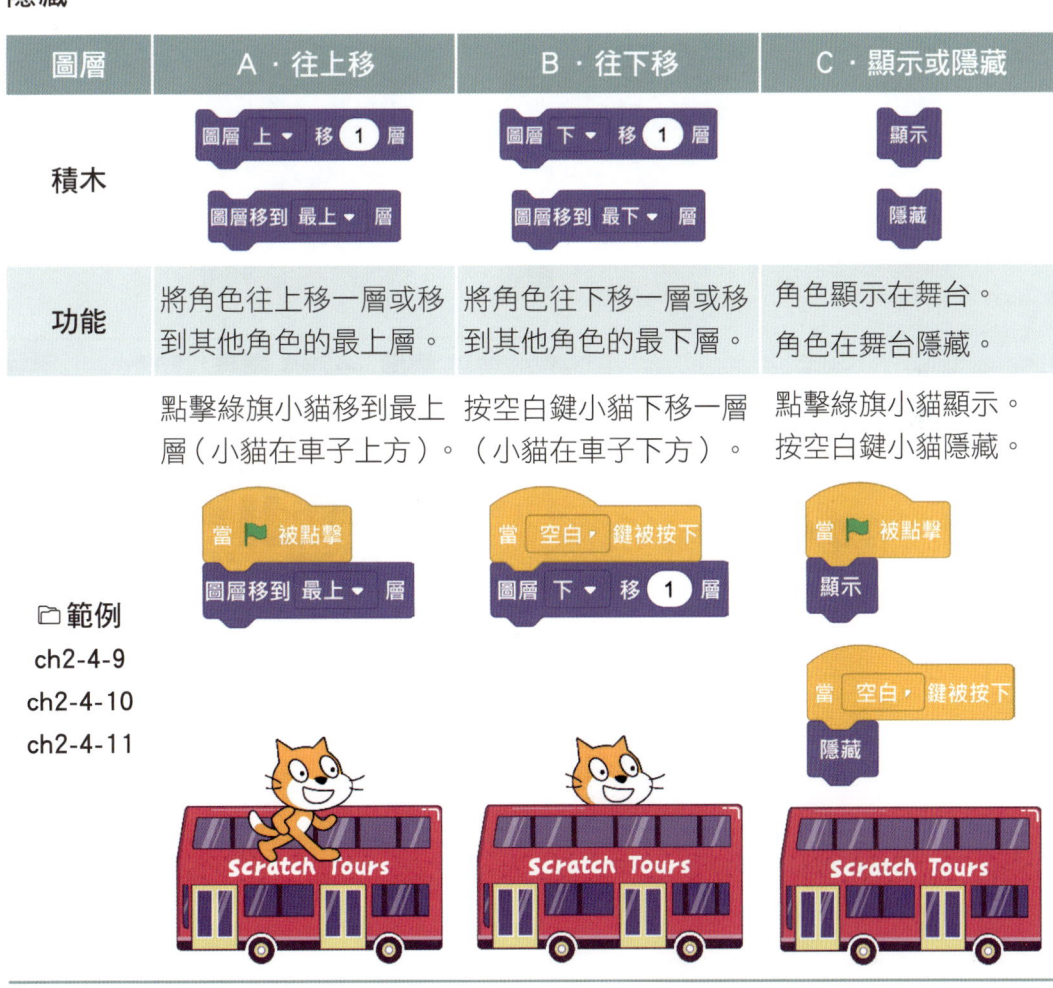

圖層	A・往上移	B・往下移	C・顯示或隱藏
積木	圖層 上 ▼ 移 1 層 圖層移到 最上 ▼ 層	圖層 下 ▼ 移 1 層 圖層移到 最下 ▼ 層	顯示 隱藏
功能	將角色往上移一層或移到其他角色的最上層。	將角色往下移一層或移到其他角色的最下層。	角色顯示在舞台。 角色在舞台隱藏。
範例 ch2-4-9 ch2-4-10 ch2-4-11	點擊綠旗小貓移到最上層（小貓在車子上方）。 當 ▶ 被點擊 圖層移到 最上 ▼ 層	按空白鍵小貓下移一層。（小貓在車子下方）。 當 空白 ▼ 鍵被按下 圖層 下 ▼ 移 1 層	點擊綠旗小貓顯示。 按空白鍵小貓隱藏。 當 ▶ 被點擊 顯示 當 空白 ▼ 鍵被按下 隱藏

4. 傳回外觀值

傳回外觀值會傳回目前角色造型或舞台背景的**編號**、**名稱**或**尺寸**。

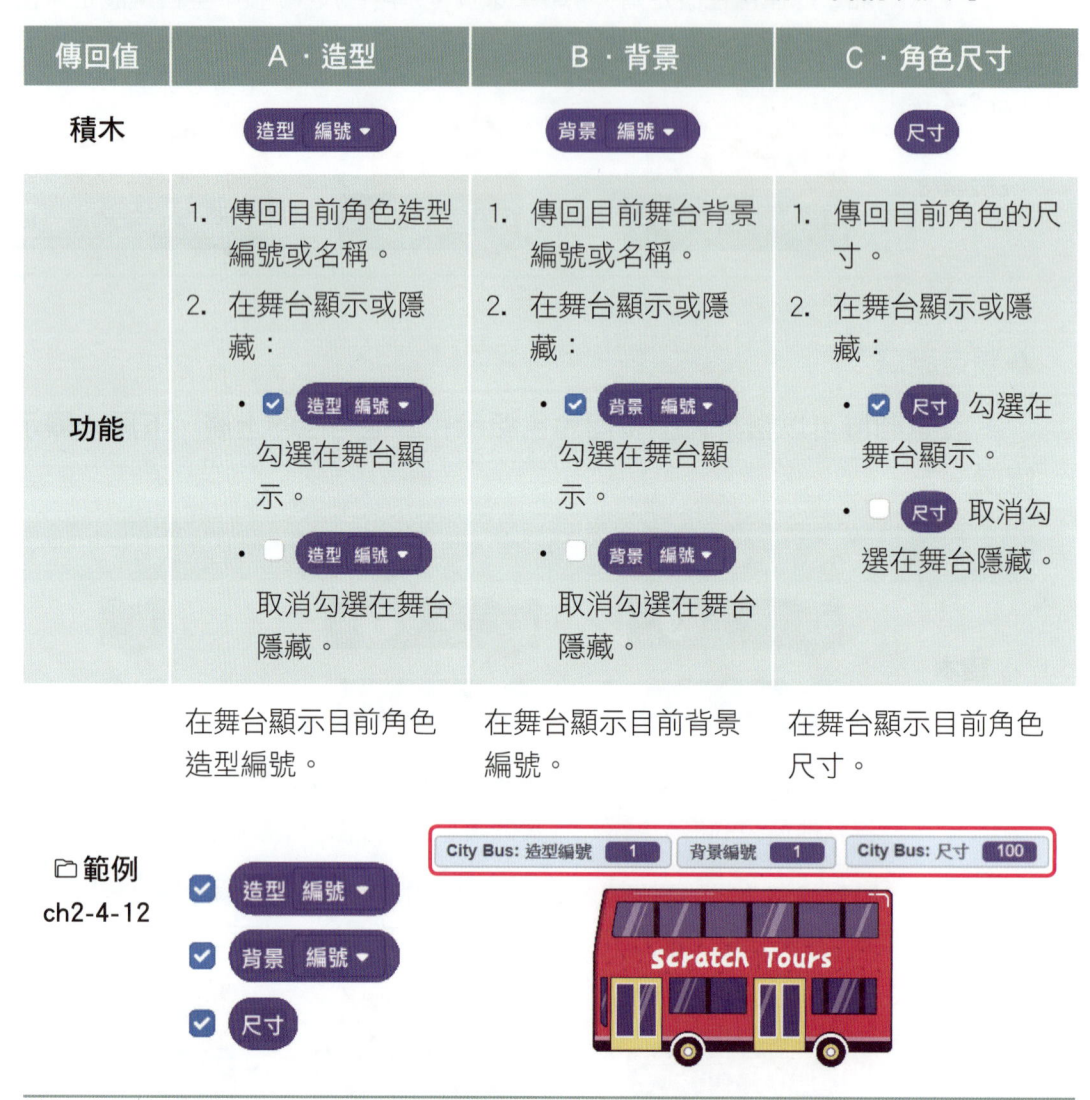

傳回值	A．造型	B．背景	C．角色尺寸
積木	造型 編號 ▾	背景 編號 ▾	尺寸
功能	1. 傳回目前角色造型編號或名稱。 2. 在舞台顯示或隱藏： • ☑ 造型 編號 ▾ 勾選在舞台顯示。 • ☐ 造型 編號 ▾ 取消勾選在舞台隱藏。	1. 傳回目前舞台背景編號或名稱。 2. 在舞台顯示或隱藏： • ☑ 背景 編號 ▾ 勾選在舞台顯示。 • ☐ 背景 編號 ▾ 取消勾選在舞台隱藏。	1. 傳回目前角色的尺寸。 2. 在舞台顯示或隱藏： • ☑ 尺寸 勾選在舞台顯示。 • ☐ 尺寸 取消勾選在舞台隱藏。
	在舞台顯示目前角色造型編號。	在舞台顯示目前背景編號。	在舞台顯示目前角色尺寸。

📁 **範例**

ch2-4-12

☑ 造型 編號 ▾
☑ 背景 編號 ▾
☑ 尺寸

City Bus: 造型編號 1   背景編號 1   City Bus: 尺寸 100

2-5 偵測

偵測積木主要功能在偵測「**碰到角色或碰到顏色**」、「**詢問**」、偵測「**鍵盤或滑鼠是否按下**」、偵測「**距離**」、偵測「**時間及音量**」或「**傳回偵測值**」。

1. 偵測碰到

偵測碰到功能在偵測**角色碰到滑鼠游標、角色、舞台或顏色**。

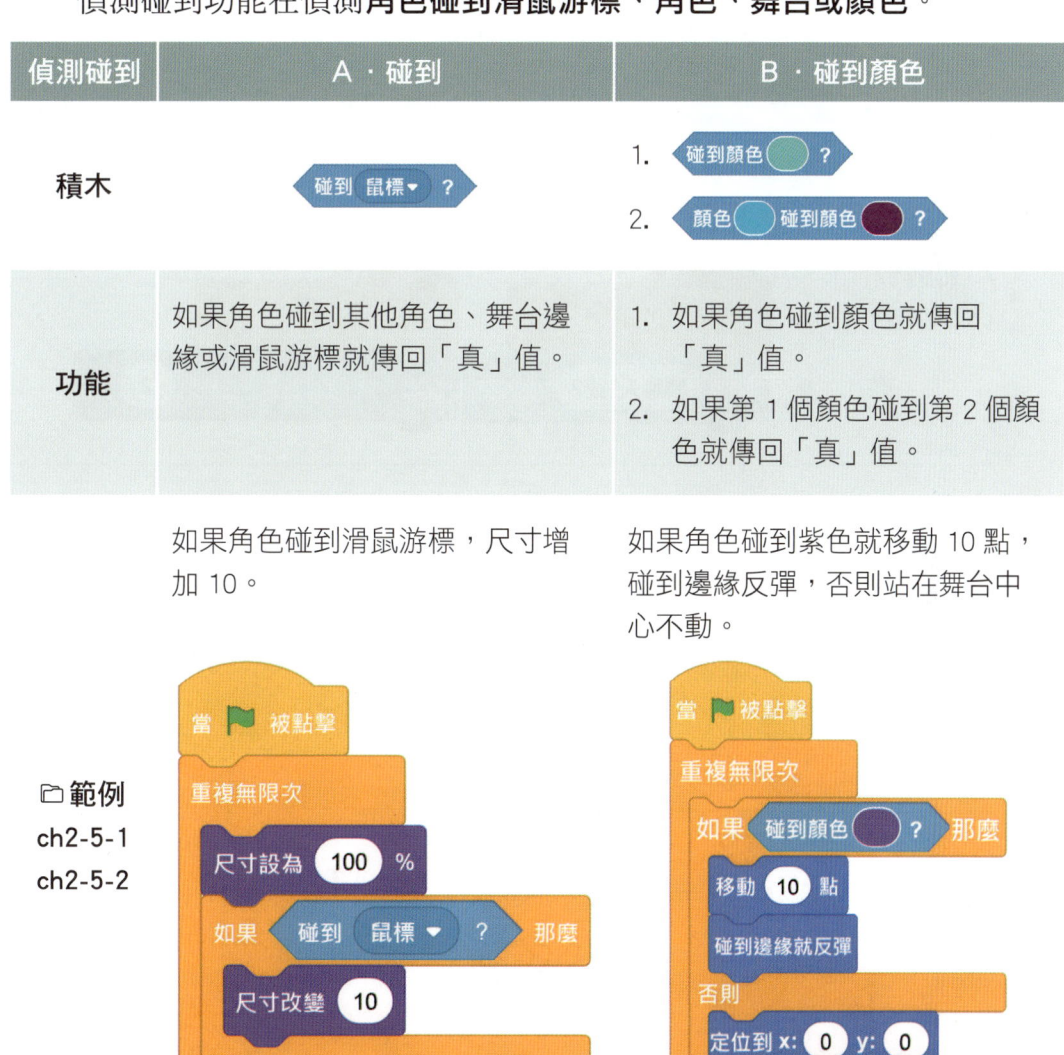

偵測碰到	A．碰到	B．碰到顏色
積木	碰到 鼠標▼ ?	1. 碰到顏色 ● ? 2. 顏色 ● 碰到顏色 ● ?
功能	如果角色碰到其他角色、舞台邊緣或滑鼠游標就傳回「真」值。	1. 如果角色碰到顏色就傳回「真」值。 2. 如果第 1 個顏色碰到第 2 個顏色就傳回「真」值。
	如果角色碰到滑鼠游標，尺寸增加 10。	如果角色碰到紫色就移動 10 點，碰到邊緣反彈，否則站在舞台中心不動。

📁 範例
ch2-5-1
ch2-5-2

2. 詢問

偵測的詢問功能讓舞台或角色**提出問題**，並等待輸入**答案**。

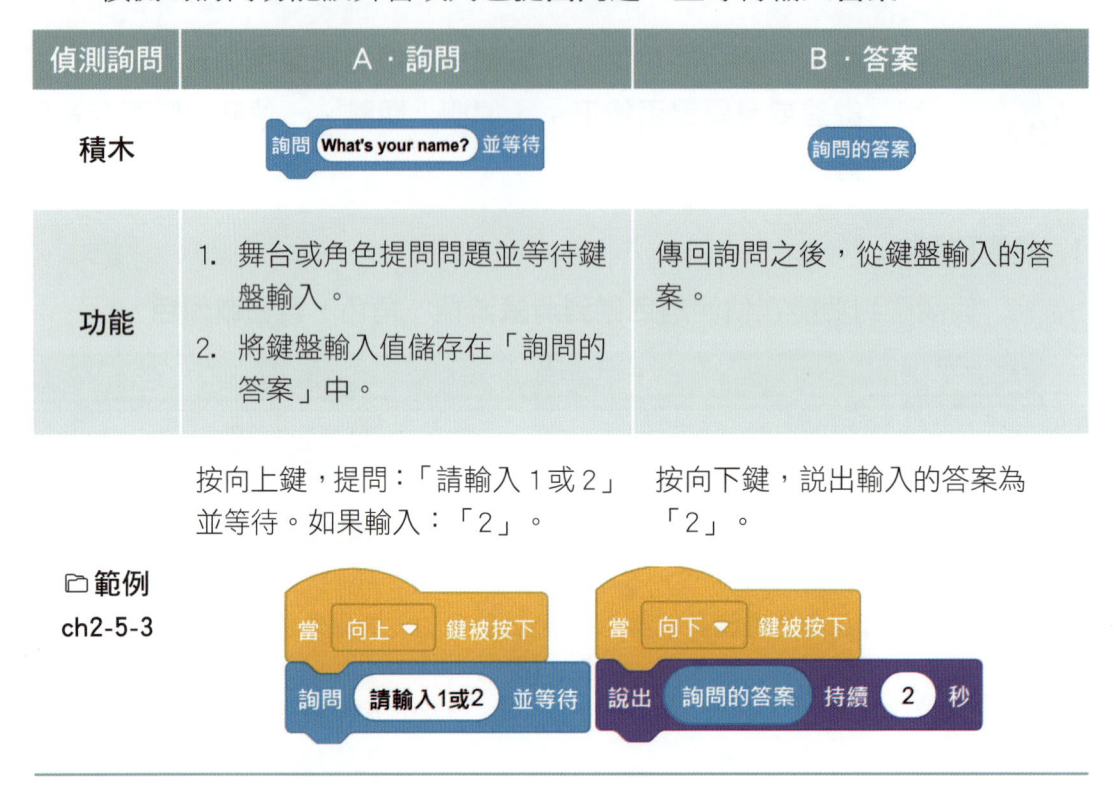

偵測詢問	A・詢問	B・答案
積木	詢問 What's your name? 並等待	詢問的答案
功能	1. 舞台或角色提問問題並等待鍵盤輸入。 2. 將鍵盤輸入值儲存在「詢問的答案」中。	傳回詢問之後，從鍵盤輸入的答案。

按向上鍵，提問：「請輸入 1 或 2」並等待。如果輸入：「2」。　　按向下鍵，說出輸入的答案為「2」。

📁 範例
ch2-5-3

勾選 ☑ 詢問的答案 ，舞台顯示鍵盤輸入的答案。

3. 偵測滑鼠或鍵盤

偵測輸入	A．偵測鍵盤輸入	B．偵測滑鼠
積木	空白▼ 鍵被按下？	滑鼠鍵被按下？
功能	如果從鍵盤輸入「特定鍵」就傳回「真」值。鍵盤輸入鍵值包括 0～9、A～Z、方向鍵或空白鍵。	如果按下滑鼠就傳回「真」值。
範例 ch2-5-4 ch2-5-5	按下空白鍵，角色往上跳再回到0。 當 ▶ 被點擊 重複無限次 　如果 空白▼ 鍵被按下？ 那麼 　　y 設為 180 　否則 　　y 設為 0	點擊滑鼠角色往右移動 10 點。 當 ▶ 被點擊 重複無限次 　如果 滑鼠鍵被按下？ 那麼 　　移動 10 點

4. 傳回偵測值

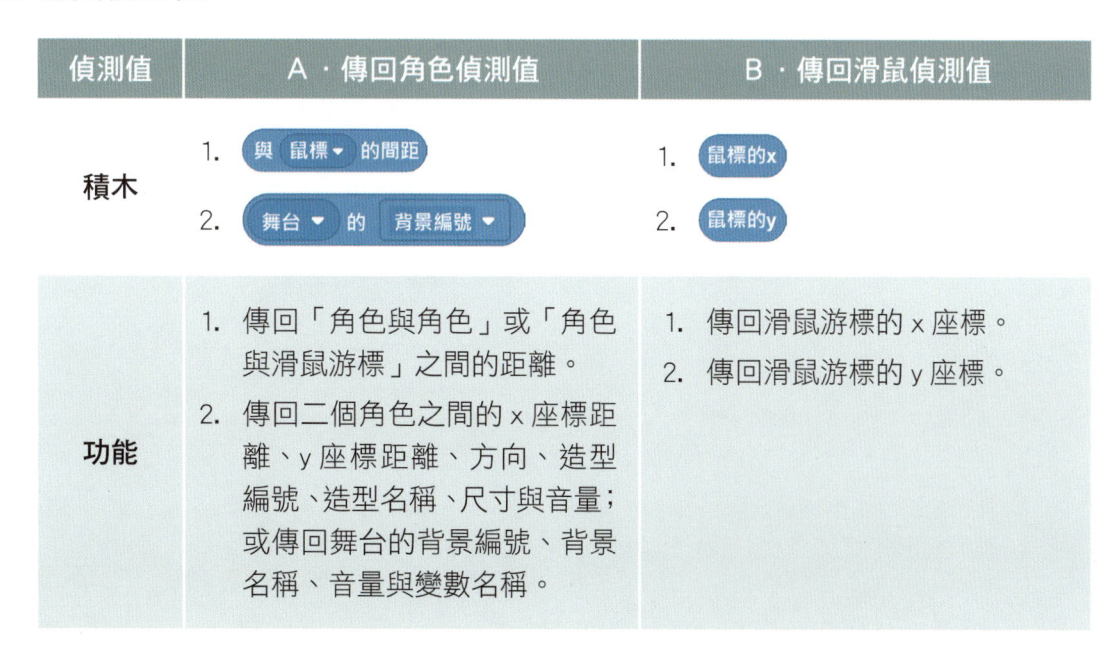

偵測值	A．傳回角色偵測值	B．傳回滑鼠偵測值
積木	1. 與 鼠標▼ 的間距 2. 舞台▼ 的 背景編號▼	1. 鼠標的 x 2. 鼠標的 y
功能	1. 傳回「角色與角色」或「角色與滑鼠游標」之間的距離。 2. 傳回二個角色之間的 x 座標距離、y 座標距離、方向、造型編號、造型名稱、尺寸與音量；或傳回舞台的背景編號、背景名稱、音量與變數名稱。	1. 傳回滑鼠游標的 x 座標。 2. 傳回滑鼠游標的 y 座標。

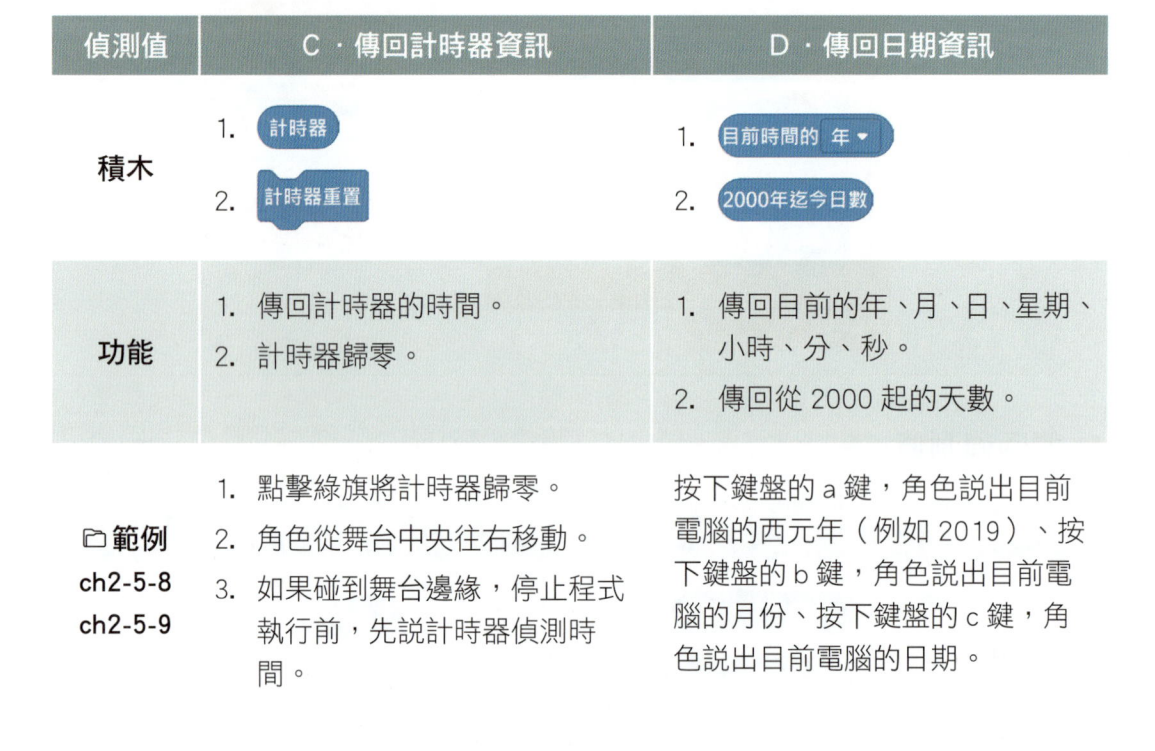

偵測值	A・傳回角色偵測值	B・傳回滑鼠偵測值
範例 ch2-5-6 ch2-5-7	當滑鼠游標與角色中心點的距離小於 10 時，角色改變顏色。	角色跟著滑鼠游標左右移動。

偵測值	C・傳回計時器資訊	D・傳回日期資訊
積木	1. 計時器 2. 計時器重置	1. 目前時間的 年 2. 2000年迄今日數
功能	1. 傳回計時器的時間。 2. 計時器歸零。	1. 傳回目前的年、月、日、星期、小時、分、秒。 2. 傳回從 2000 起的天數。
範例 ch2-5-8 ch2-5-9	1. 點擊綠旗將計時器歸零。 2. 角色從舞台中央往右移動。 3. 如果碰到舞台邊緣，停止程式執行前，先說計時器偵測時間。	按下鍵盤的 a 鍵，角色説出目前電腦的西元年（例如 2019）、按下鍵盤的 b 鍵，角色説出目前電腦的月份、按下鍵盤的 c 鍵，角色説出目前電腦的日期。

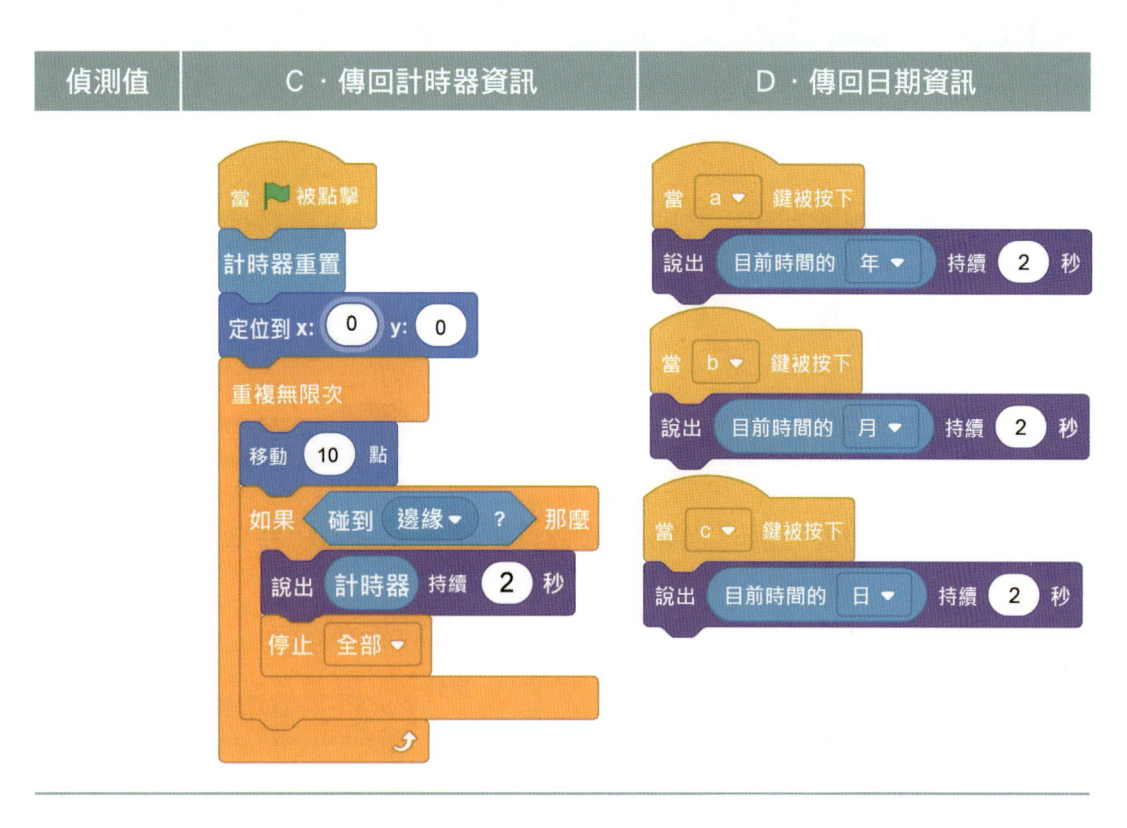

2-5 偵測

偵測值	C・傳回計時器資訊	D・傳回日期資訊
	當 ▶ 被點擊 計時器重置 定位到 x: 0 y: 0 重複無限次 　移動 10 點 　如果 碰到 邊緣 ? 那麼 　　說出 計時器 持續 2 秒 　停止 全部	當 a 鍵被按下 說出 目前時間的 年 持續 2 秒 當 b 鍵被按下 說出 目前時間的 月 持續 2 秒 當 c 鍵被按下 說出 目前時間的 日 持續 2 秒

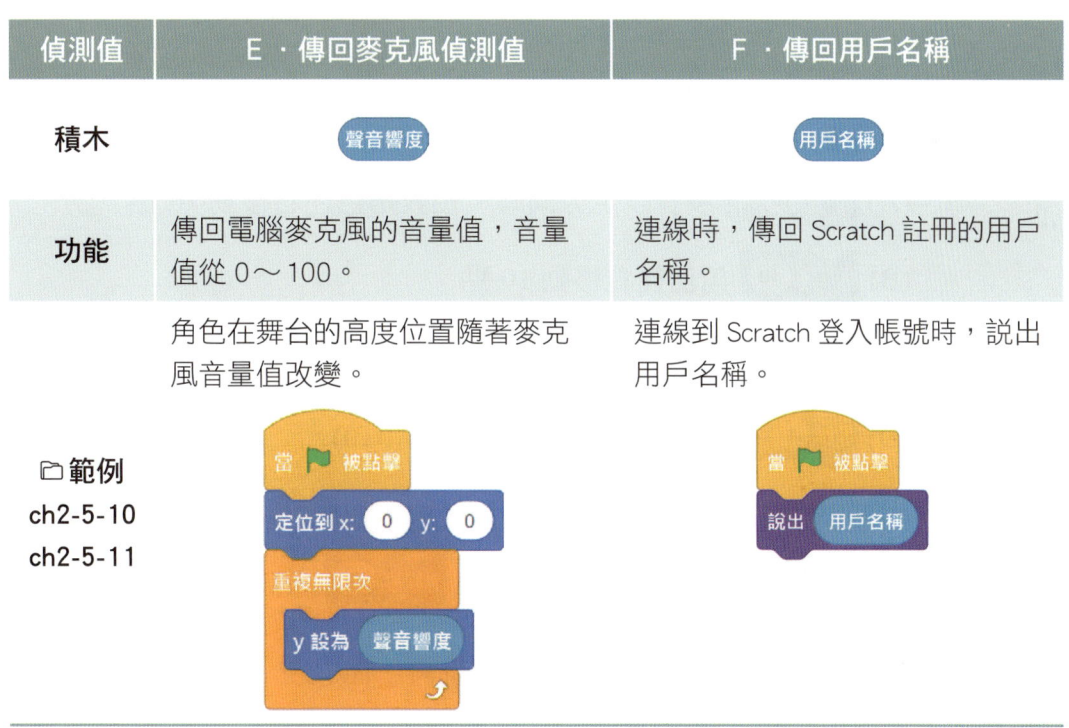

偵測值	E・傳回麥克風偵測值	F・傳回用戶名稱
積木	聲音響度	用戶名稱
功能	傳回電腦麥克風的音量值，音量值從 0～100。	連線時，傳回 Scratch 註冊的用戶名稱。
	角色在舞台的高度位置隨著麥克風音量值改變。	連線到 Scratch 登入帳號時，說出用戶名稱。
範例 ch2-5-10 ch2-5-11	當 ▶ 被點擊 定位到 x: 0 y: 0 重複無限次 　y 設為 聲音響度	當 ▶ 被點擊 說出 用戶名稱

第一篇　SCRATCH 功能與操作

Chapter 2 課後評量

選擇題

_____ 1. 如果想要利用「時間」控制程式開始執行，應該使用下列哪一個積木？

(A) 當 空白 鍵被按下
(B) 當 聲音響度 > 10
(C) 當 計時器 > 10
(D) 當視訊動作 > 10。

_____ 2. 如果想要設計「點擊貓咪時」，貓咪改變顏色特效，應該使用下列哪一個積木？

(A) 當收到訊息 message1 / 圖像效果 顏色 改變 25
(B) 當背景換成 backdrop1 / 圖像效果 顏色 改變 25
(C) 當 計時器 > 10 / 圖像效果 顏色 改變 25
(D) 當角色被點擊 / 圖像效果 顏色 改變 25。

_____ 3. 關於下列積木的敘述，何者「錯誤」？

(A) 移動 10 點 沒有設定方向時，預設角色往右移動 10 點

(B) x 改變 10 角色往右移動 10 點

(C) 定位到 隨機 位置 角色定位到隨機的位置

(D) 滑行 1 秒到 x: 0 y: 0 角色定位到 (0,0)。

_____ 4. 如果想設計角色往上移動，可以使用下列哪一個積木？

(A) x 設為 10　(B) x 改變 10　(C) y 設為 0　(D) y 改變 10。

_____ 5. 如果想設計角色迴轉時不 360 度旋轉，僅「左-右」方向迴轉，應該使用下列哪一個積木？

(A) 迴轉方式設為 左-右
(B) 迴轉方式設為 不旋轉
(C) 迴轉方式設為 不設限
(D) 碰到邊緣就反彈。

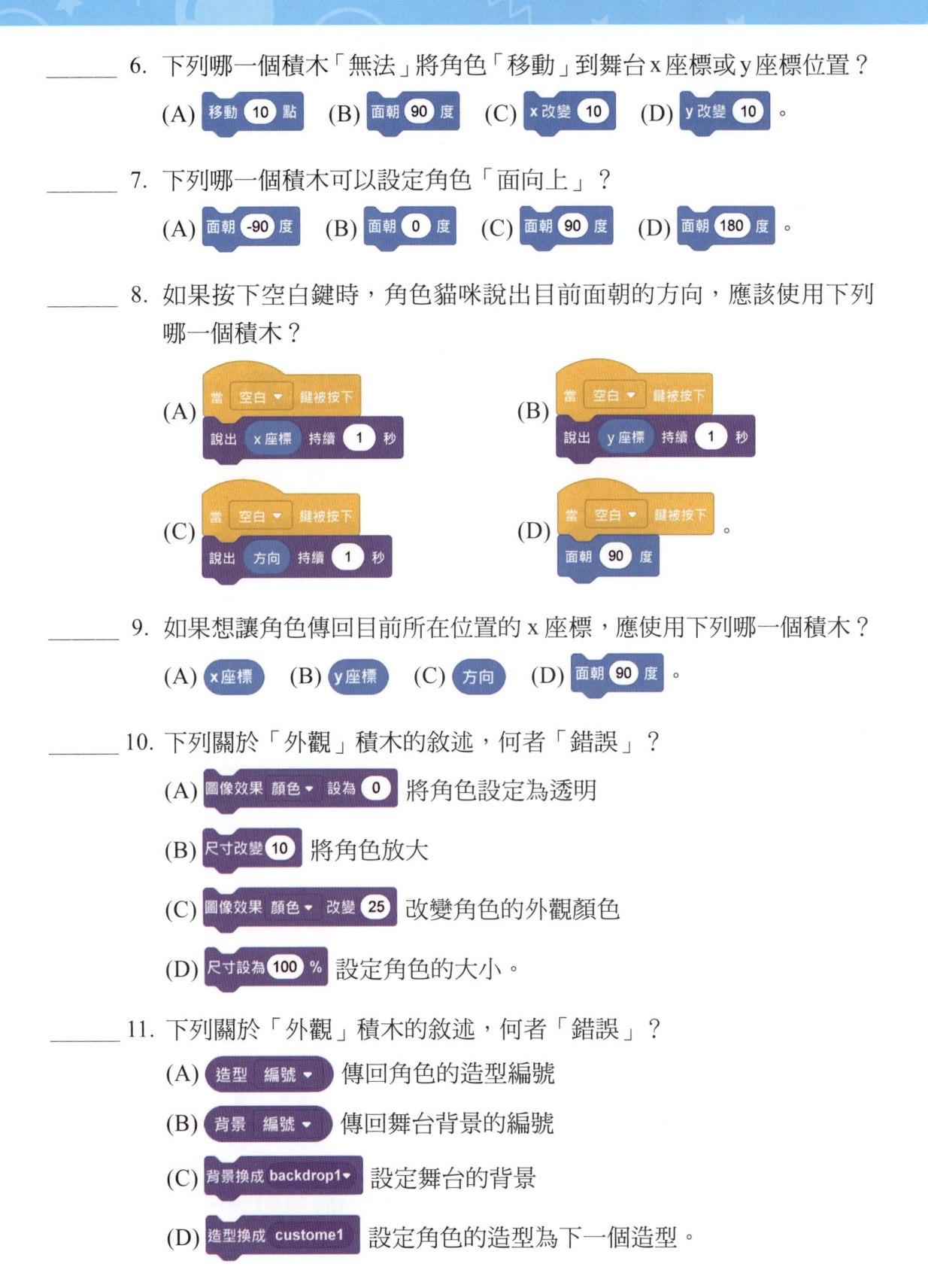

課後評量

_____ 6. 下列哪一個積木「無法」將角色「移動」到舞台x座標或y座標位置？
　　(A) `移動 10 點`　(B) `面朝 90 度`　(C) `x 改變 10`　(D) `y 改變 10`。

_____ 7. 下列哪一個積木可以設定角色「面向上」？
　　(A) `面朝 -90 度`　(B) `面朝 0 度`　(C) `面朝 90 度`　(D) `面朝 180 度`。

_____ 8. 如果按下空白鍵時，角色貓咪說出目前面朝的方向，應該使用下列哪一個積木？

　　(A) `當 空白 鍵被按下` / `說出 x座標 持續 1 秒`
　　(B) `當 空白 鍵被按下` / `說出 y座標 持續 1 秒`
　　(C) `當 空白 鍵被按下` / `說出 方向 持續 1 秒`
　　(D) `當 空白 鍵被按下` / `面朝 90 度`。

_____ 9. 如果想讓角色傳回目前所在位置的 x 座標，應使用下列哪一個積木？
　　(A) `x座標`　(B) `y座標`　(C) `方向`　(D) `面朝 90 度`。

_____ 10. 下列關於「外觀」積木的敘述，何者「錯誤」？
　　(A) `圖像效果 顏色 設為 0` 將角色設定為透明
　　(B) `尺寸改變 10` 將角色放大
　　(C) `圖像效果 顏色 改變 25` 改變角色的外觀顏色
　　(D) `尺寸設為 100 %` 設定角色的大小。

_____ 11. 下列關於「外觀」積木的敘述，何者「錯誤」？
　　(A) `造型 編號` 傳回角色的造型編號
　　(B) `背景 編號` 傳回舞台背景的編號
　　(C) `背景換成 backdrop1` 設定舞台的背景
　　(D) `造型換成 custome1` 設定角色的造型為下一個造型。

Chapter 2 課後評量

_____ 12. 關於左圖上層「貓咪」與下層「汽車」，兩個角色利用「圖層」設定上層與下層關係的敘述，何者正確？
(A) 貓咪角色使用「移到最上層」（圖層移到 最上▼ 層）積木
(B) 車子角色使用「圖層上移一層」（圖層 上▼ 移 1 層）積木
(C) 貓咪角色使用「移到最下層」（圖層移到 最下▼ 層）積木
(D) 貓咪角色使用「下移一層」（圖層 下▼ 移 1 層）積木。

_____ 13. 如果想設計「角色 A 碰到角色 B」，應該使用下列哪一個積木的更多選項偵測？
(A) 碰到顏色 ？
(B) 碰到 鼠標▼ ？
(C) 與 鼠標▼ 的間距
(D) 空白▼ 鍵被按下？。

_____ 14. 當角色「詢問」問題時，使用者從鍵盤輸入的答案，會暫存在哪一個積木？
(A) 詢問的答案
(B) 2000年迄今日數
(C) 與 鼠標▼ 的間距
(D) 詢問 What's your name? 並等待。

_____ 15. 下列哪一個積木屬於「選擇結構」？
(A) 重複直到
(B) 重複 10 次
(C) 重複無限次
(D) 如果 那麼 否則。

_____ 16. 程式執行時由上而下，依序執行每一個積木，屬於哪一種結構？
(A) 循序結構　(B) 選擇結構　(C) 重複結構　(D) 條件結構。

_____ 17. 程式執行時會依條件判斷結果決定執行流程，「條件成立為真才執行」，屬於哪一種結構？
(A) 循序結構　(B) 選擇結構　(C) 重複結構　(D) 條件結構。

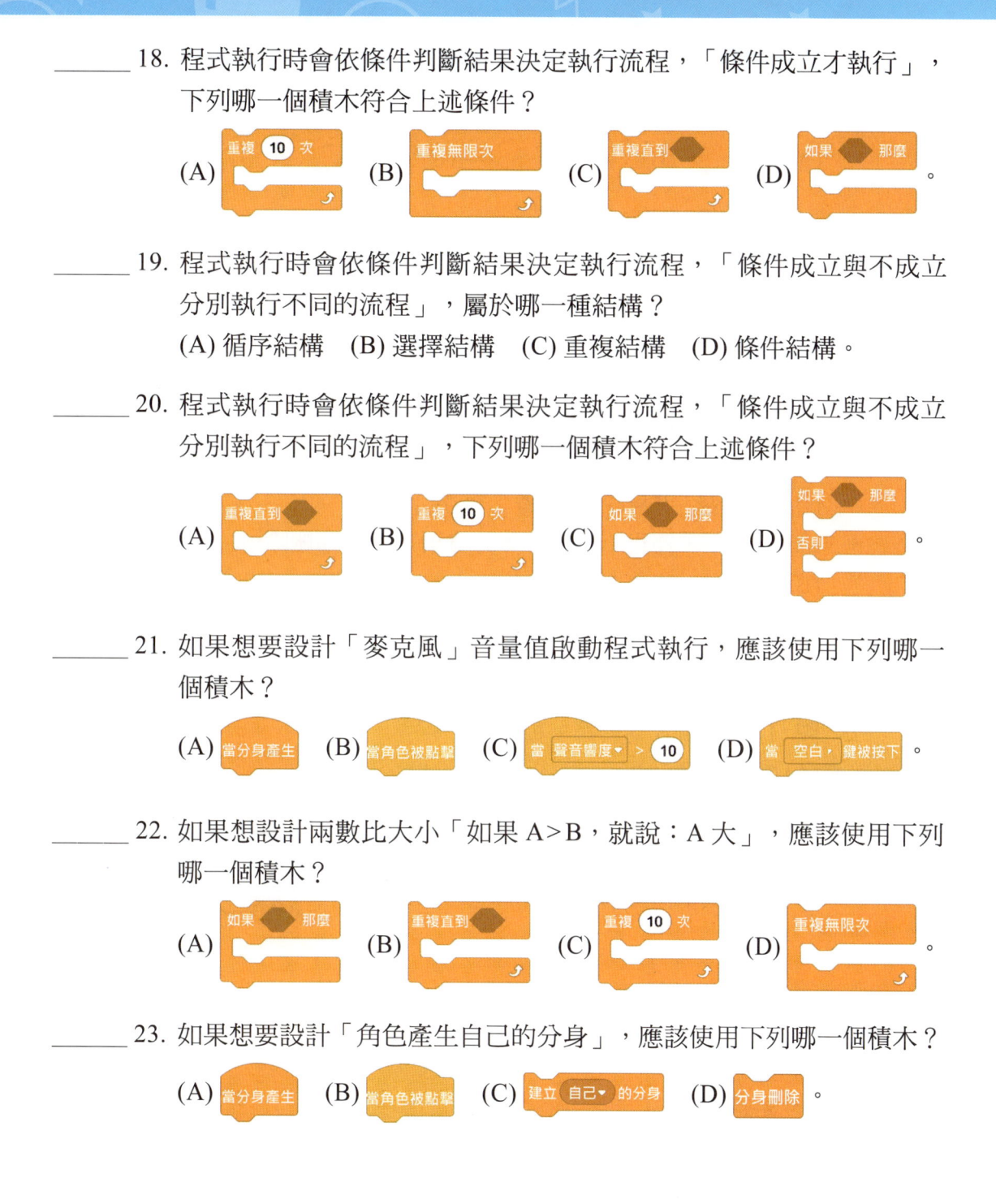

課後評量 2 Chapter

_____ 18. 程式執行時會依條件判斷結果決定執行流程,「條件成立才執行」,下列哪一個積木符合上述條件?
(A) 重複 10 次 (B) 重複無限次 (C) 重複直到 (D) 如果 那麼 。

_____ 19. 程式執行時會依條件判斷結果決定執行流程,「條件成立與不成立分別執行不同的流程」,屬於哪一種結構?
(A) 循序結構　(B) 選擇結構　(C) 重複結構　(D) 條件結構。

_____ 20. 程式執行時會依條件判斷結果決定執行流程,「條件成立與不成立分別執行不同的流程」,下列哪一個積木符合上述條件?
(A) 重複直到 (B) 重複 10 次 (C) 如果 那麼 (D) 如果 那麼 否則 。

_____ 21. 如果想要設計「麥克風」音量值啟動程式執行,應該使用下列哪一個積木?
(A) 當分身產生 (B) 當角色被點擊 (C) 當 聲音響度 > 10 (D) 當 空白 鍵被按下 。

_____ 22. 如果想設計兩數比大小「如果 A>B,就說:A 大」,應該使用下列哪一個積木?
(A) 如果 那麼 (B) 重複直到 (C) 重複 10 次 (D) 重複無限次 。

_____ 23. 如果想要設計「角色產生自己的分身」,應該使用下列哪一個積木?
(A) 當分身產生 (B) 當角色被點擊 (C) 建立 自己 的分身 (D) 分身刪除 。

Chapter 2 課後評量

_____ 24. 如果想要設計「角色 A 產生角色 B 的分身」，應該使用下列哪一個積木？

(A) 當分身產生　(B) 建立 角色B▼ 的分身　(C) 建立 自己▼ 的分身　(D) 分身刪除。

_____ 25. 如果想要刪除分身，應該使用下列哪一個積木？

(A) 當分身產生　(B) 建立 角色B▼ 的分身　(C) 建立 自己▼ 的分身　(D) 分身刪除。

_____ 26. 當分身產生時，應該使用下列哪一個積木啟動分身執行程式？

(A) 當分身產生　(B) 建立 角色B▼ 的分身　(C) 建立 自己▼ 的分身　(D) 分身刪除。

_____ 27. 關於「分身」的敘述，何者「有誤」？
(A) 當按下「停止」按鈕時，分身會自動全部刪除
(B) 分身產生時會自動移動
(C) 分身產生的位置與本尊的位置相同
(D) 角色可以產生自己的分身，也可以產生其他角色的分身。

_____ 28. 圖 (1) 程式積木屬於哪一種結構？
(A) 選擇結構
(B) 重複結構
(C) 條件結構
(D) 條件式重複結構。

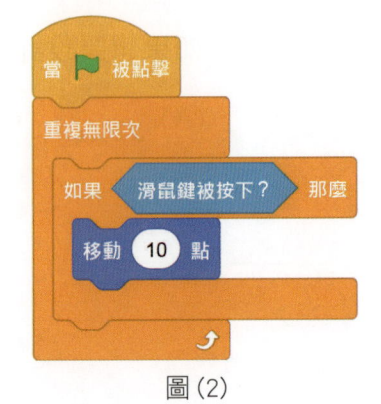

圖(1)

_____ 29. 圖 (2) 程式積木「如果」屬於哪一種結構？
(A) 循序結構
(B) 選擇結構
(C) 重複結構
(D) 條件式重複結構。

圖(2)

課後評量 2 Chapter

_____ 30. 圖 (3) 程式積木「重複直到」屬於哪一種結構？
(A) 循序結構　(B) 選擇結構　(C) 邏輯結構　(D) 條件式重複結構。

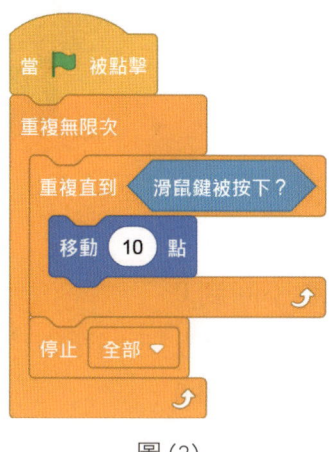

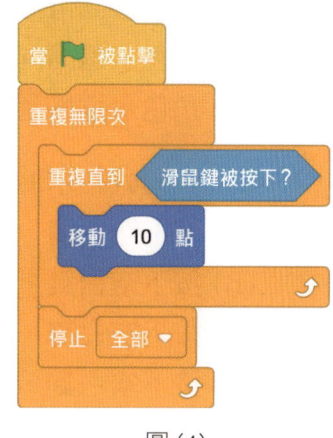

圖(3)　　　　圖(4)

_____ 31. 圖 (4) 程式積木的執行結果為何？
(A) 角色重複往右移動 10 點，直到按下滑鼠才停止
(B) 開始執行就停止全部程式
(C) 按下滑鼠往左移動 10 點
(D) 按下滑鼠往右移動否則停止全部程式。

_____ 32. 圖 (5) 程式積木的執行結果為何？
(A) 每按下滑鼠，角色就往右移動 10 點
(B) 每按下滑鼠，角色就往左移動 10 點
(C) 按下綠旗時，角色自動往右移動 10 點
(D) 按下綠旗時，角色自動往左移動 10 點。

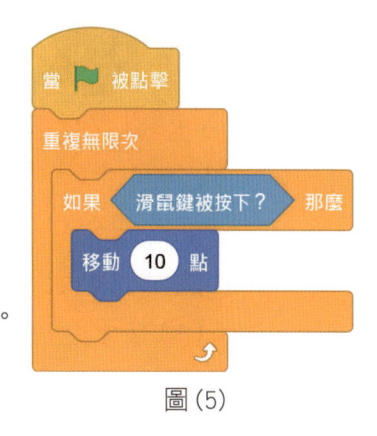

圖(5)

_____ 33. 圖 (6) 程式積木的執行結果為何？
(A) 角色面向滑鼠游標的位置一次
(B) 角色移到滑鼠游標的位置一次
(C) 角色永遠面向滑鼠游標的位置
(D) 角色永遠移到滑鼠游標的位置。

圖(6)

Chapter 2 課後評量

_____ 34. 圖(7) 程式積木的執行結果為何？
(A) 角色隨機移動
(B) 角色移到滑鼠游標的位置一次
(C) 角色永遠面向滑鼠游標的位置
(D) 角色永遠移到滑鼠游標的位置。

圖(7)

_____ 35. 圖(8) 程式積木的執行結果為何？
(A) 按下空白鍵，角色往上跳再回到 0
(B) 按下空白鍵，角色往上移動不回到 0
(C) 按下空白鍵，角色往右跳再回到 0
(D) 按下空白鍵，角色往右移動不回到 0。

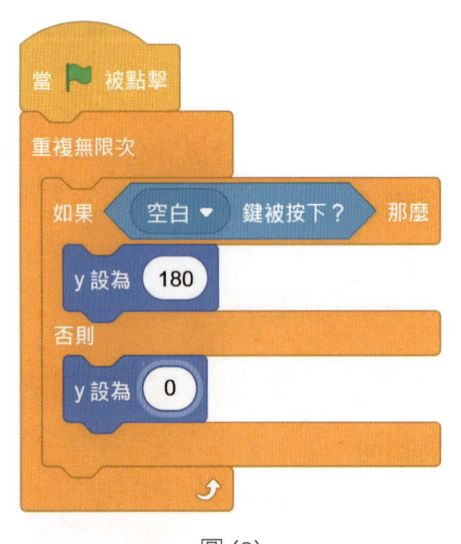

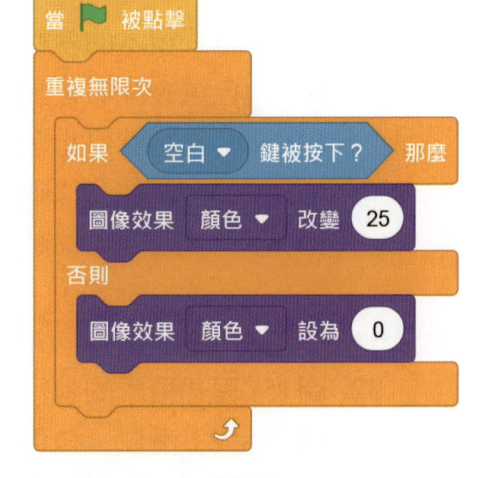

圖(8)　　　　圖(9)

_____ 36. 圖(9) 程式積木的執行結果為何？
(A) 按下空白鍵，角色變換不同的顏色
(B) 按下空白鍵，角色恢復原來的顏色
(C) 按下空白鍵，角色變色，再恢復原來的顏色
(D) 沒按下空白鍵之前，角色一直變換不同的顏色。

課後評量 2 Chapter

_____ 37. 圖(10) 程式積木的執行結果為何？
(A) 按下空白鍵，角色變換不同的顏色
(B) 按下空白鍵，角色恢復原來的顏色
(C) 按下空白鍵，角色變色，再恢復原來的顏色
(D) 沒按下空白鍵之前，角色一直變換不同的顏色。

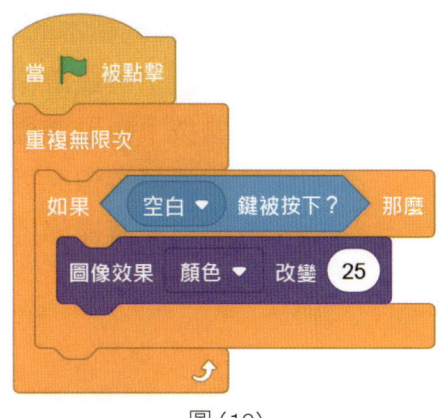

圖(10)

_____ 38. 圖(11) 程式積木的敘述，何者正確？
(A) 分身產生之後會自動移動
(B) 按下空白鍵，角色產生自己的分身
(C) 按下空白鍵，產生其他角色的分身
(D) 按下空白鍵之後，產生角色自己的分身，本尊會自動刪除。

圖(11)

_____ 39. 圖(12) 程式積木的執行結果為何？
(A) 按下空白鍵刪除本尊
(B) 按下空白鍵刪除分身
(C) 按下空白鍵產生分身，分身產生時滑行到隨機位置後刪除本尊
(D) 按下空白鍵產生分身，分身產生時滑行到隨機位置後刪除分身。

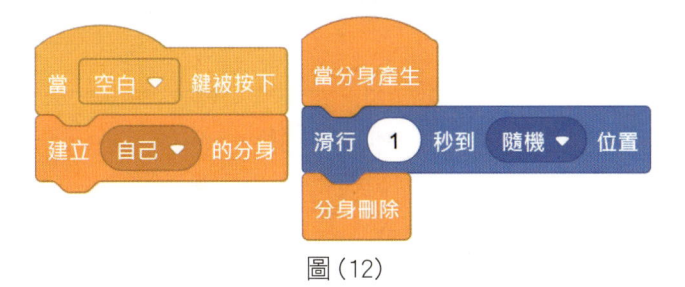

圖(12)

Chapter 2 課後評量

_____ 40. 圖 (13) 程式積木的執行結果為何？
(A) 當按下滑鼠游標時，角色改變顏色
(B) 當按下滑鼠游標時，角色恢復原來的顏色
(C) 當滑鼠游標靠近角色中心點的距離小於 10 時，角色改變顏色
(D) 當滑鼠游標靠近角色中心點的距離小於 10 時，角色恢復原來的顏色。

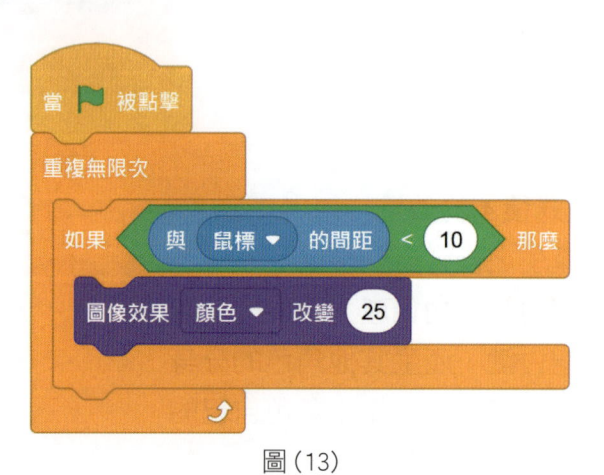

圖 (13)

_____ 41. 圖 (14) 程式積木的執行結果為何？
(A) 角色跟著滑鼠游標左右移動
(B) 角色跟著滑鼠游標上下移動
(C) 角色跟著滑鼠游標隨機移動
(D) 角色跟著滑鼠游標往右移動。

圖 (14)

_____ 42. 圖 (15) 程式積木的敘述，何者「錯誤」？
(A) 程式開始時，角色隱藏
(B) 角色接收到廣播開始才播放聲音
(C) 當聲音值 > 10 角色才顯示
(D) 偵測麥克風的音量值。

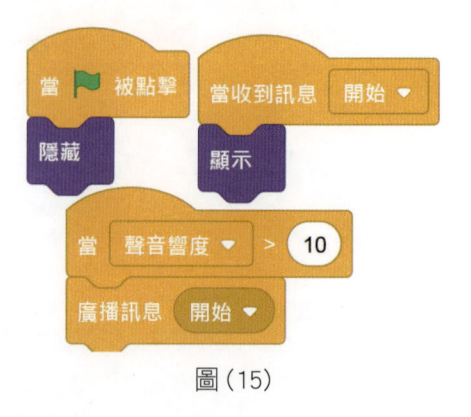

圖 (15)

課後評量 2 Chapter

_____ 43. 圖 (16) 程式積木的敘述，何者正確？
(A) 程式開始時角色顯示
(B) 按下空白鍵角色才顯示
(C) 沒有按下空白鍵之前角色都顯示
(D) 屬於選擇結構。

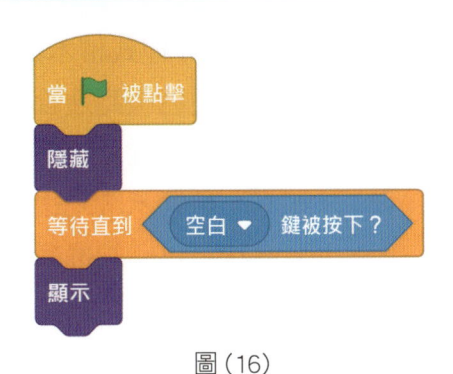

圖 (16)

_____ 44. 圖 (17) 程式積木的敘述，何者「錯誤」？
(A) 說離線的用戶名稱
(B) 連線時，說出 Scratch 註冊的用戶名稱
(C) 連線到 Scratch 登入帳號才會說
(D) 離線版 Scratch 不會說用戶名稱。

圖 (17)

_____ 45. 圖 (18) 程式的執行結果為何？
(A) 角色固定不動
(B) 角色往下移動，愈大聲，角色移動愈高
(C) 角色往右移動，聲音值愈大，角色往右移動愈大
(D) 角色在舞台的高度隨著聲音響度的值變化，聲音響度愈大，角色往上跳躍愈高。

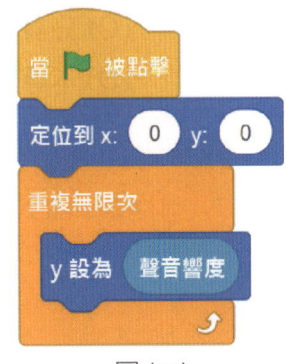

圖 (18)

_____ 46. 如果想設計兩數比大小「如果 A>B，就說：A 大」、否則「如果 A<B 就說：B 大」、否則「說一樣大」，應該使用下列哪一個積木？

(A) 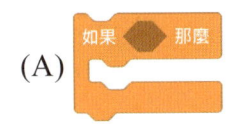 如果 那麼　(B)  重複直到　(C) 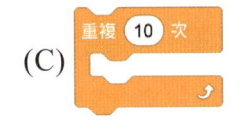 重複 10 次　(D)  如果 那麼 否則 。

Chapter 2 課後評量

_____ 47. 圖(19) 程式積木的敘述，何者正確？
(A) 角色碰到邊緣往右移動 10 點
(B) 角色碰到邊緣重複說：「Hello!」
(C) 角色未碰到邊緣重複說：「Hello!」
(D) 角色碰到邊緣前，重複往右移動 10 點。

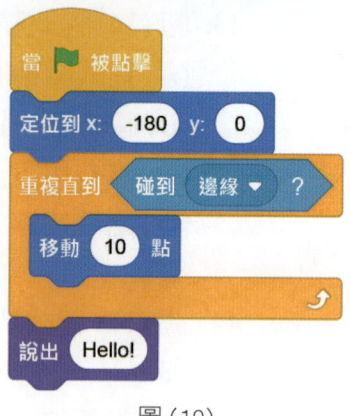

圖(19)

_____ 48. 圖(20) 程式積木的執行結果為何？
(A) 分身產生之後會隨機滑行
(B) 分身產生之後，分身會隨著本尊滑行
(C) 分身產生之後，隨機滑行到本尊的位置
(D) 本尊產生分身之後，本尊隨機滑行。

圖(20)

Chapter 3

Scratch 3 功能與應用二

本章將認識 Scratch 3 音效、運算、變數與擴展積木。

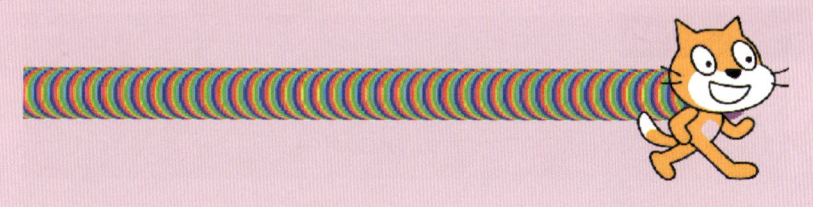

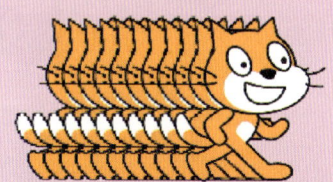

學習目標

1. 理解 Scratch 3 音效積木及應用方式。
2. 理解 Scratch 3 運算積木及應用方式。
3. 理解 Scratch 3 變數與清單積木及應用方式。
4. 理解 Scratch 3 擴展積木及應用方式。

3-1 音效

音效

Scratch 音效類別積木的主要功能是讓舞台或角色**播放音效**、**改變聲音效果**或**音量**。

1. 播放音效

播放音效積木的功能在播放 🔊音效 中新增的**音效**或**錄音**，經由電腦喇叭播放。

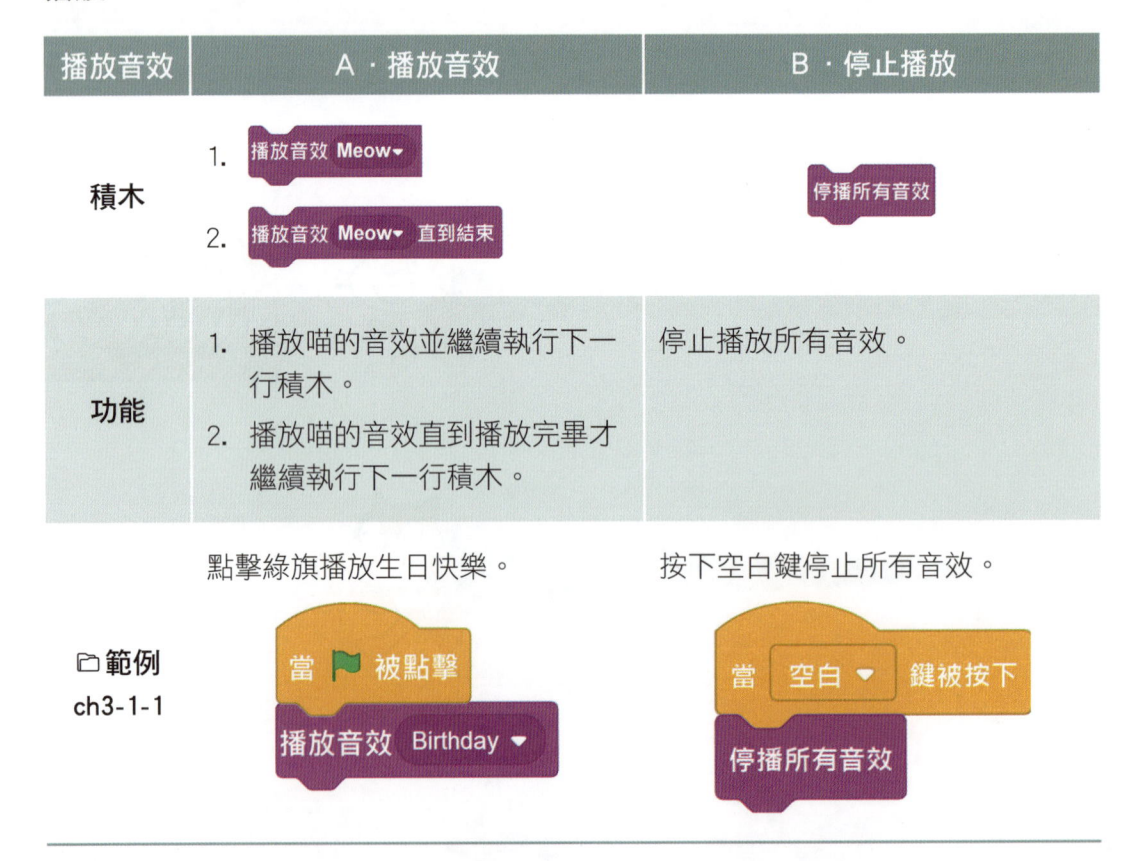

播放音效	A・播放音效	B・停止播放
積木	1. 播放音效 Meow ▾ 2. 播放音效 Meow ▾ 直到結束	停播所有音效
功能	1. 播放喵的音效並繼續執行下一行積木。 2. 播放喵的音效直到播放完畢才繼續執行下一行積木。	停止播放所有音效。
📁 範例 ch3-1-1	點擊綠旗播放生日快樂。 當 🏁 被點擊 播放音效 Birthday ▾	按下空白鍵停止所有音效。 當 空白 ▾ 鍵被按下 停播所有音效

💡 **Tips**
播放的音效是內建範例音效的聲音或錄音。

2. 調整音效

調整音效	A．改變音效	B．設定音效	C．清除聲音效果
積木	聲音效果 音高 改變 10	聲音效果 音高 設為 100	聲音效果清除
功能	增加聲音的音高或左右聲道。	設定聲音的音高。	清除所有聲音效果，恢復預設值。
	按向上鍵，增加音高；按向下鍵，降低音高。	按下空白鍵，設定音高為 100。	按下空白鍵，清除所有聲音效果。
範例 ch3-1-2	當 向上 鍵被按下 聲音效果 音高 改變 10 當 向下 鍵被按下 聲音效果 音高 改變 -10	當 空白 鍵被按下 聲音效果 音高 設為 100	當 空白 鍵被按下 聲音效果清除

◆ 設定音量

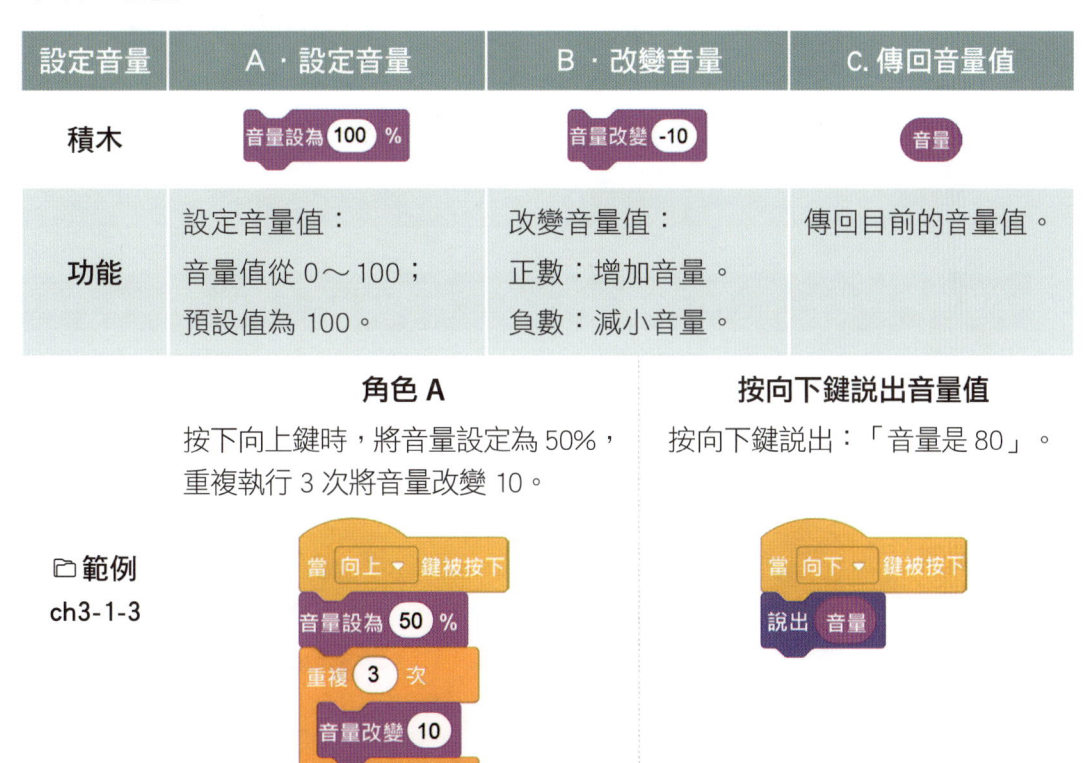

設定音量	A．設定音量	B．改變音量	C．傳回音量值
積木	音量設為 100 %	音量改變 -10	音量
功能	設定音量值： 音量值從 0～100； 預設值為 100。	改變音量值： 正數：增加音量。 負數：減小音量。	傳回目前的音量值。
	角色 A 按下向上鍵時，將音量設定為 50%，重複執行 3 次將音量改變 10。		**按向下鍵說出音量值** 按向下鍵說出：「音量是 80」。
範例 ch3-1-3	當 向上 鍵被按下 音量設為 50 % 重複 3 次 　音量改變 10		當 向下 鍵被按下 說出 音量

3-2 運算

運算　Scratch 運算積木主要功能在傳回**算術運算、關係運算、邏輯運算**與**字串運算**的結果。

1. 算術運算

算術運算主要功能針對 0～9 組成的**數字**計算結果。算術運算的功能包括：加、減、乘、除、四捨五入、餘數、絕對值、無條件捨去、無條件進位、平方根、指數、對數、三角函數或隨機選一個數等。

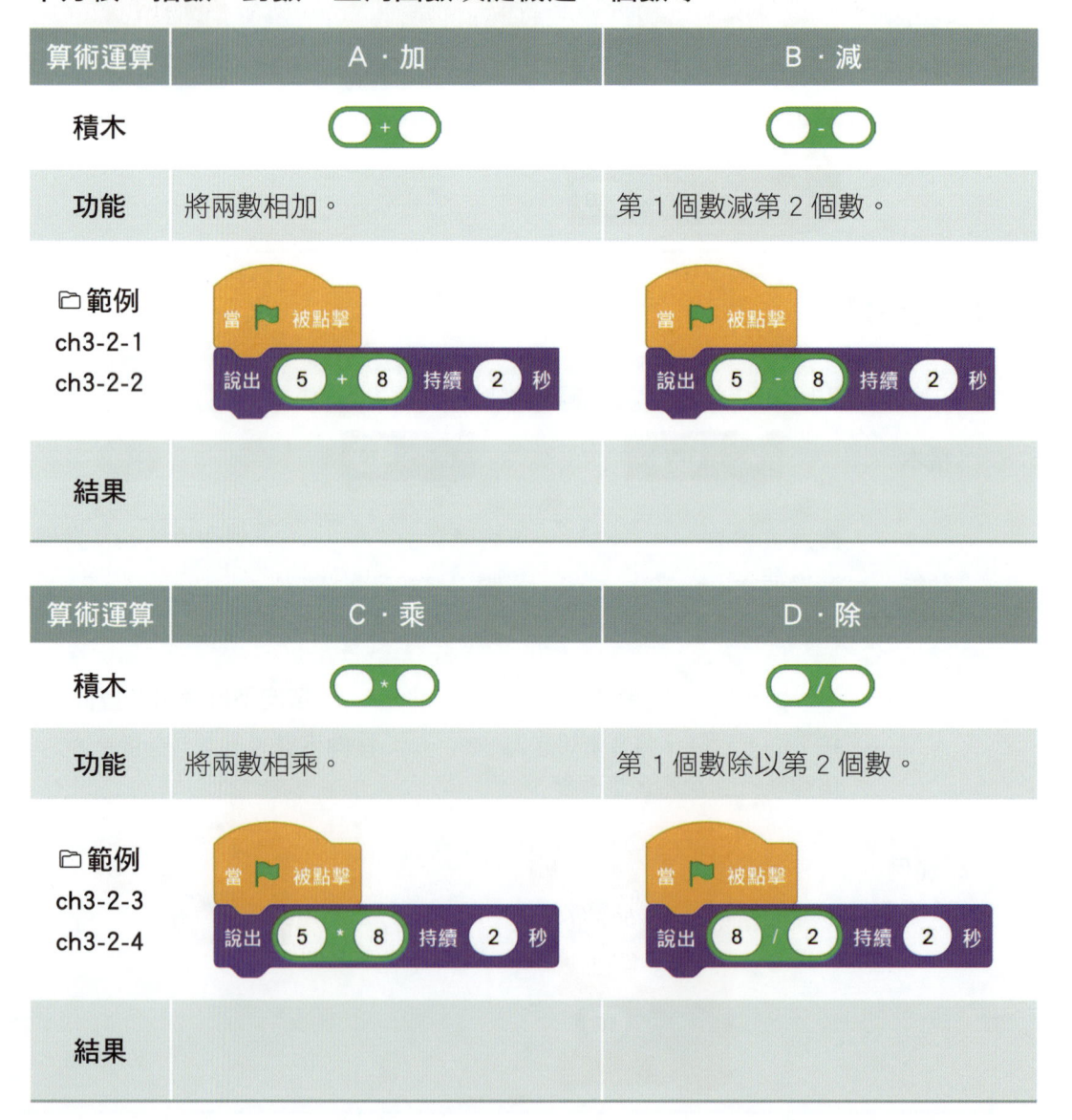

算術運算	A．加	B．減
積木	⬤ +	⬤ −
功能	將兩數相加。	第 1 個數減第 2 個數。
範例 ch3-2-1 ch3-2-2	當 ▶ 被點擊 說出 5 + 8 持續 2 秒	當 ▶ 被點擊 說出 5 − 8 持續 2 秒
結果		

算術運算	C．乘	D．除
積木	⬤ *	⬤ /
功能	將兩數相乘。	第 1 個數除以第 2 個數。
範例 ch3-2-3 ch3-2-4	當 ▶ 被點擊 說出 5 * 8 持續 2 秒	當 ▶ 被點擊 說出 8 / 2 持續 2 秒
結果		

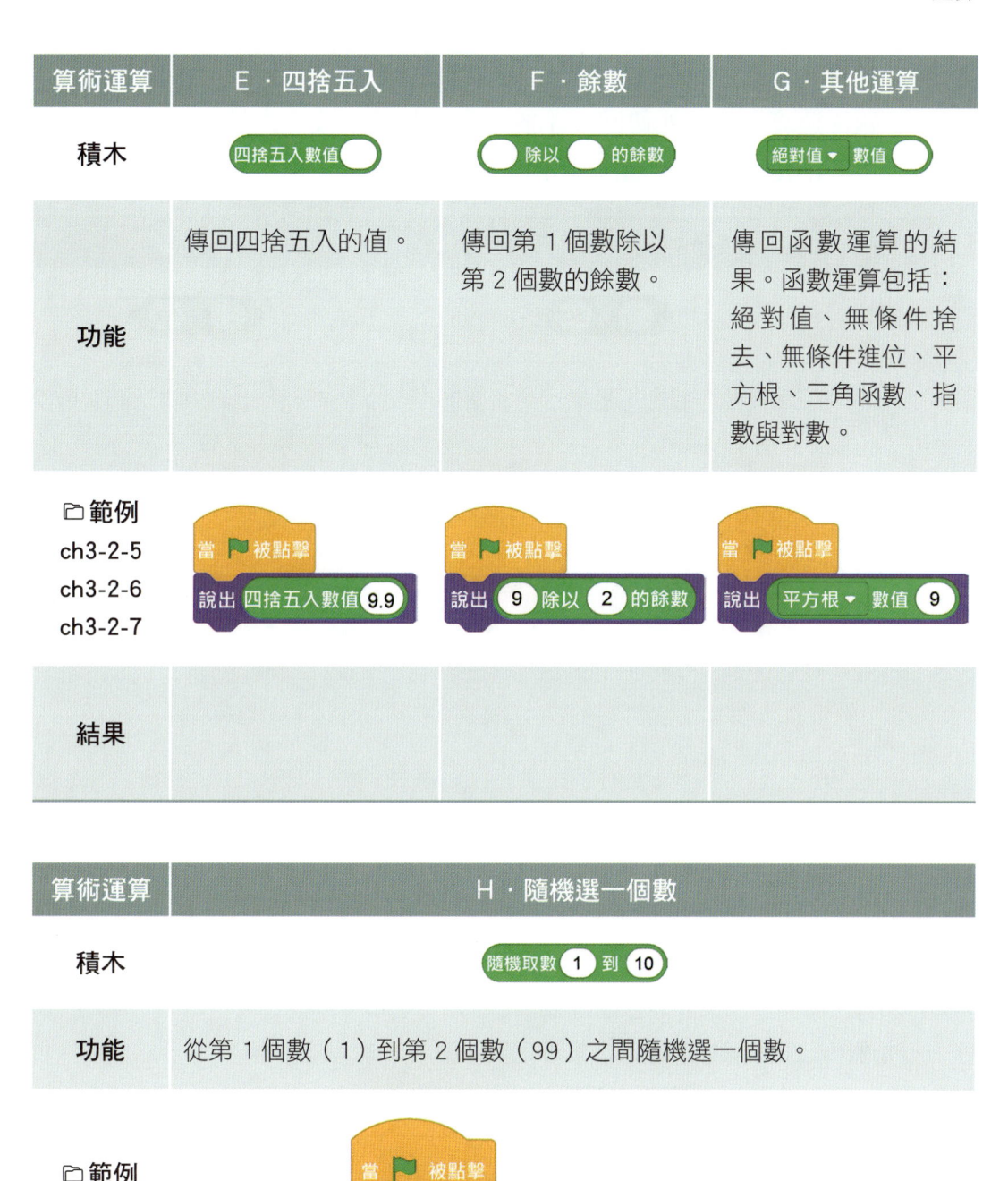

算術運算	E・四捨五入	F・餘數	G・其他運算
積木	四捨五入數值	除以 的餘數	絕對值▼ 數值
功能	傳回四捨五入的值。	傳回第1個數除以第2個數的餘數。	傳回函數運算的結果。函數運算包括：絕對值、無條件捨去、無條件進位、平方根、三角函數、指數與對數。
範例 ch3-2-5 ch3-2-6 ch3-2-7	當▶被點擊 說出 四捨五入數值 9.9	當▶被點擊 說出 9 除以 2 的餘數	當▶被點擊 說出 平方根▼ 數值 9
結果			

算術運算	H・隨機選一個數
積木	隨機取數 1 到 10
功能	從第1個數（1）到第2個數（99）之間隨機選一個數。
範例 ch3-2-8	當▶被點擊 說出 隨機取數 1 到 99 持續 2 秒
結果	

2. 關係運算

關係運算主要功能傳回「**小於**」、「**等於**」或「**大於**」的比較結果，結果分為：**true（真）**與 **false（假）**。

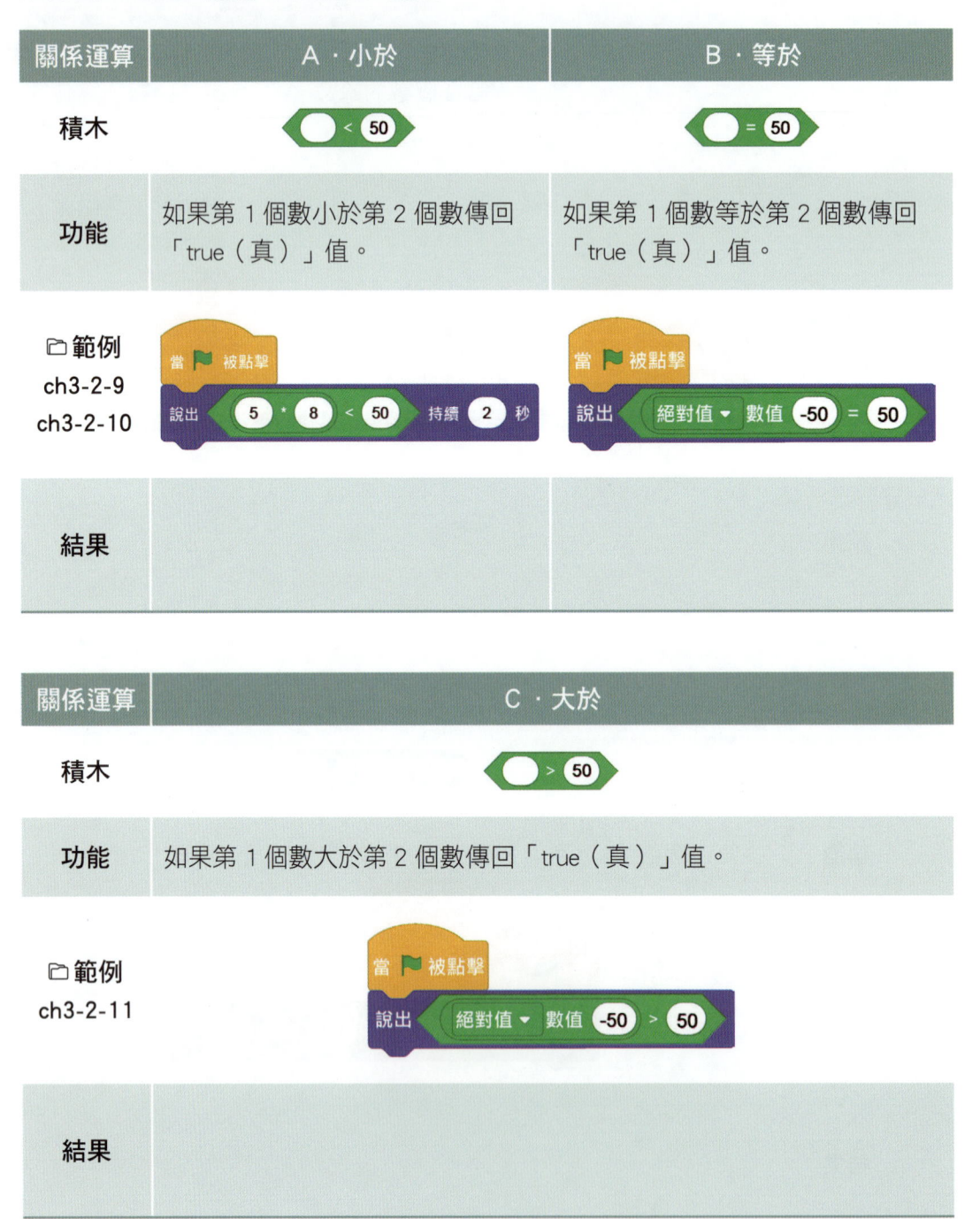

關係運算	A．小於	B．等於
積木	◯ < 50	◯ = 50
功能	如果第 1 個數小於第 2 個數傳回「true（真）」值。	如果第 1 個數等於第 2 個數傳回「true（真）」值。
範例 ch3-2-9 ch3-2-10	當 ▶ 被點擊 說出 5 * 8 < 50 持續 2 秒	當 ▶ 被點擊 說出 絕對值 ▼ 數值 -50 = 50
結果		

關係運算	C．大於	
積木	◯ > 50	
功能	如果第 1 個數大於第 2 個數傳回「true（真）」值。	
範例 ch3-2-11	當 ▶ 被點擊 說出 絕對值 ▼ 數值 -50 > 50	
結果		

3. 邏輯運算

邏輯運算主要功能傳回「**布林**」**的邏輯判斷結果**。布林的邏輯判斷分為：「**同時為真**」、「**其中一個為真**」或「**不成立**」，結果分為：**true（真）**與 **false（假）**。

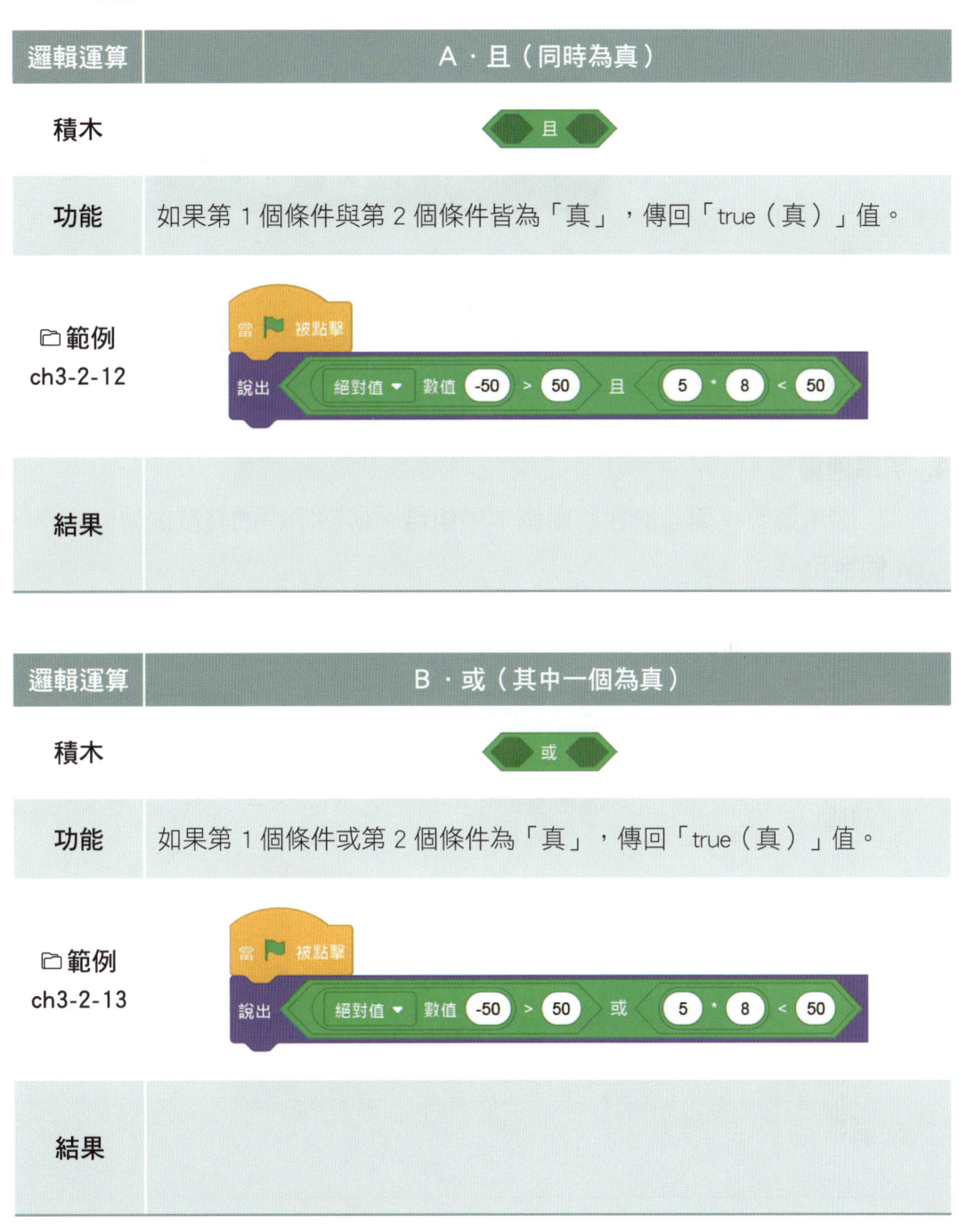

邏輯運算	A．且（同時為真）
積木	且
功能	如果第 1 個條件與第 2 個條件皆為「真」，傳回「true（真）」值。
範例 ch3-2-12	當 ▶ 被點擊 / 說出 絕對值 數值 -50 > 50 且 5 * 8 < 50
結果	

邏輯運算	B．或（其中一個為真）
積木	或
功能	如果第 1 個條件或第 2 個條件為「真」，傳回「true（真）」值。
範例 ch3-2-13	當 ▶ 被點擊 / 說出 絕對值 數值 -50 > 50 或 5 * 8 < 50
結果	

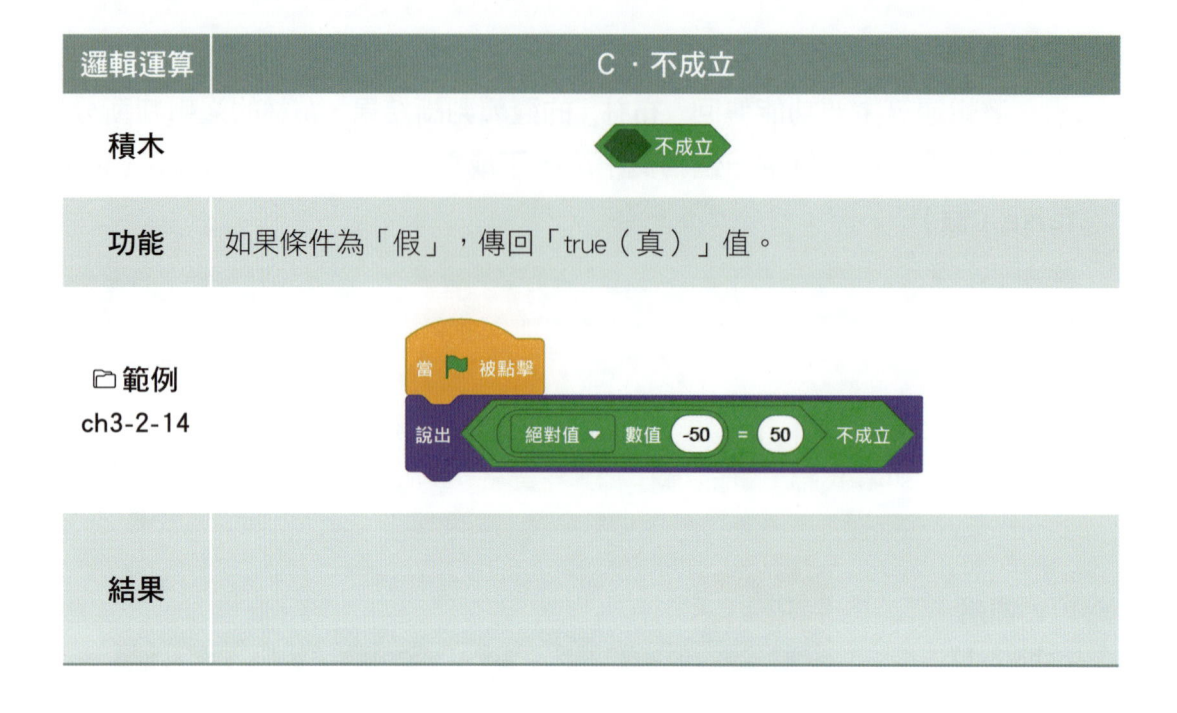

邏輯運算	C．不成立
積木	不成立
功能	如果條件為「假」，傳回「true（真）」值。
📁 範例 ch3-2-14	當 ▶ 被點擊 說出 （絕對值 ▼ 數值 -50） = 50 不成立
結果	

4. 字串運算

字串運算主要功能在將兩個字串**組合**、傳回字串的**長度**或傳回字串的**第 n 個字元**。

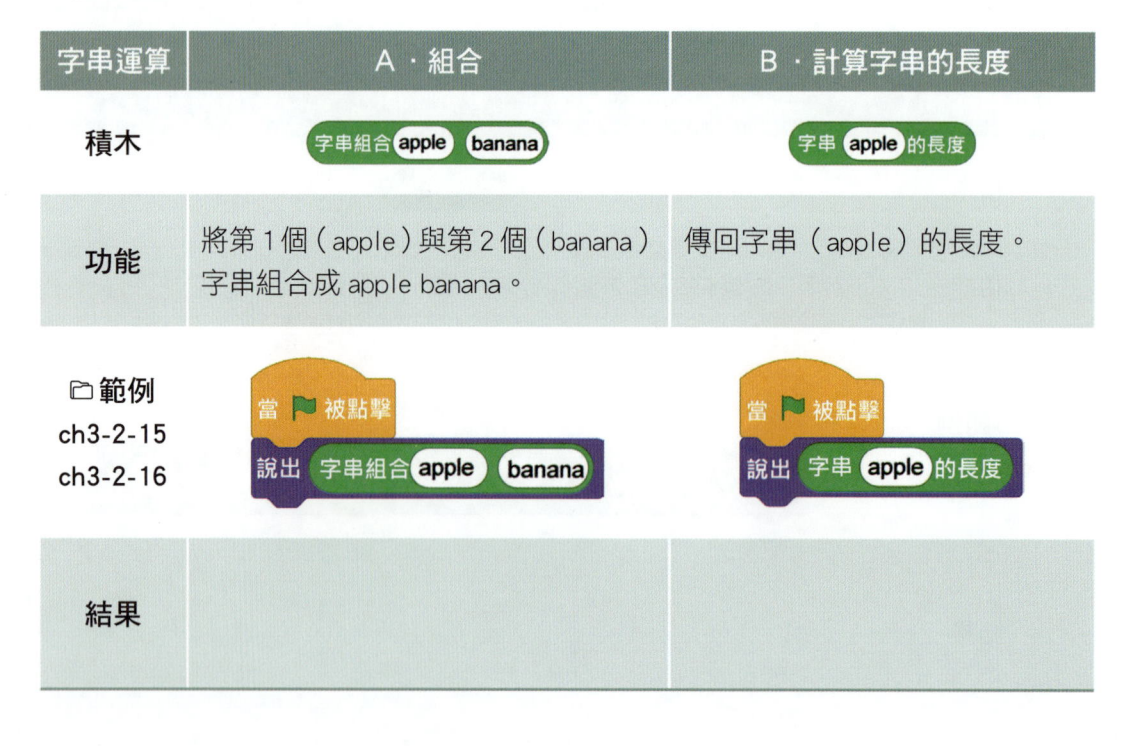

字串運算	A．組合	B．計算字串的長度
積木	字串組合 apple banana	字串 apple 的長度
功能	將第 1 個（apple）與第 2 個（banana）字串組合成 apple banana。	傳回字串（apple）的長度。
📁 範例 ch3-2-15 ch3-2-16	當 ▶ 被點擊 說出 字串組合 apple banana	當 ▶ 被點擊 說出 字串 apple 的長度
結果		

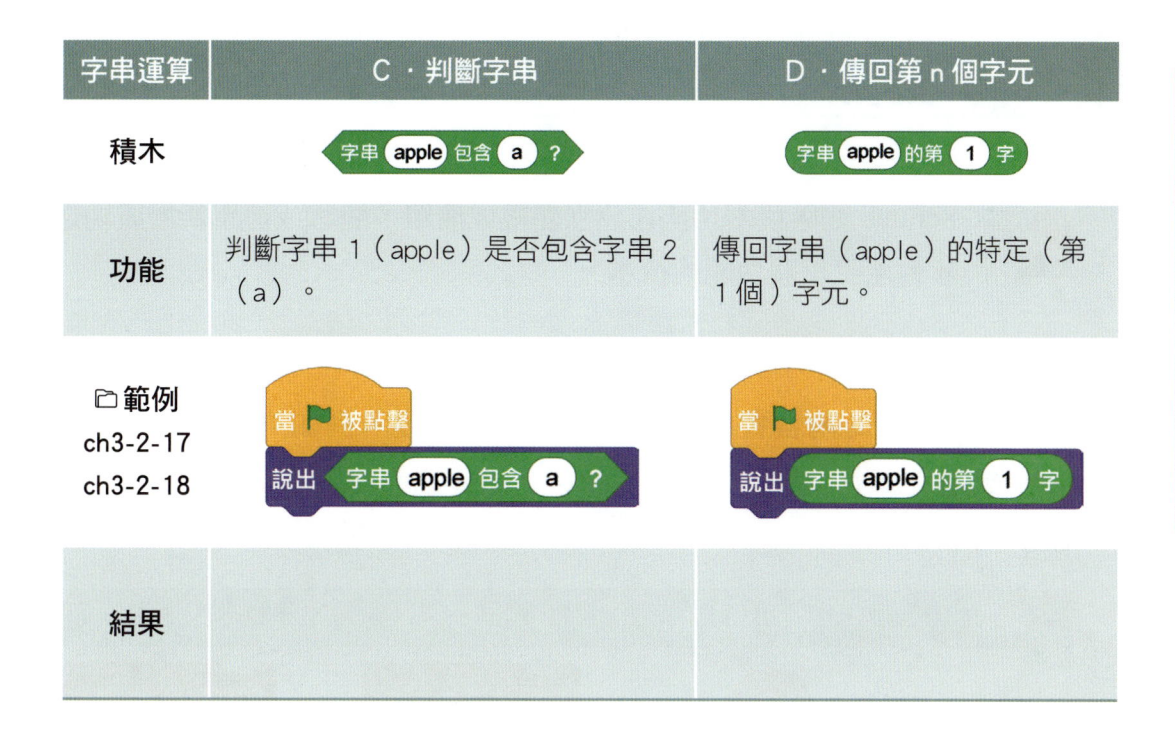

字串運算	C・判斷字串	D・傳回第 n 個字元
積木	字串 apple 包含 a ?	字串 apple 的第 1 字
功能	判斷字串 1（apple）是否包含字串 2（a）。	傳回字串（apple）的特定（第 1 個）字元。
範例 ch3-2-17 ch3-2-18	當 ▶ 被點擊 說出 字串 apple 包含 a ?	當 ▶ 被點擊 說出 字串 apple 的第 1 字
結果		

3-3 變數

Scratch 變數積木功能在建立**變數**或**清單**。變數或清單新增成功之後才會產生相關功能的積木。

1. 變數積木

變數資料的**內容會隨著程式之執行而改變**。例如：點選變數積木中**建立一個變數**，建立「計數」變數，變數新增成功之後，計數相關功能積木便產生。

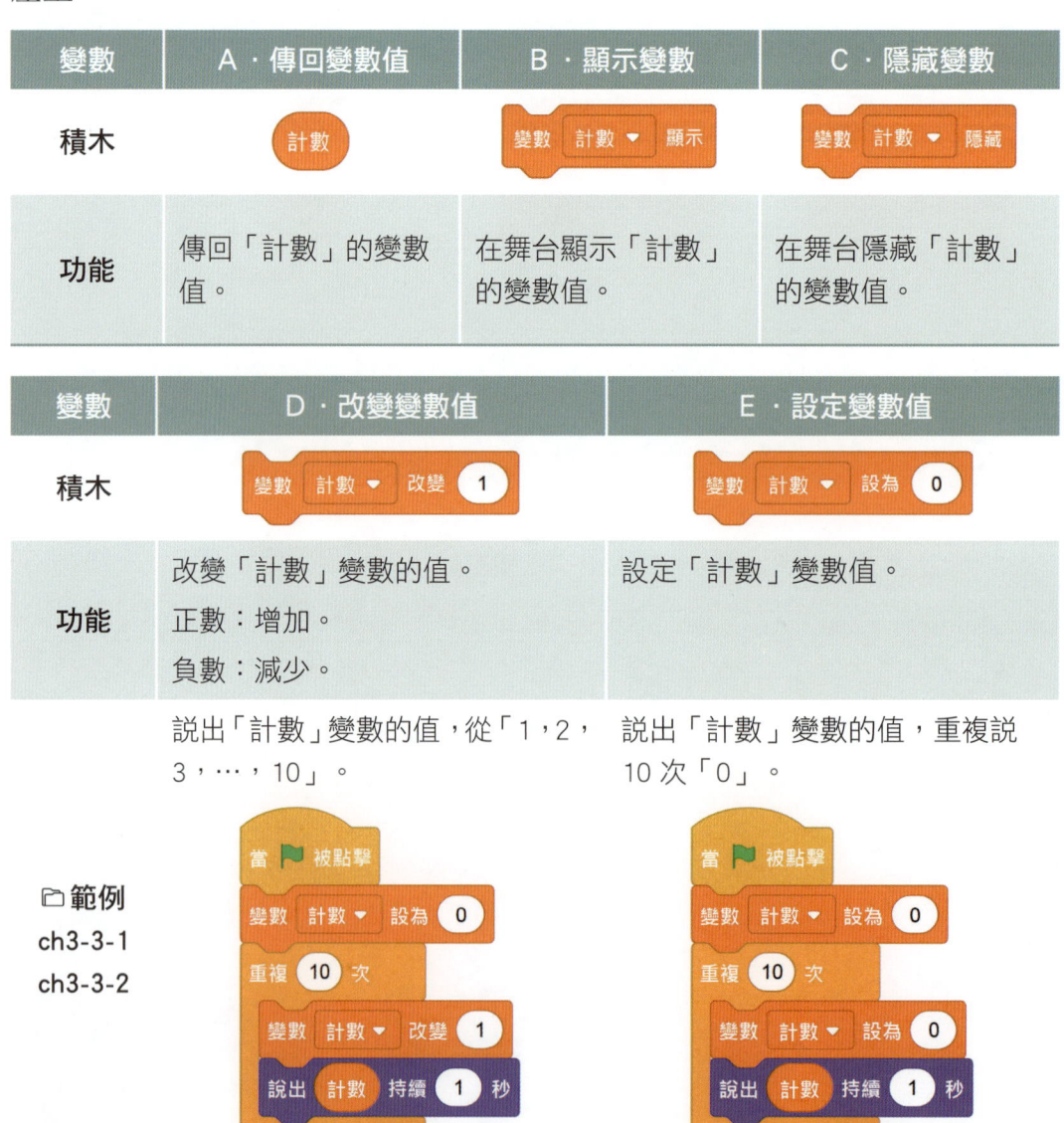

變數	A．傳回變數值	B．顯示變數	C．隱藏變數
積木	計數	變數 計數▼ 顯示	變數 計數▼ 隱藏
功能	傳回「計數」的變數值。	在舞台顯示「計數」的變數值。	在舞台隱藏「計數」的變數值。

變數	D．改變變數值	E．設定變數值
積木	變數 計數▼ 改變 1	變數 計數▼ 設為 0
功能	改變「計數」變數的值。 正數：增加。 負數：減少。	設定「計數」變數值。

說出「計數」變數的值，從「1，2，3，…，10」。

說出「計數」變數的值，重複說 10 次「0」。

📁 範例
ch3-3-1
ch3-3-2

當 ▶ 被點擊
變數 計數▼ 設為 0
重複 10 次
　變數 計數▼ 改變 1
　說出 計數 持續 1 秒

當 ▶ 被點擊
變數 計數▼ 設為 0
重複 10 次
　變數 計數▼ 設為 0
　說出 計數 持續 1 秒

2. 清單積木

清單是一項內容不固定的資料表單，**清單會隨著程式積木的執行而改變**，同時可針對清單中的資料進行增加、修改、刪除或編輯等功能。

◆ 編輯清單

清單的功能包括：**新增資料**到清單、**刪除**清單中的資料、**取代**清單中的資料或**插入**資料到清單中。

例如：變數積木中點選 **建立一個清單**，建立「圖書目錄」清單，記錄「書名」與「編號」，清單產生成功之後，Scratch 會自動產生清單相關功能的積木。

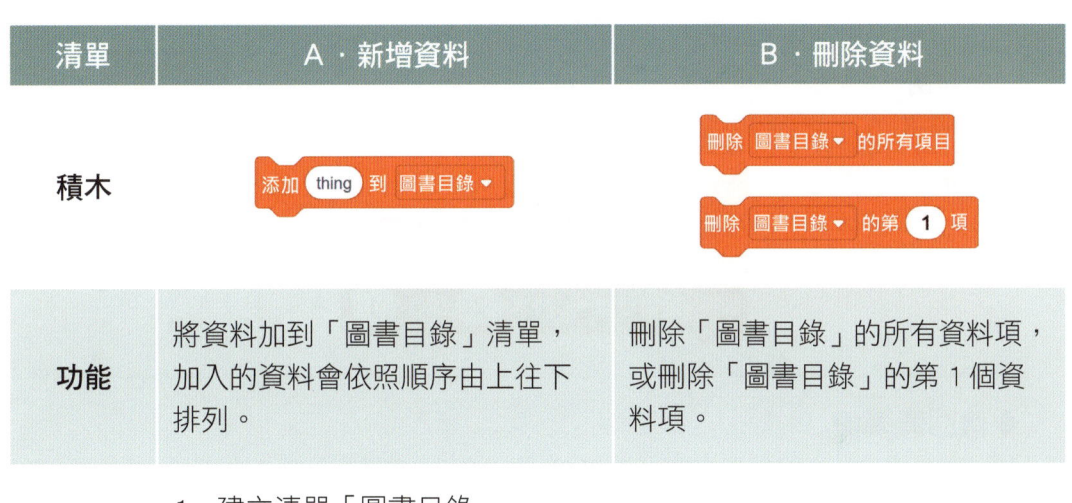

清單	A．新增資料	B．刪除資料
積木	添加 thing 到 圖書目錄▼	刪除 圖書目錄▼ 的所有項目 刪除 圖書目錄▼ 的第 1 項
功能	將資料加到「圖書目錄」清單，加入的資料會依照順序由上往下排列。	刪除「圖書目錄」的所有資料項，或刪除「圖書目錄」的第 1 個資料項。

1. 建立清單「圖書目錄」。
2. 點擊綠旗清除所有「圖書目錄」資料項。
3. 按空白鍵，將「Scratch」加到「圖書目錄」清單中。

📁 **範例**
ch3-3-3

清單	C・插入資料	D・取代資料
積木	插入 1 到 圖書目錄▼ 的第 1 項	替換 圖書目錄▼ 的第 1 項為 1
功能	將資料「1」插入「圖書目錄」的第 1 項資料項。	「圖書目錄」的第 1 項資料項以「1」取代。

1. 續接上一範例,按下 a 鍵,在圖書目錄清單的的第 1 項資料插入「MIT」。
2. 將圖書目錄清單的的第 2 項資料以 1 取代。

📂 範例
ch3-3-3

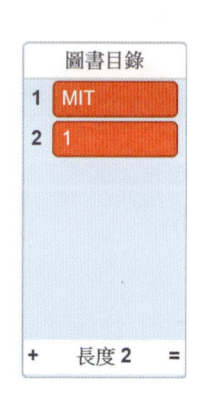

```
當 a▼ 鍵被按下
插入 MIT 到 圖書目錄▼ 的第 1 項
替換 圖書目錄▼ 的第 2 項為 1
```

圖書目錄
1 MIT
2 1
長度 2

◆ 傳回清單值

清單	A・傳回清單值	B・傳回第 n 個清單值
積木	圖書目錄	圖書目錄▼ 的第 1 項
功能	傳回「圖書目錄」清單的資料值。	傳回「圖書目錄」清單的第 1 項資料內容。

清單	C・傳回清單是否包含特定值	D・傳回清單資料個數
積木	清單 圖書目錄▼ 包含 thing ?	清單 圖書目錄▼ 的長度
功能	傳回「圖書目錄」清單中是否包含資料「thing」,包含資料「thing」傳回「true(真)」,不包含資料「thing」傳回「false(假)」。	傳回「圖書目錄」的長度,亦即「圖書目錄」的資料項個數。

清單	C · 傳回清單是否包含特定值	D · 傳回清單資料個數

1. 續接上一範例，按下 b 說圖書目錄的第一個資料值。

   `當 b 鍵被按下`
   `說出 圖書目錄▼ 的第 1 項`

2. 按下 c 說圖書目錄的長度總共有幾筆資料。

📁 範例
ch3-3-3

   `當 c 鍵被按下`
   `說出 清單 圖書目錄▼ 的長度`

3. 按下 d 傳回圖書目錄是否包含「Scratch」。

   `當 d 鍵被按下`
   `說出 清單 圖書目錄▼ 包含 Scratch ?`

結果	1.	2.	3.

◆顯示或隱藏清單

清單	顯示	隱藏
積木	 `清單 圖書目錄▼ 顯示`	 `清單 圖書目錄▼ 隱藏`
功能	在舞台顯示「圖書目錄」清單。	在舞台隱藏「圖書目錄」清單。
	點擊綠旗在舞台顯示圖書目錄清單。 	按空白鍵在舞台隱藏圖書目錄清單。 

📁 範例
ch3-3-4

`當 ▶ 被點擊`
`清單 圖書目錄▼ 顯示`

`當 空白▼ 鍵被按下`
`清單 圖書目錄▼ 隱藏`

3-4 函式積木

Scratch 的函式積木是利用 **建立一個積木**，將積木要執行的程式寫在「定義的函式中」，只要拖曳「建立的積木」就能執行「定義函式」的所有功能。

例如：做一個積木，輸入「閃爍」。之後只要拖曳 閃爍 ，就可以執行定義閃爍的全部積木。

建立一個積木	定義的函式

3-5 擴展－音樂

Scratch 3 的音樂積木在 「添加擴展」中，新增 音樂 積木，音樂積木能夠演奏音階或設定樂器種類、節奏或音量。

1. 演奏音階

演奏音階預設是**鋼琴的琴音**，配合樂器設定 **21 種樂器**的演奏聲音，而演奏節拍則是有 **18 種樂器節拍**。

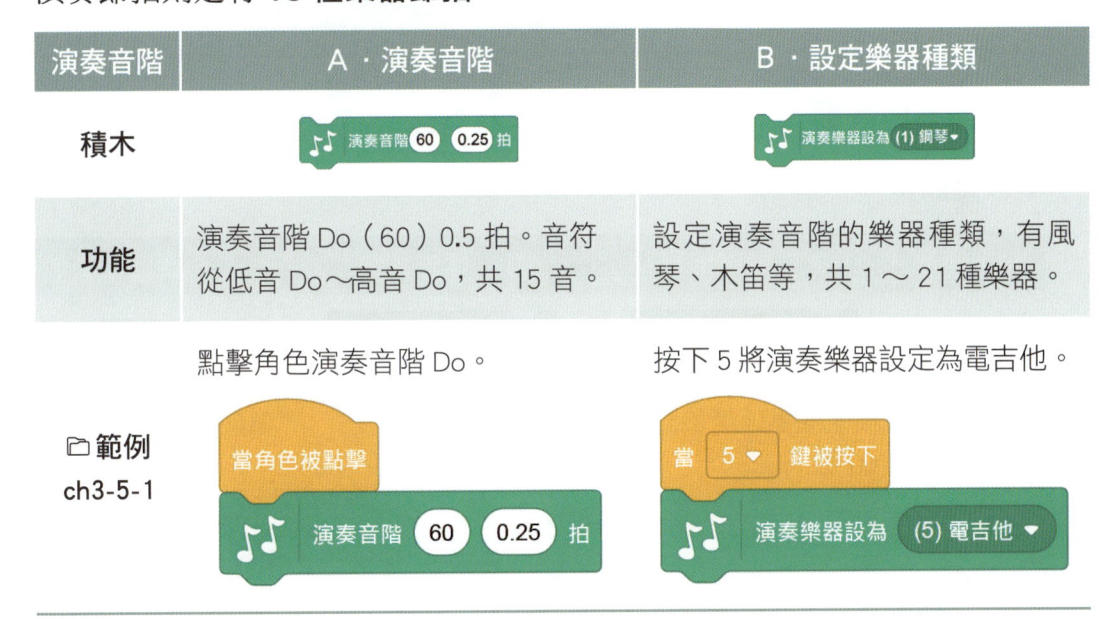

演奏音階	A．演奏音階	B．設定樂器種類
積木	演奏音階 60 0.25 拍	演奏樂器設為 (1) 鋼琴
功能	演奏音階 Do（60）0.5 拍。音符從低音 Do～高音 Do，共 15 音。	設定演奏音階的樂器種類，有風琴、木笛等，共 1～21 種樂器。
範例 ch3-5-1	點擊角色演奏音階 Do。 當角色被點擊 演奏音階 60 0.25 拍	按下 5 將演奏樂器設定為電吉他。 當 5 鍵被按下 演奏樂器設為 (5) 電吉他

◆ 音符琴鍵對照

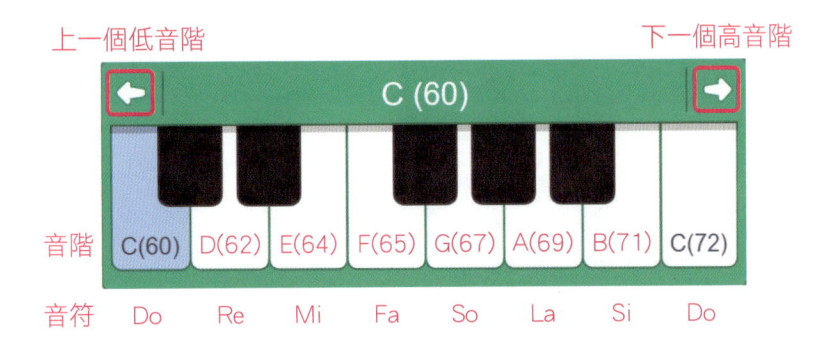

上一個低音階　　　　　　　　　　下一個高音階

C (60)

音階	C(60)	D(62)	E(64)	F(65)	G(67)	A(69)	B(71)	C(72)
音符	Do	Re	Mi	Fa	So	La	Si	Do

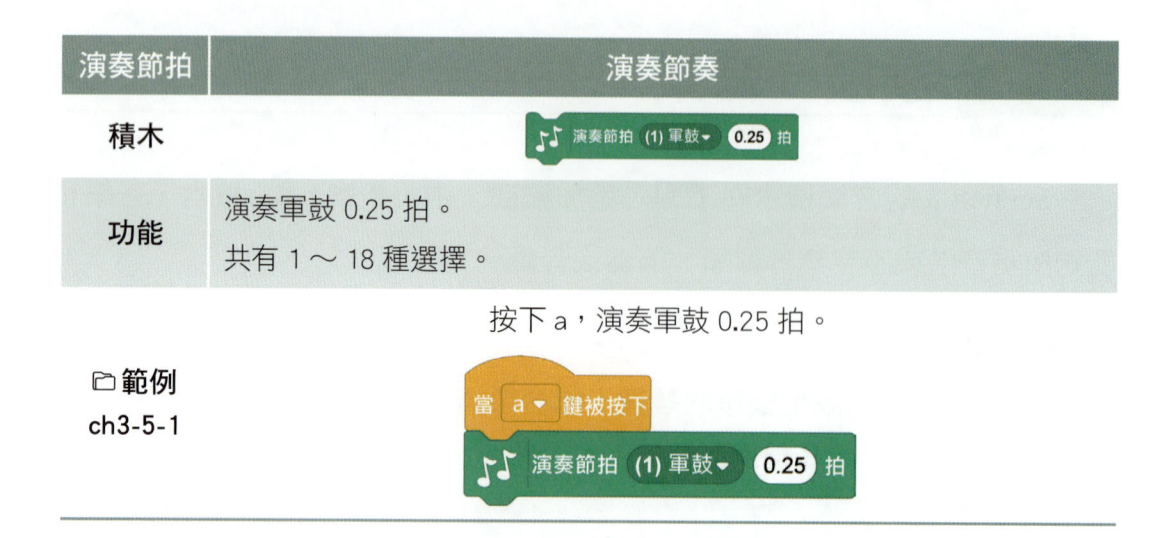

演奏節拍	演奏節奏
積木	演奏節拍 (1) 軍鼓 ▾ 0.25 拍
功能	演奏軍鼓 0.25 拍。 共有 1 ～ 18 種選擇。
範例 ch3-5-1	按下 a，演奏軍鼓 0.25 拍。 當 a ▾ 鍵被按下 演奏節拍 (1) 軍鼓 ▾ 0.25 拍

2. 設定節奏與音量

◆ 設定節奏

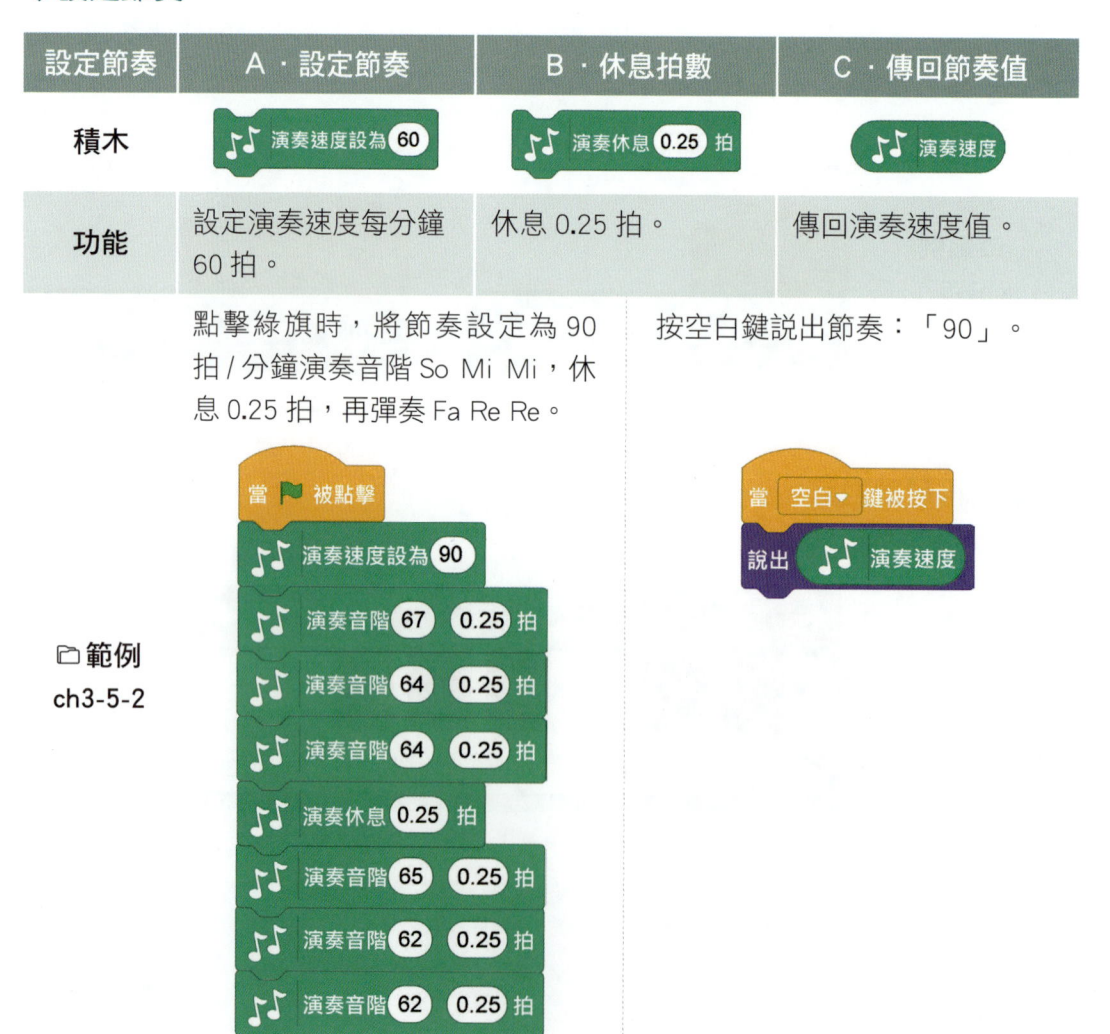

設定節奏	A · 設定節奏	B · 休息拍數	C · 傳回節奏值
積木	演奏速度設為 60	演奏休息 0.25 拍	演奏速度
功能	設定演奏速度每分鐘 60 拍。	休息 0.25 拍。	傳回演奏速度值。
範例 ch3-5-2	點擊綠旗時，將節奏設定為 90 拍/分鐘演奏音階 So Mi Mi，休息 0.25 拍，再彈奏 Fa Re Re。 當 ▶ 被點擊 演奏速度設為 90 演奏音階 67 0.25 拍 演奏音階 64 0.25 拍 演奏音階 64 0.25 拍 演奏休息 0.25 拍 演奏音階 65 0.25 拍 演奏音階 62 0.25 拍 演奏音階 62 0.25 拍		按空白鍵說出節奏：「90」。 當 空白 ▾ 鍵被按下 說出 演奏速度

3-6 擴展－畫筆

Scratch 3 的畫筆積木在 「添加擴展」中，新增 畫筆 功能讓角色在舞台移動時留下筆跡並**設定畫筆功能**。

1. 畫筆積木

◆ 下筆或停筆

畫筆	下筆	停筆	清除筆跡	蓋章
積木	下筆	停筆	筆跡全部清除	蓋章
功能	畫筆下筆，角色移動時留下畫筆筆跡。	畫筆停筆，角色移動時不留下畫筆筆跡。	清除舞台上的筆跡及蓋章。	在舞台上複製角色圖像。
	按下空白鍵，角色移動時畫筆下筆。	按向下鍵，角色移動時畫筆下筆，停筆之後再移動 100 點不留下筆跡。	點擊綠旗清除所有筆跡。	角色移動時蓋章。
範例 ch3-6-1 ch3-6-2	當 空白 鍵被按下／下筆／重複 10 次／移動 10 點／停筆	當 向下 鍵被按下／下筆／重複 10 次／移動 10 點／停筆／移動 100 點	當 ▶ 被點擊／筆跡全部清除	當 空白 鍵被按下／重複 10 次／蓋章／移動 10 點
結果				

2. 設定畫筆

◆設定畫筆

設定畫筆的顏色或寬度。

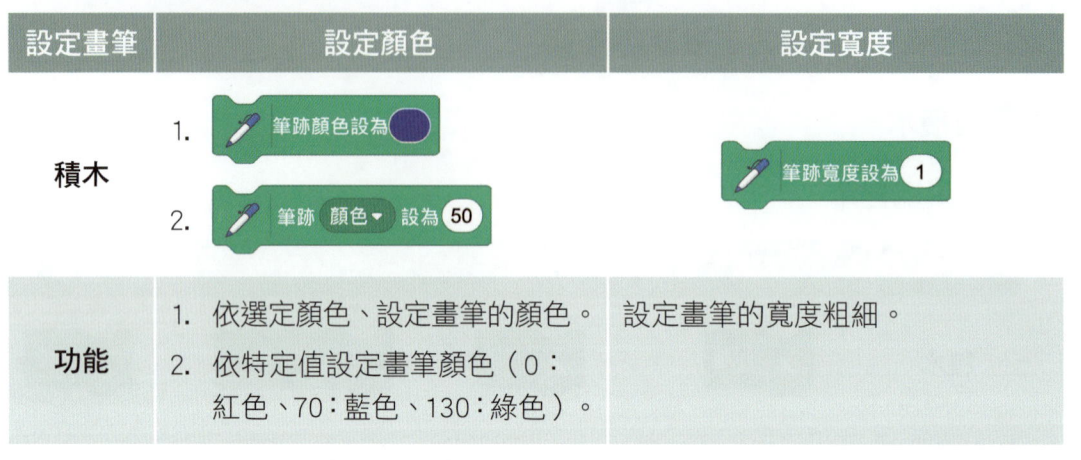

設定畫筆	設定顏色	設定寬度
積木	1. 筆跡顏色設為 ● 2. 筆跡 顏色▼ 設為 50	筆跡寬度設為 1
功能	1. 依選定顏色、設定畫筆的顏色。 2. 依特定值設定畫筆顏色（0：紅色、70：藍色、130：綠色）。	設定畫筆的寬度粗細。
範例 ch3-6-3 ch3-6-4	角色從舞台最左邊，往最右邊移動，每移動1點，畫筆顏色固定為綠色。 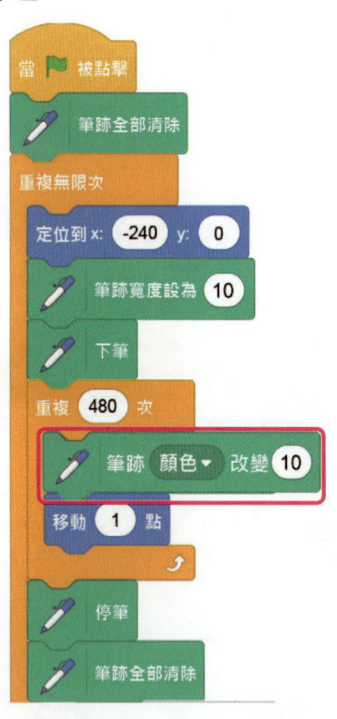 當▶被點擊 筆跡全部清除 重複無限次 　定位到 x: -240 y: 0 　筆跡寬度設為 10 　下筆 　重複 480 次 　　筆跡 顏色▼ 改變 10 　　移動 1 點 　停筆 　筆跡全部清除	角色從舞台最左邊，往最右邊移動，每移動1點，畫筆寬度固定為1。 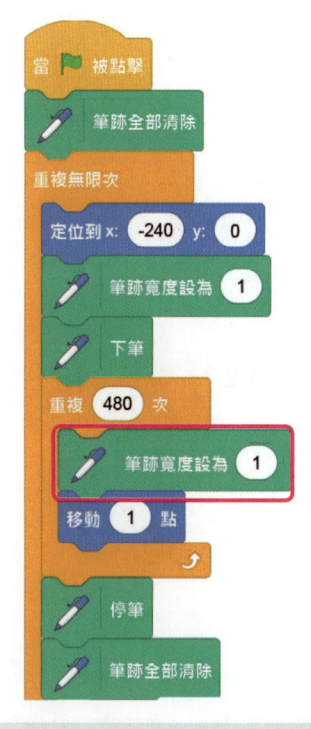 當▶被點擊 筆跡全部清除 重複無限次 　定位到 x: -240 y: 0 　筆跡寬度設為 1 　下筆 　重複 480 次 　　筆跡寬度設為 1 　　移動 1 點 　停筆 　筆跡全部清除
結果	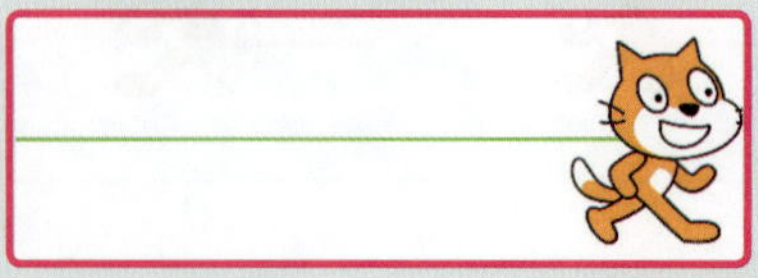	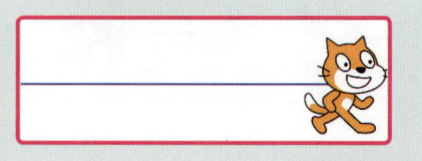

◆改變畫筆

改變畫筆的功能，在下筆的時候畫筆的顏色或寬度**隨著程式的執行而改變**。

改變畫筆	改變顏色	改變寬度
積木	 筆跡 顏色 改變 10	 筆跡寬度改變 1
功能	將畫筆的顏色增加（正數）或減少（負數）。	改變畫筆的寬度粗（正數）或細（負數）。
範例 ch3-6-5 ch3-6-6	角色從舞台最左邊，往最右邊移動，每移動 1 點，畫筆顏色改變 10。 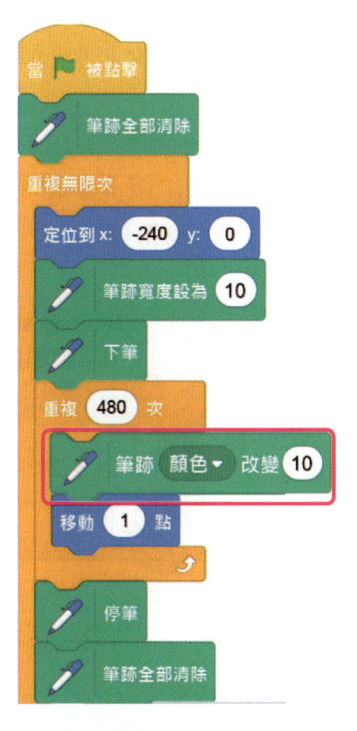 當 ▶ 被點擊 筆跡全部清除 重複無限次 　定位到 x: -240 y: 0 　筆跡寬度設為 10 　下筆 　重複 480 次 　　筆跡 顏色 改變 10 　　移動 1 點 　停筆 　筆跡全部清除	角色從舞台最左邊，往最右邊移動，每移動 1 點，畫筆寬度變粗 0.1。 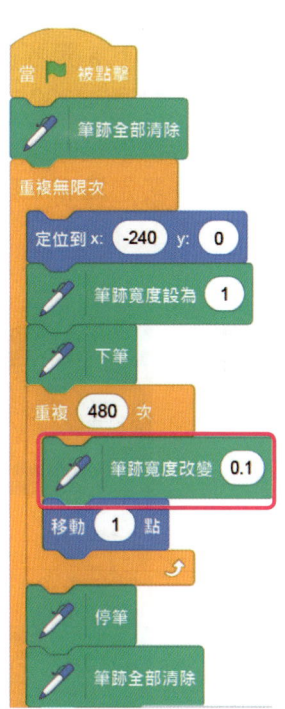 當 ▶ 被點擊 筆跡全部清除 重複無限次 　定位到 x: -240 y: 0 　筆跡寬度設為 1 　下筆 　重複 480 次 　　筆跡寬度改變 0.1 　　移動 1 點 　停筆 　筆跡全部清除
結果	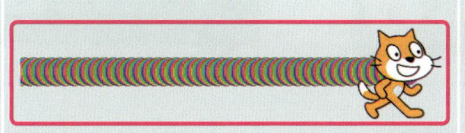	

3-7 擴展－視訊偵測

Scratch 3 的視訊偵測積木在 「添加擴展」中，新增 視訊偵測 的功能在設定**視訊攝影機的視訊畫面**。

◆ 設定視訊

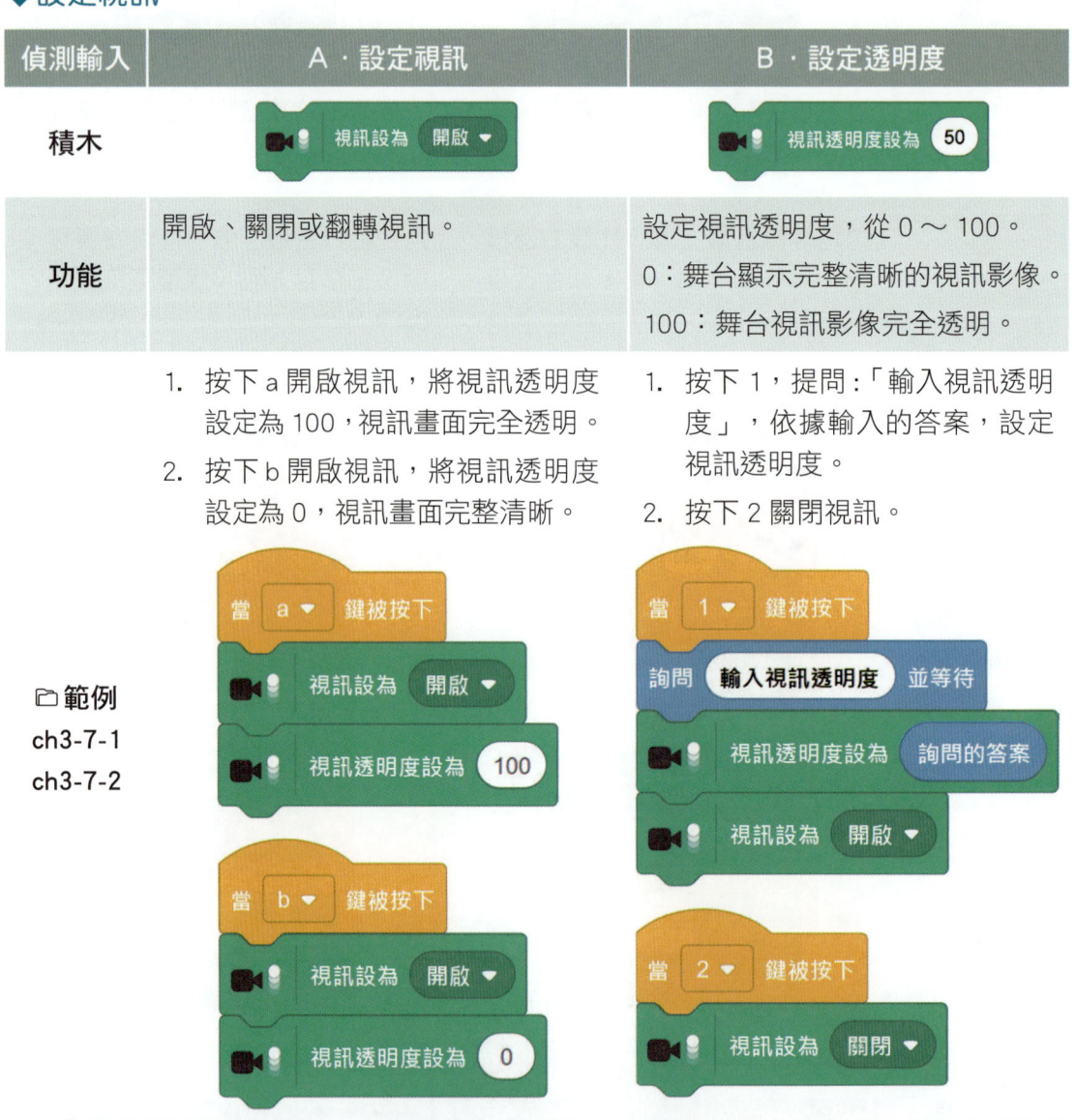

偵測輸入	A・設定視訊	B・設定透明度
積木	視訊設為 開啟	視訊透明度設為 50
功能	開啟、關閉或翻轉視訊。	設定視訊透明度，從 0～100。 0：舞台顯示完整清晰的視訊影像。 100：舞台視訊影像完全透明。

範例
ch3-7-1
ch3-7-2

1. 按下 a 開啟視訊，將視訊透明度設定為 100，視訊畫面完全透明。
2. 按下 b 開啟視訊，將視訊透明度設定為 0，視訊畫面完整清晰。

1. 按下 1，提問：「輸入視訊透明度」，依據輸入的答案，設定視訊透明度。
2. 按下 2 關閉視訊。

> **Tips**
> 啟動視訊前先檢查視訊攝影機是否設定完成並開啟。

◆傳回視訊及音量值

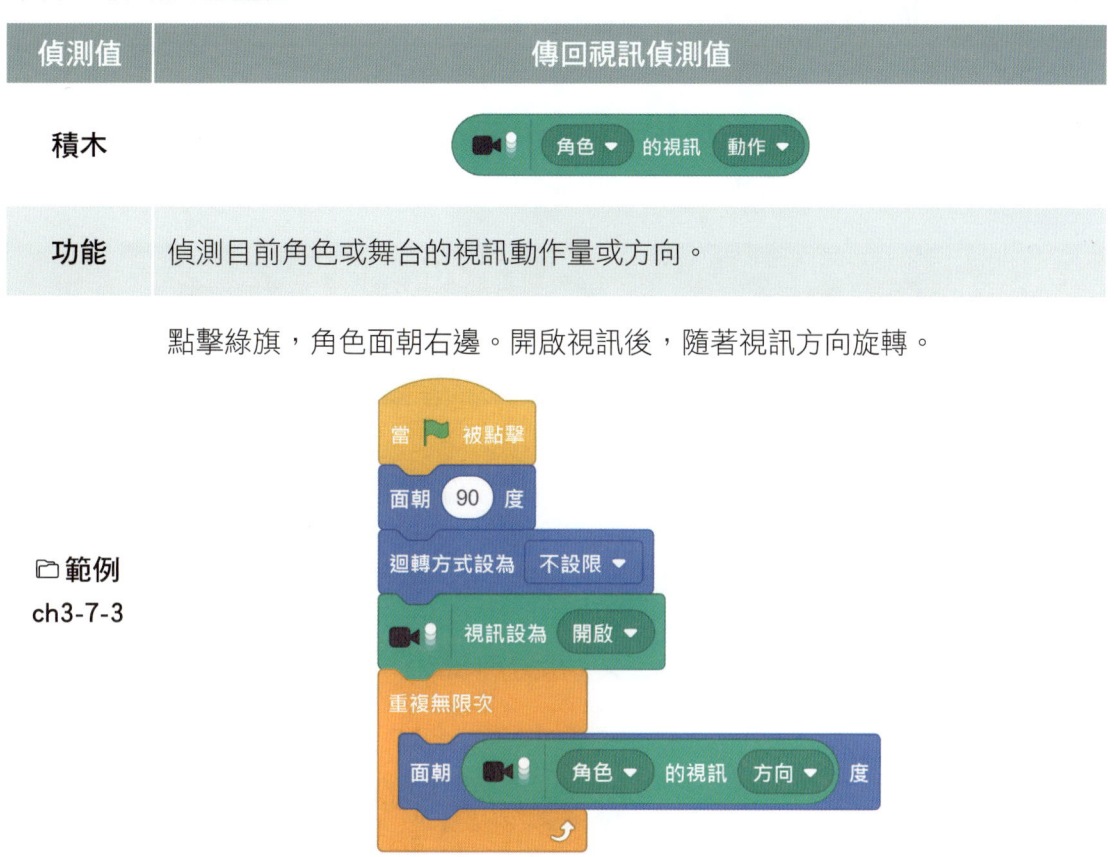

偵測值	傳回視訊偵測值
積木	[📹 角色▼ 的視訊 動作▼]
功能	偵測目前角色或舞台的視訊動作量或方向。

點擊綠旗，角色面朝右邊。開啟視訊後，隨著視訊方向旋轉。

📁 **範例**
ch3-7-3

```
當 🏳 被點擊
面朝 90 度
迴轉方式設為 不設限▼
視訊設為 開啟▼
重複無限次
    面朝 [📹 角色▼ 的視訊 方向▼] 度
```

3-8 擴展－文字轉語音

Scratch 3 的文字轉語音積木在 「添加擴展」中，新增 文字轉語音 是將文字訊息翻譯成各國語言的「語音」，利用電腦喇叭播放各國語音。

語音	語音	設定語音	設定語言
積木	唸出 hello	語音設為 alto	語言設為 English
功能	語音唸出文字。	設定語音的類別包括：alto（女音）、tenor（男音）、尖細、低沉或小貓。	設定語音的語文包括：丹麥語、德語、法語、日語等。

點擊綠旗，設定語言為英文，用男音唸出「hello」。

📁 範例
ch3-8-1

Scratch 官網陸續更新更多擴展功能，例如：
1. Makey Makey
2. micro:bit
3. LEGO EV3
4. LEGO BOOST
5. LEGO WeDo 2.0

1.～5. 等擴展功能將 Scratch 與硬體裝置整合應用。

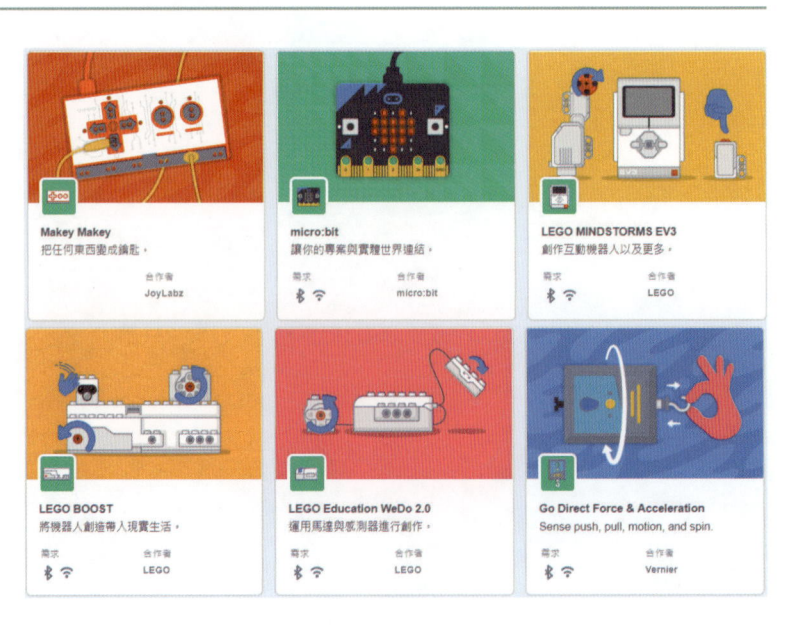

3-9 擴展－翻譯

Scratch 3 的翻譯積木在 「添加擴展」中，新增 翻譯 是將文字訊息轉譯成各國語言文字。

目前 Scratch 翻譯功能能夠將英文翻成中文（繁體）或中文（簡體）等 61 國語言。

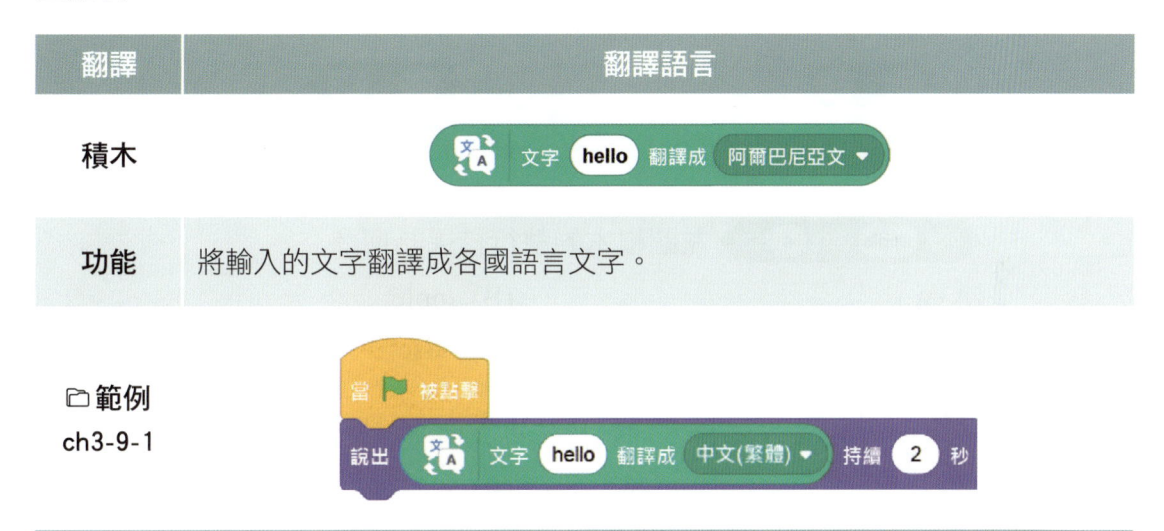

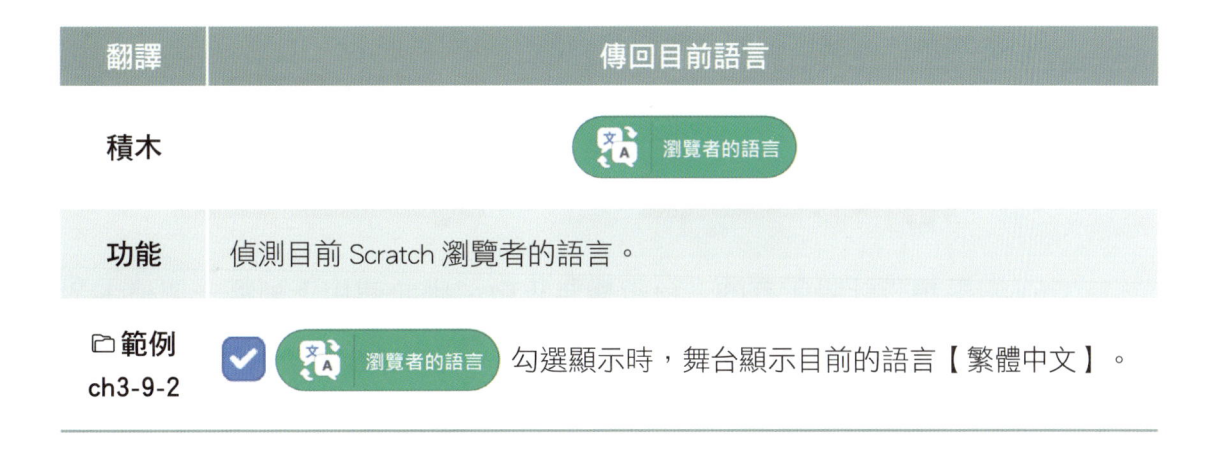

翻譯	翻譯語言
積木	文字 hello 翻譯成 阿爾巴尼亞文 ▼
功能	將輸入的文字翻譯成各國語言文字。
範例 ch3-9-1	當 ▶ 被點擊 / 說出 文字 hello 翻譯成 中文(繁體)▼ 持續 2 秒

翻譯	傳回目前語言
積木	瀏覽者的語言
功能	偵測目前 Scratch 瀏覽者的語言。
範例 ch3-9-2	☑ 瀏覽者的語言　勾選顯示時，舞台顯示目前的語言【繁體中文】。

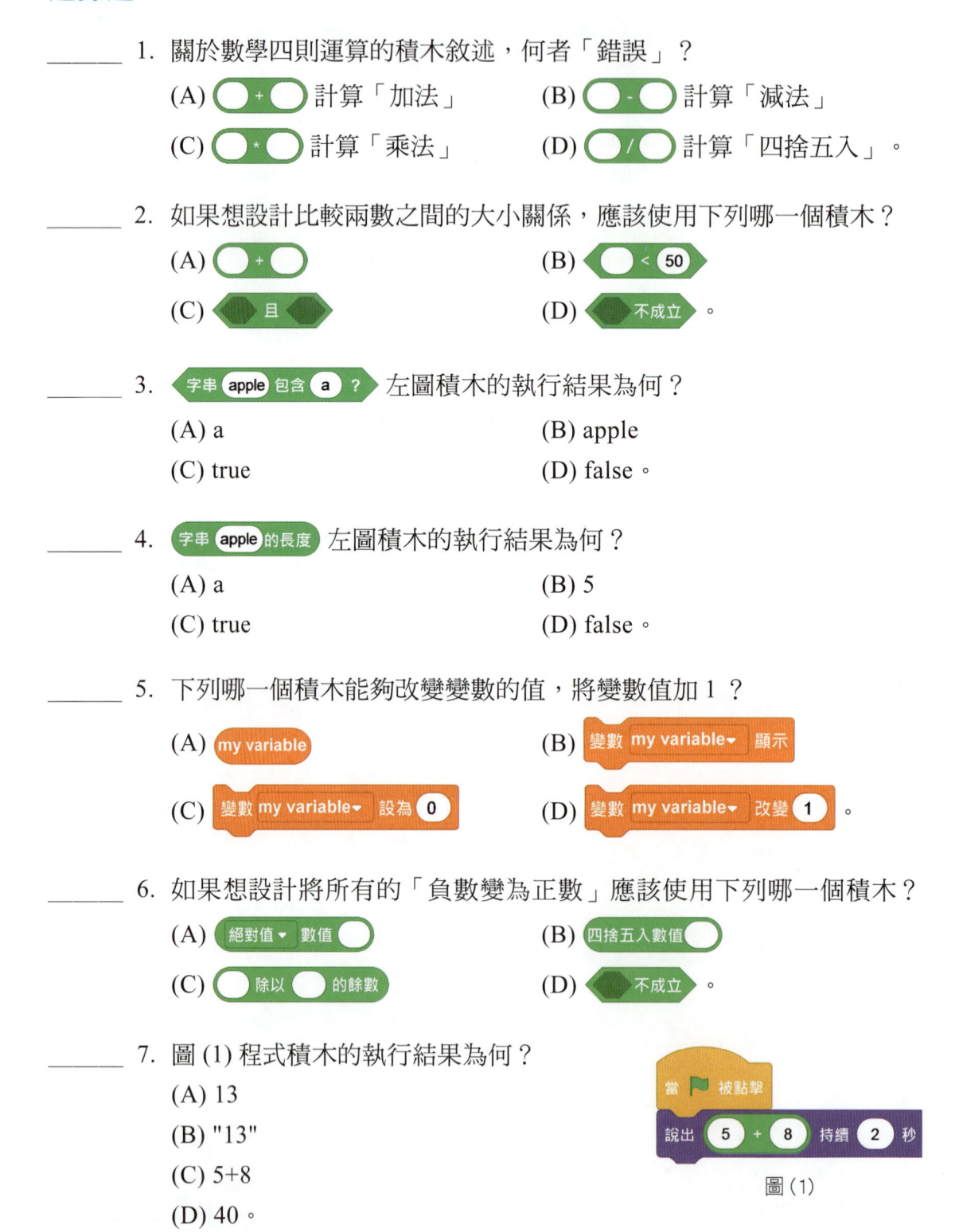

Chapter 3 課後評量

選擇題

_____ 1. 關於數學四則運算的積木敘述，何者「錯誤」？
 (A) ◯ + ◯ 計算「加法」　　(B) ◯ - ◯ 計算「減法」
 (C) ◯ * ◯ 計算「乘法」　　(D) ◯ / ◯ 計算「四捨五入」。

_____ 2. 如果想設計比較兩數之間的大小關係，應該使用下列哪一個積木？
 (A) ◯ + ◯　　(B) ◯ < 50
 (C) ◇ 且 ◇　　(D) ◇ 不成立 。

_____ 3. 字串 apple 包含 a ？　左圖積木的執行結果為何？
 (A) a　　(B) apple
 (C) true　　(D) false。

_____ 4. 字串 apple 的長度　左圖積木的執行結果為何？
 (A) a　　(B) 5
 (C) true　　(D) false。

_____ 5. 下列哪一個積木能夠改變變數的值，將變數值加 1？
 (A) my variable　　(B) 變數 my variable▼ 顯示
 (C) 變數 my variable▼ 設為 0　　(D) 變數 my variable▼ 改變 1。

_____ 6. 如果想設計將所有的「負數變為正數」應該使用下列哪一個積木？
 (A) 絕對值▼ 數值　　(B) 四捨五入 數值
 (C) ◯ 除以 ◯ 的餘數　　(D) ◇ 不成立 。

_____ 7. 圖 (1) 程式積木的執行結果為何？
 (A) 13
 (B) "13"
 (C) 5+8
 (D) 40。

圖(1)

課後評量 3 Chapter

_____ 8. 圖(2) 程式積木的執行結果為何？
(A) 3　　　　(B) –3
(C) 5–8　　　(D) 13。

圖(2)

_____ 9. 圖(3) 程式積木的執行結果為何？
(A) 5　　　　(B) 8
(C) 5*8　　　(D) 40。

圖(3)

_____ 10. 圖(4) 程式積木的執行結果為何？
(A) 0.25　　 (B) 4
(C) 8/2　　　(D) 16。

圖(4)

_____ 11. 圖(5) 程式積木的執行結果為何？
(A) 1
(B) 99
(C) 說 1 到 99 之間其中一個數
(D) 沒有結果。

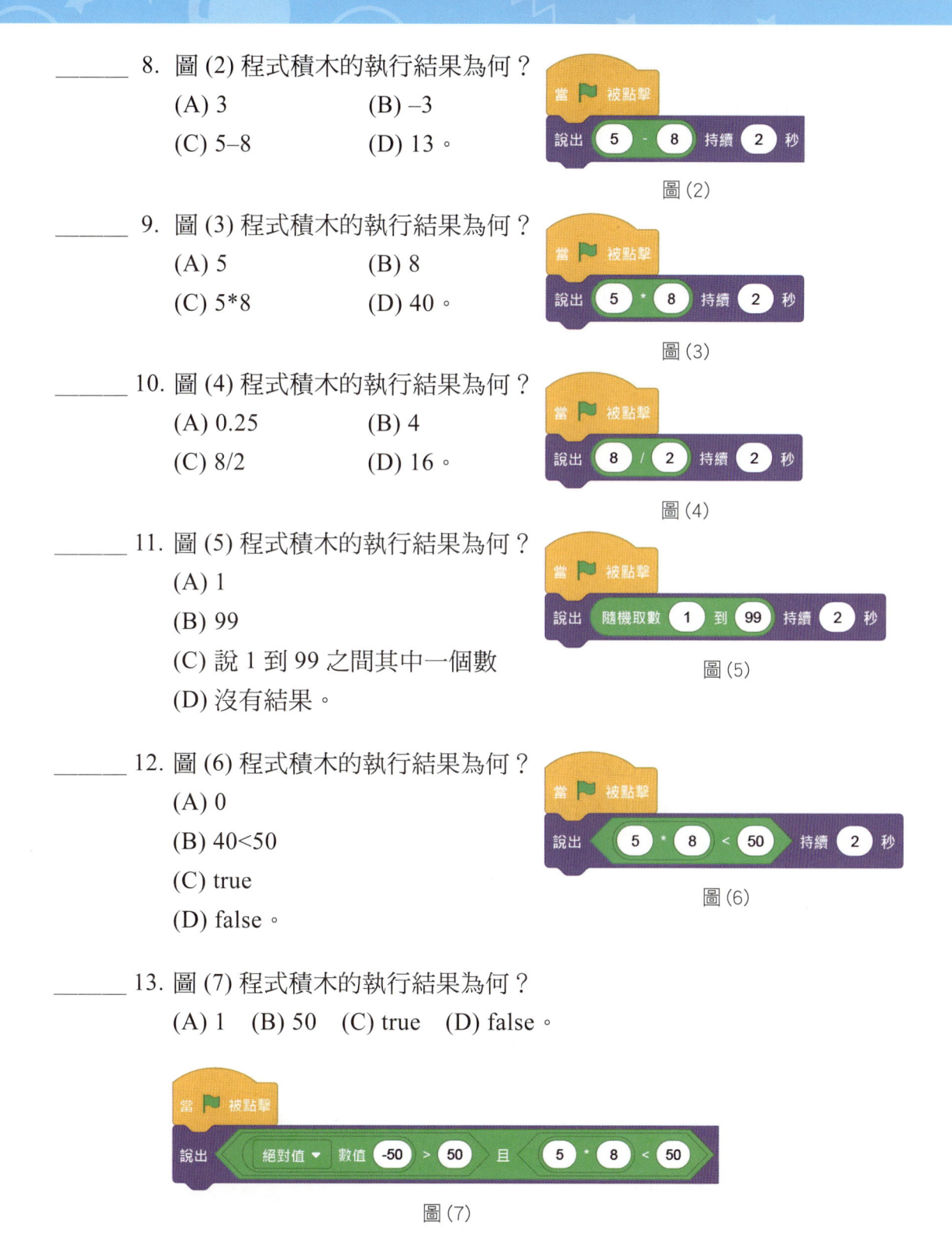

圖(5)

_____ 12. 圖(6) 程式積木的執行結果為何？
(A) 0
(B) 40<50
(C) true
(D) false。

圖(6)

_____ 13. 圖(7) 程式積木的執行結果為何？
(A) 1　(B) 50　(C) true　(D) false。

圖(7)

Chapter 3 課後評量

_____ 14. 圖(8) 程式積木的執行結果為何？
(A) 0
(B) 1
(C) true
(D) false。

圖(8)

_____ 15. 圖(9) 程式積木的執行結果為何？
(A) y
(B) n
(C) r
(D) 1。

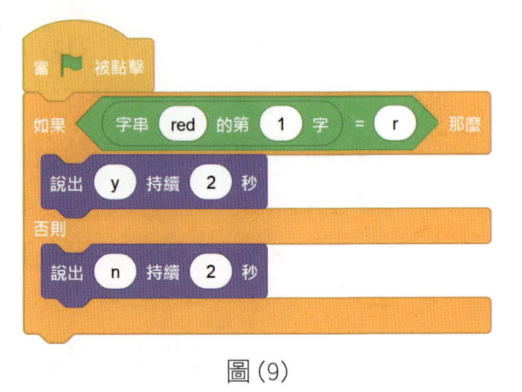

圖(9)

_____ 16. 圖(10) 程式的執行結果為何？
(A) 當 micro:bit 向左傾斜時，micro:bit 顯示 hello 文字
(B) 當 micro:bit 向左傾斜時，在 Scratch 角色顯示 hello 文字
(C) 當 micro:bit 向左傾斜時，在 Scratch 角色說出 hello 語音
(D) 當搖動 micro:bit，micro:bit 顯示哈囉！中文字。

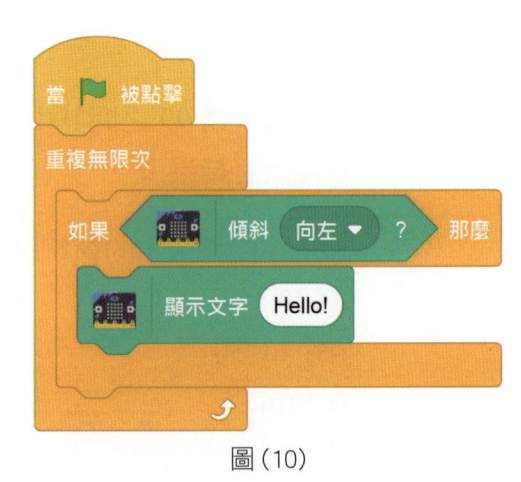

圖(10)

_____ 17. 如果想要按下空白鍵時，停止播放音效，應該使用下列哪一組程式？

(A) (B) (C) (D)。

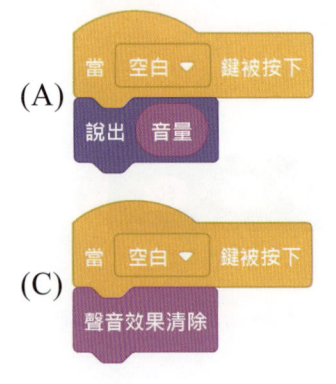

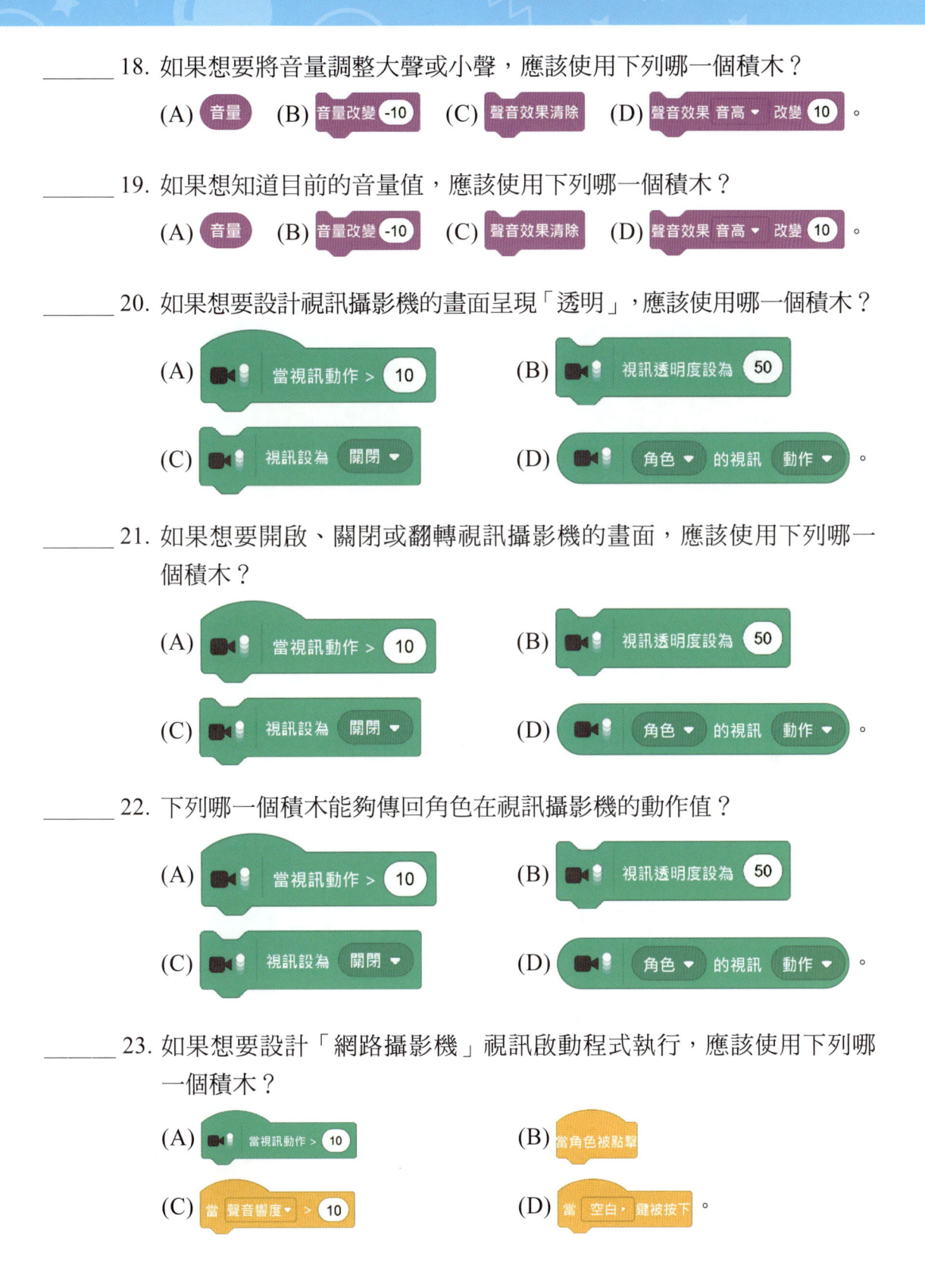

課後評量 3 Chapter

_____ 18. 如果想要將音量調整大聲或小聲，應該使用下列哪一個積木？

(A) 音量　(B) 音量改變 -10　(C) 聲音效果清除　(D) 聲音效果 音高▼ 改變 10 。

_____ 19. 如果想知道目前的音量值，應該使用下列哪一個積木？

(A) 音量　(B) 音量改變 -10　(C) 聲音效果清除　(D) 聲音效果 音高▼ 改變 10 。

_____ 20. 如果想要設計視訊攝影機的畫面呈現「透明」，應該使用哪一個積木？

(A) 當視訊動作 > 10　(B) 視訊透明度設為 50

(C) 視訊設為 關閉▼　(D) 角色▼ 的視訊 動作▼ 。

_____ 21. 如果想要開啟、關閉或翻轉視訊攝影機的畫面，應該使用下列哪一個積木？

(A) 當視訊動作 > 10　(B) 視訊透明度設為 50

(C) 視訊設為 關閉▼　(D) 角色▼ 的視訊 動作▼ 。

_____ 22. 下列哪一個積木能夠傳回角色在視訊攝影機的動作值？

(A) 當視訊動作 > 10　(B) 視訊透明度設為 50

(C) 視訊設為 關閉▼　(D) 角色▼ 的視訊 動作▼ 。

_____ 23. 如果想要設計「網路攝影機」視訊啟動程式執行，應該使用下列哪一個積木？

(A) 當視訊動作 > 10　(B) 當角色被點擊

(C) 當 聲音響度▼ > 10　(D) 當 空白▼ 鍵被按下 。

Chapter 3 課後評量

_____ 24. 圖 (11) 程式的執行結果為何？
    (A) 角色面朝左　　　　　　(B) 角色左右翻轉
    (C) 視訊朝著角色的方向旋轉　(D) 角色跟著視訊影像的方向旋轉。

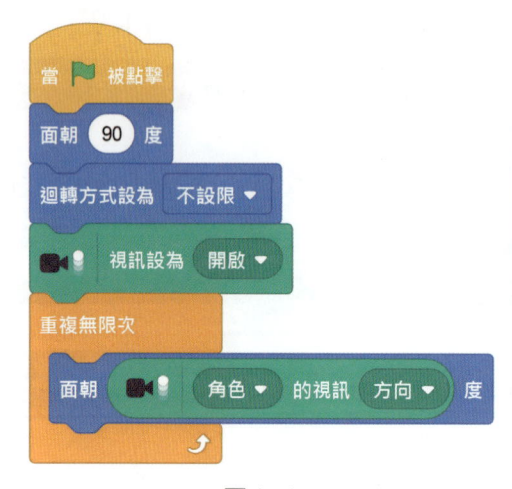

圖(11) 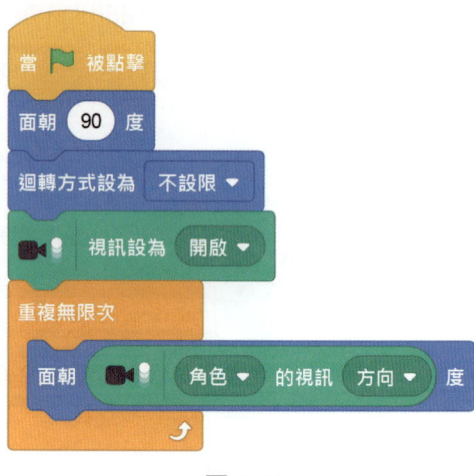　　　　圖(12)

_____ 25. 圖 (12) 程式的敘述，何者「錯誤」？
    (A) 角色設定為不迴轉
    (B) 角色設定為 360 度迴轉
    (C) 點擊綠旗時角色面向右
    (D) 角色會重複的跟著視訊影像方向旋轉。

_____ 26. 下列何者「不屬於」Scratch 3.0 的擴充功能？
    (A) 播放音效　(B) 視訊偵測　(C) 文字轉語音　(D) 翻譯。

_____ 27. 圖 (13) 程式的執行結果為何？
    (A) 按下鍵盤 A，在 Scratch 舞台顯示愛心
    (B) 按下鍵盤 A，micro:bit 顯示愛心圖示
    (C) 當 micro:bit 按下按鈕 A，舞台顯示愛
       心圖示
    (D) 當 micro:bit 按下按鈕 A，micro:bit 顯示愛心圖示。

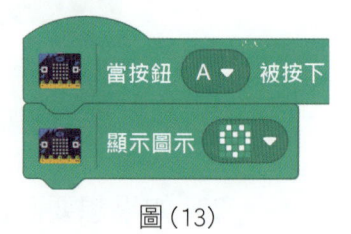

圖(13)

課後評量 3 Chapter

_____ 28. 圖 (14) 程式的執行結果為何？
(A) 當 WeDo2 的距離感測器距離小於 10，馬達轉動 1 秒後停止
(B) 當 WeDo2 的距離感測器距離小於 10，馬達轉動 1 秒後永不停止
(C) 當 LEGO EV3 的距離感測器距離小於 10，馬達轉動 1 秒後停止
(D) 當 LEGO EV3 的距離感測器距離小於 10，馬達轉動 1 秒後永不停止。

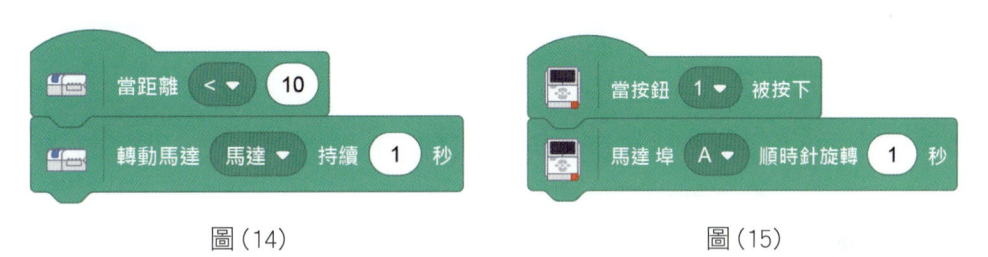

圖 (14)　　　　　　　　圖 (15)

_____ 29. 圖 (15) 程式的執行結果為何？
(A) 當 WeDo 2 的按鈕 1 被按下時，馬達 A 轉動 1 秒後停止
(B) 當 WeDo 2 的按鈕 1 被按下時，馬達轉動 1 秒後繼續轉動
(C) 當 LEGO EV3 的按鈕 1 被按下時，馬達 A 轉動 1 秒後停止
(D) 當 LEGO EV3 的按鈕 1 被按下時，馬達 A 轉動 1 秒後繼續轉動。

_____ 30. 圖 (16) 程式的執行結果為何？

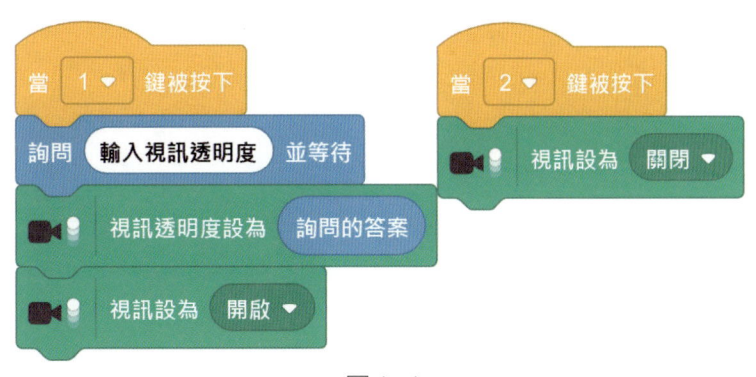

圖 (16)

(A) 當按下鍵盤按鈕 1 時關閉視訊
(B) 當按下鍵盤按鈕 2 時開啟視訊
(C) 當按下鍵盤按鈕 1 時，設定視訊透明度 50，再開啟視訊
(D) 當按下鍵盤按鈕 1 時，詢問視訊透明度，等待使用者輸入，再開啟視訊。

Chapter 3 課後評量

_____ 31. 圖 (17) 程式的執行結果為何？

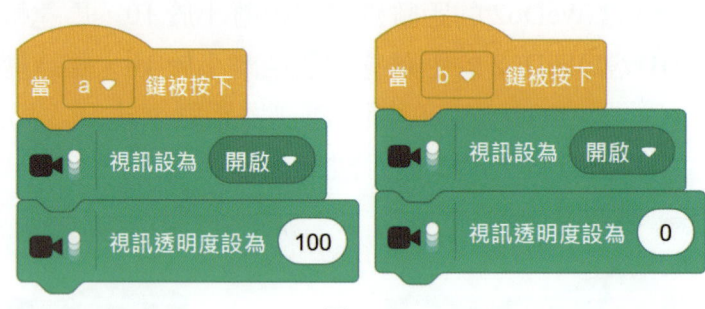

圖 (17)

(A) 按下鍵盤按鈕 a 時，開啟視訊，視訊透明度 100，影像完全透明，看不到視訊攝影機的影像
(B) 按下鍵盤按鈕 b 時，開啟視訊，視訊透明度 0，影像完全透明，看不到視訊攝影機的影像
(C) 按下鍵盤按鈕 a 時，開啟視訊，視訊透明度 100，影像完全不透明，看不到視訊攝影機的影像
(D) 按下鍵盤按鈕 b 時，開啟視訊，視訊透明度 0，影像完全不透明，看不到視訊攝影機的影像。

Chapter 4

結構化程式設計：
樂透彩球

本章將利用 Scratch 的變數與運算功能，設計「樂透彩球」。程式開始執行時「1～10」彩球及「開始」角色在舞台顯示。當「開始」角色被點擊時，廣播「開始選號」給所有彩球，開始在「1～10」球之間隨機選一個球，選中的球會動掉落到舞台固定位置。

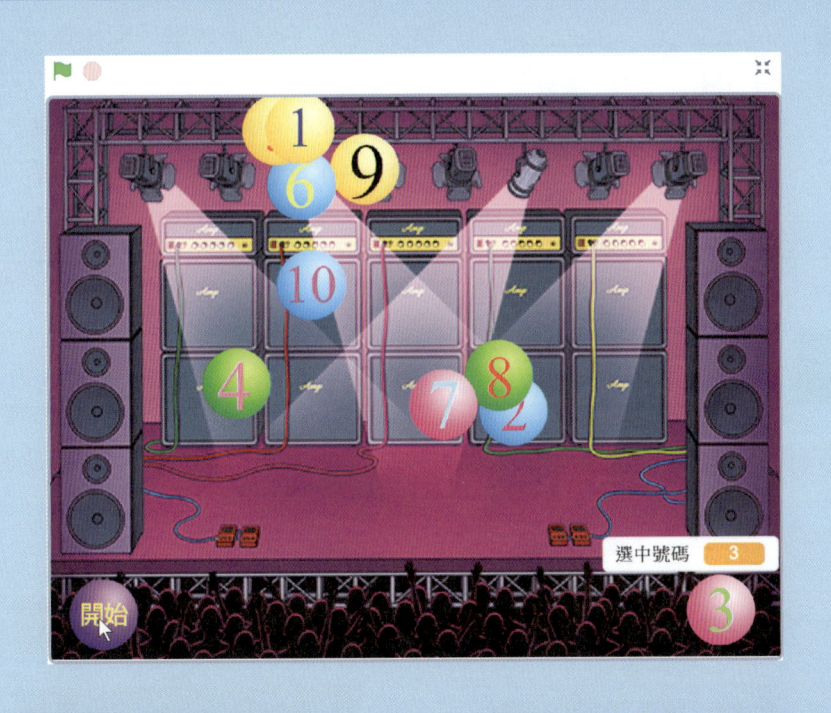

學習目標
1. 能夠應用事件啟動程式。
2. 隨機選一個數。
3. 能夠畫新角色。
4. 能夠控制角色移動的方式。

4-1 樂透彩球腳本規劃

舞台	角色	動畫情境
Concert（演奏會）	開始	1. 當「開始」角色被點擊。 2. 廣播「開始選號」。 3. 重複 10 次 　(1) 將「選中號碼」變數設定為 1～10 之間隨機選一個數。 4. 如果「選中號碼=1」廣播 1，依此類推，如果「選中號碼=10」廣播 10。
	1～10 號彩球	1. 當 1～10 彩球接收到「開始選號」廣播時 　(1) 重複 10 次。 　(2) 在 0.2 秒內隨機在球框內移動。 2. 當 1～10 彩球接收到選中號碼 1～10 的廣播 　(1) 在 1 秒內移到舞台固定位置。

4-2 樂透彩球流程設計

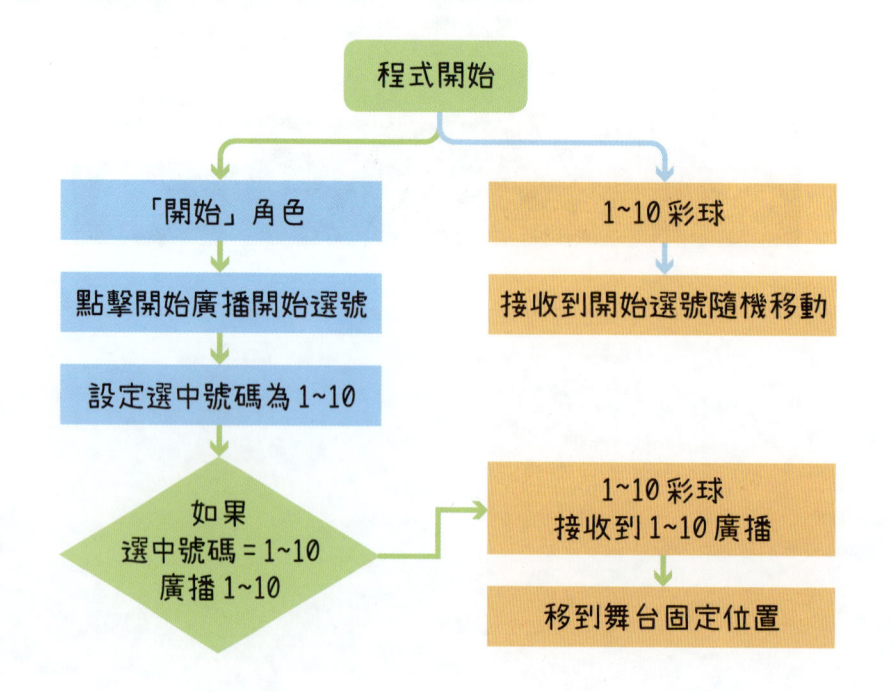

```
                    程式開始
                   ↙        ↘
           「開始」角色      1~10 彩球
                ↓               ↓
       點擊開始廣播開始選號    接收到開始選號隨機移動
                ↓
         設定選中號碼為 1~10
                ↓
             如果               1~10 彩球
         選中號碼 = 1~10    →   接收到 1~10 廣播
           廣播 1~10                 ↓
                                移到舞台固定位置
```

4-3 新增角色

一 新增「開始」及彩球「1～10」角色

① 在 「選個角色」，按 【選個角色】。

② 點選【Ball】（球）。

③ 點選角色「Ball」，輸入【開始】，更改角色名稱。

④ 調整角色在舞台的位置與尺寸。

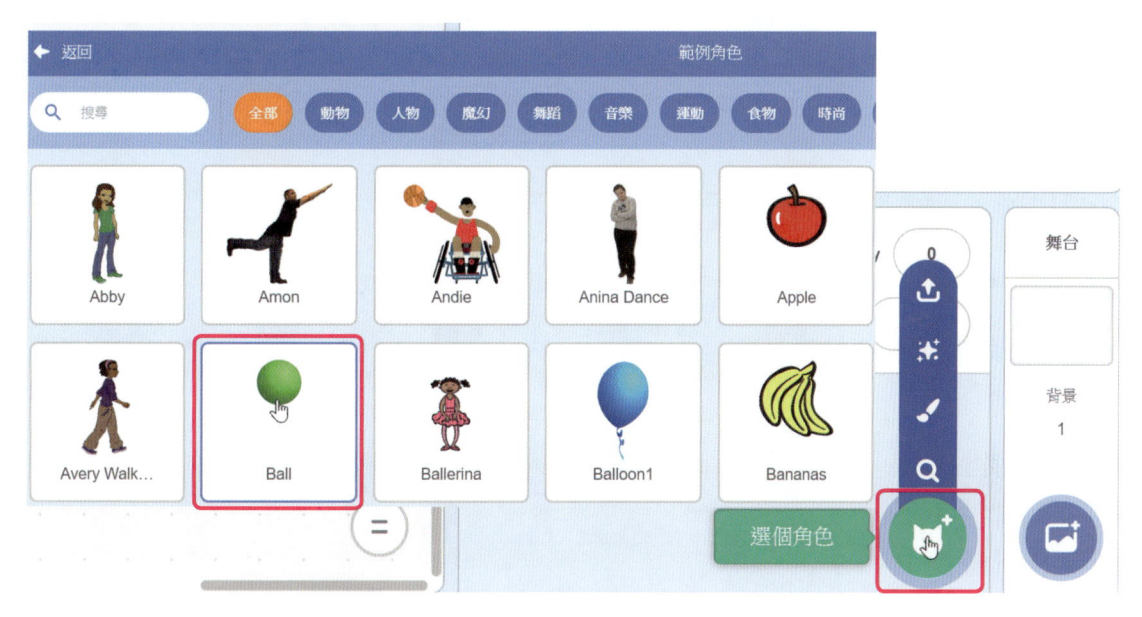

88　Chapter 4　結構化程式設計：樂透彩球

5 按 /造型，點選【造型 5】。

6 按 T【文字】。

〈操作提示〉

1. 點按 轉換成點陣圖 切換造型為「點陣圖」或「向量圖」。

2. 按 🔍 放大繪圖區，按 🔍 縮小繪圖區，按 ＝ 還原 100%。

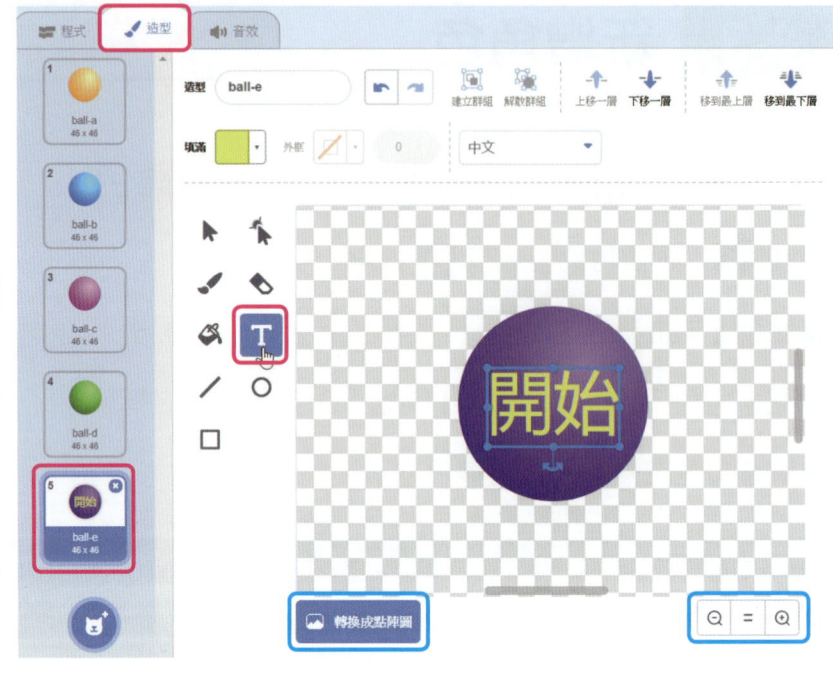

7 點按 填滿 ，拖曳顏色，設定文字顏色。

8 點按字型，選取【中文】，輸入【開始】。

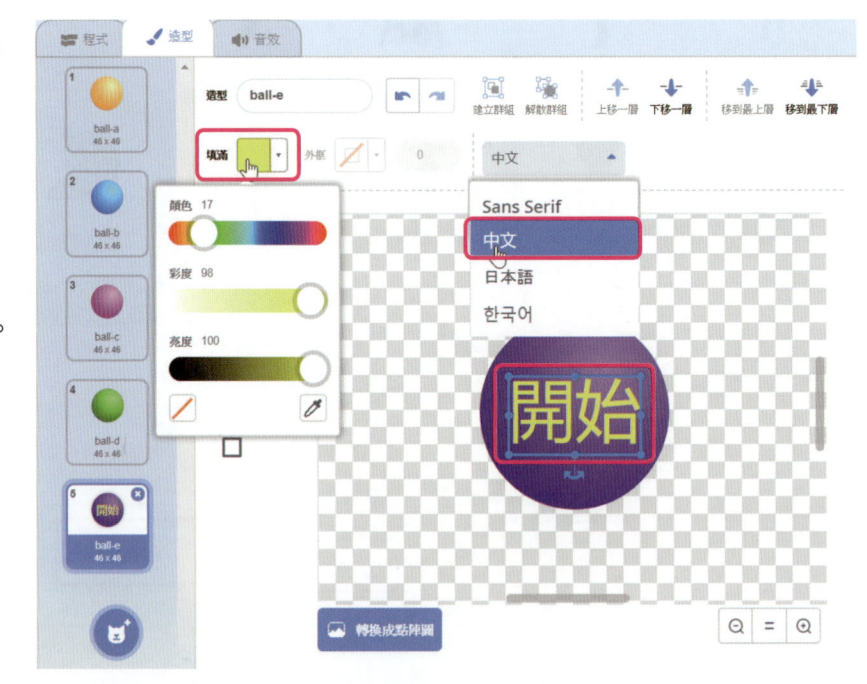

〈操作提示〉

1. Scratch 3 造型及背景繪畫新增「中文」文字功能。

2. 開始 拖曳控點 放大或縮小文字；拖曳 旋轉文字。

❾ 重複步驟 ❶～❽，新增彩球 1～10，角色名稱分別命名為【1】～【10】。

〈操作提示〉

或開啟 ch4 練習檔.sb3。

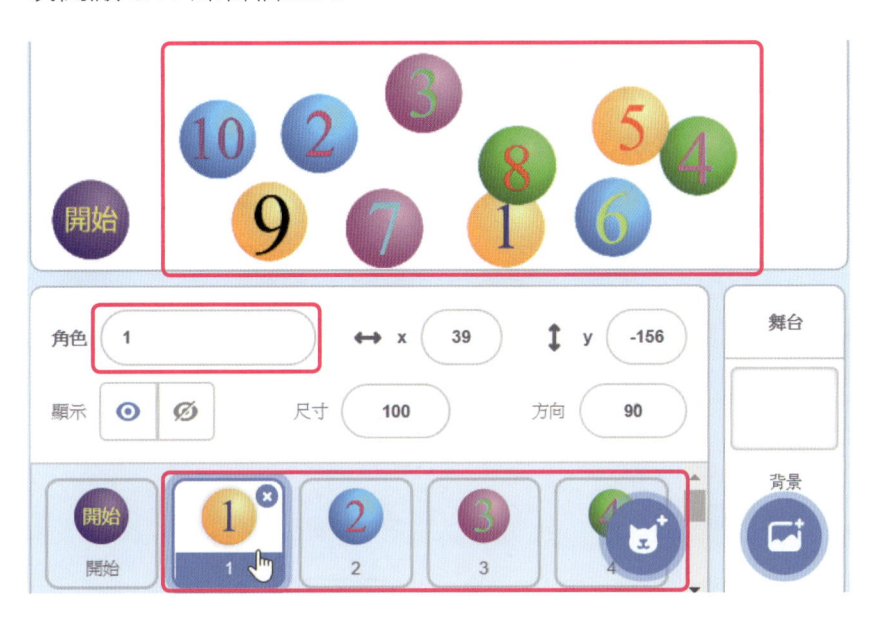

新增舞台背景

在舞台按 🖼 或 🔍【選個背景】，點選【Concert】（演奏會）。

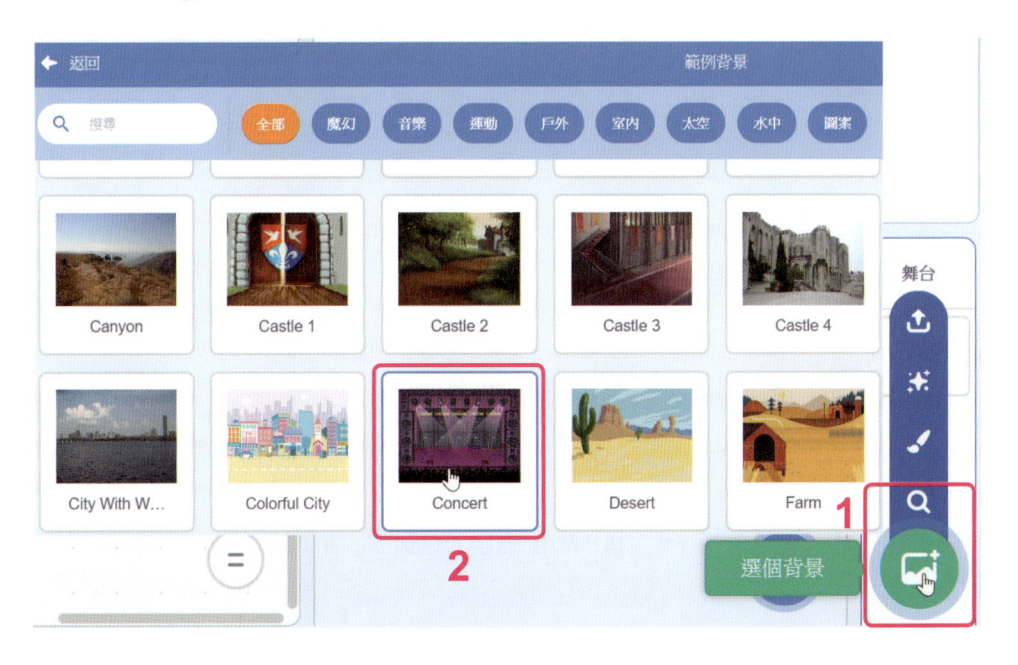

4-4 廣播開始選號－事件

一 點擊角色開始選號

Scratch 事件積木主要功能在設計「啟動程式執行」的方式，包括：**綠旗**、**鍵盤**、**角色或背景**、**聲音**、**時間**與**廣播**開始執行程式。其中，角色間傳遞訊息利用「廣播」，「開始」角色「傳送廣播」，讓「1～10」彩球「接收廣播訊息」。

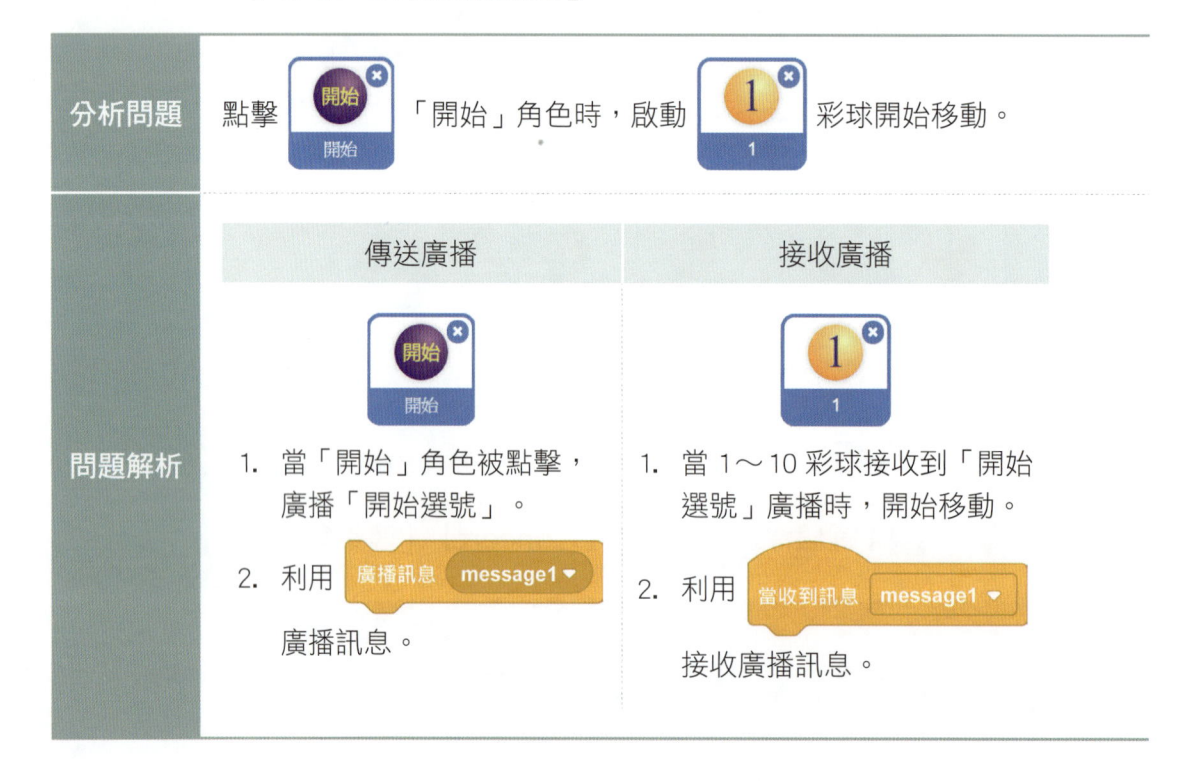

分析問題	點擊「開始」角色時，啟動「1」彩球開始移動。	
	傳送廣播	接收廣播
問題解析	1. 當「開始」角色被點擊，廣播「開始選號」。 2. 利用 廣播訊息 message1▼ 廣播訊息。	1. 當 1～10 彩球接收到「開始選號」廣播時，開始移動。 2. 利用 當收到訊息 message1▼ 接收廣播訊息。

二 設計「點擊開始選號」程式

當「開始」角色被點擊，廣播「開始選號」。

當 1～10 彩球接收到「開始選號」廣播時，開始移動。

4-4 廣播開始選號－事件

① 點選【開始】，按 程式，按 事件，拖曳 當角色被點擊 與 廣播訊息 message1。

② 按 ▼，點選【新訊息】，輸入【開始選號】→【確定】。

③ 點選 1，拖曳 當收到訊息 開始選號，收到廣播訊息準備移動。

4-5 彩球移動－動作

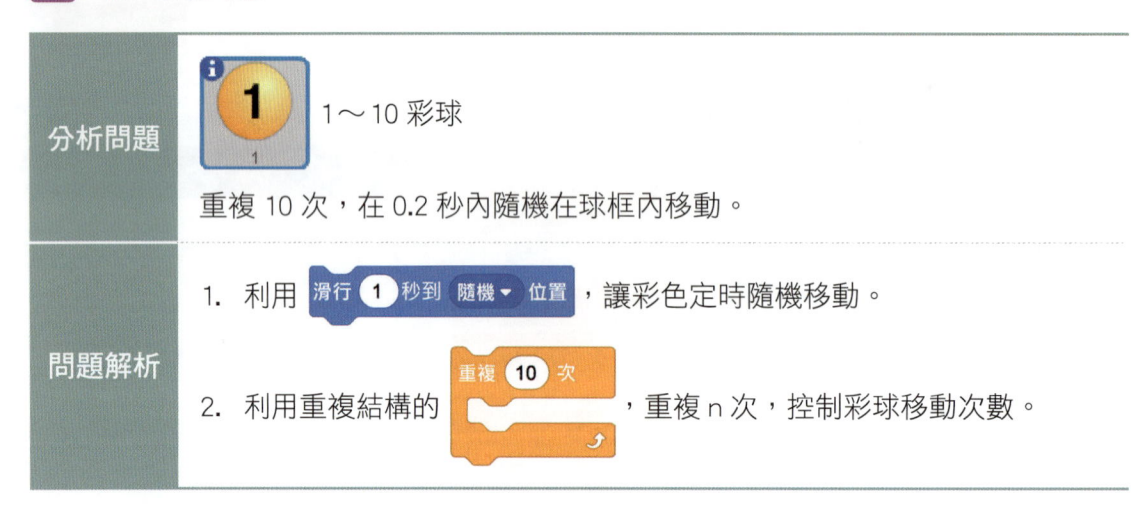

一 彩球移動

分析問題	1～10 彩球 重複 10 次，在 0.2 秒內隨機在球框內移動。
問題解析	1. 利用 `滑行 1 秒到 隨機 位置`，讓彩色定時隨機移動。 2. 利用重複結構的 `重複 10 次`，重複 n 次，控制彩球移動次數。

二 程式設計「彩球移動」

當「1～10」彩球接收到「開始選號」廣播時，開始隨機移動。

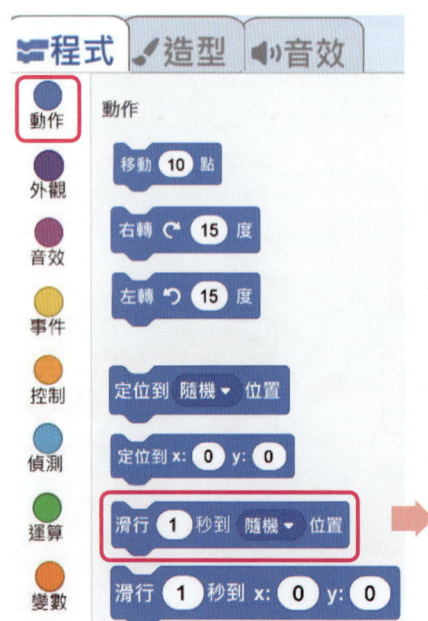

① 在 彩球1，按 動作，拖曳 `滑行 1 秒到 隨機 位置`，輸入【0.2】秒。

〈操作提示〉

1. 利用秒數調整彩球移動速度，秒數愈大，移動速度愈慢。
2. 1～10 彩球程式類似，完成 1 彩球所有程式再複製到其他彩球，更改參數。

❷ 點擊 開始 ，檢查「1」彩球是否在 0.2 秒內移到隨機位置。

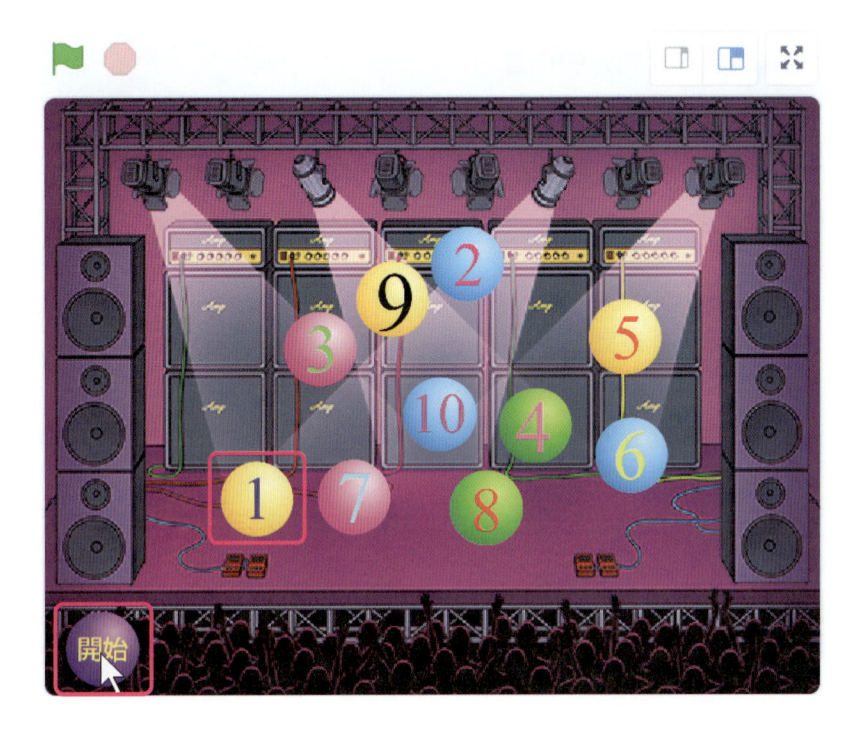

4-6 選中號碼－變數

一 選中號碼

分析問題	從 1～10 號的彩球中，隨機選取一個彩球。
問題解析	1. 在 Scratch 變數 中，建立一個**變數**，暫存每次從 1～10 彩球中，「選中號碼」的彩球。 2. 利用 隨機取數 1 到 10 隨機取一個數。 3. 將「選中號碼」變數設定為 1～10 之間隨機選一個數。

二 選中號碼移動

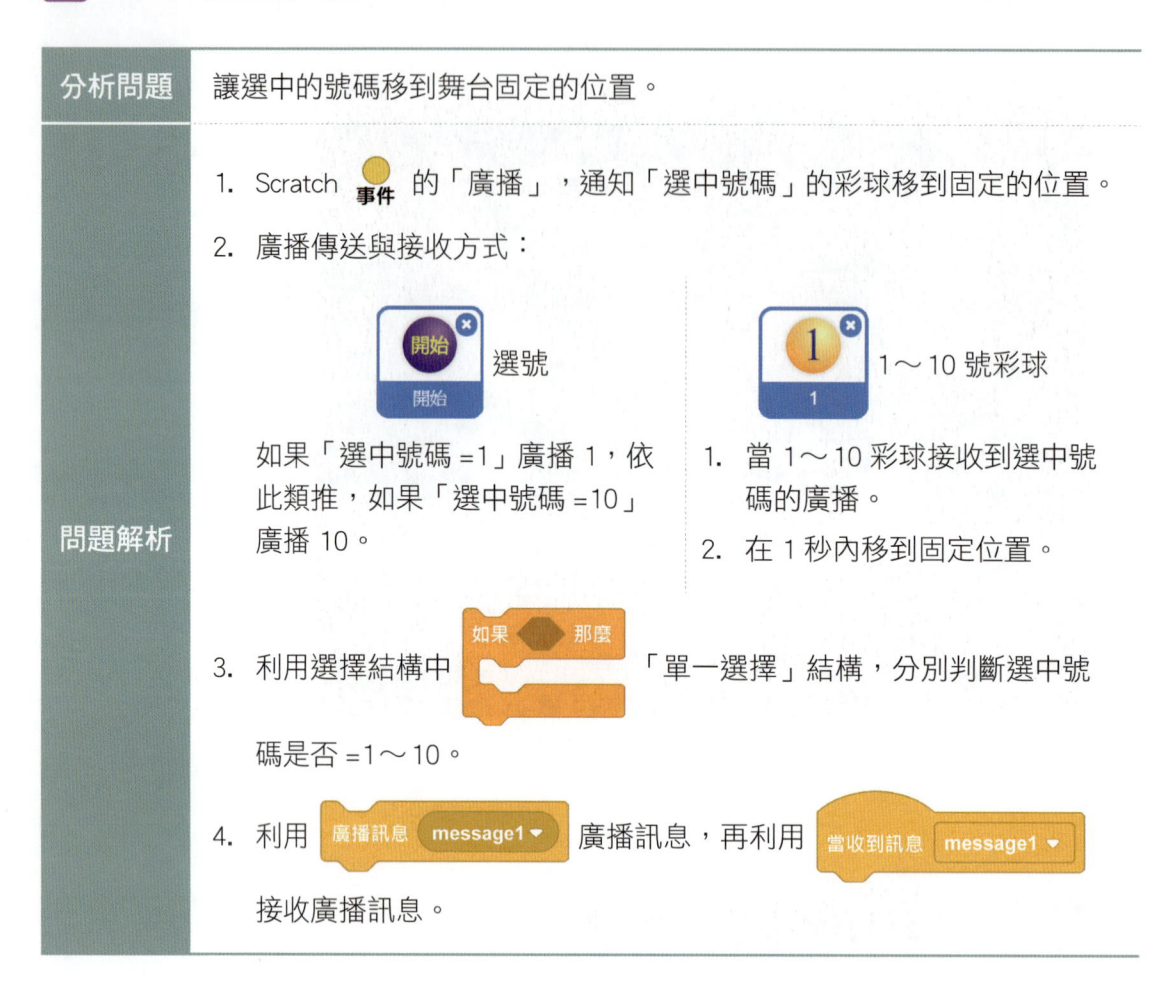

分析問題	讓選中的號碼移到舞台固定的位置。
問題解析	1. Scratch 事件 的「廣播」，通知「選中號碼」的彩球移到固定的位置。 2. 廣播傳送與接收方式： 選號　　　　　　　　　　1～10 號彩球 如果「選中號碼 =1」廣播 1，依　　1. 當 1～10 彩球接收到選中號 此類推，如果「選中號碼 =10」　　　碼的廣播。 廣播 10。　　　　　　　　　　　2. 在 1 秒內移到固定位置。 3. 利用選擇結構中 如果 那麼 「單一選擇」結構，分別判斷選中號碼是否 =1～10。 4. 利用 廣播訊息 message1 廣播訊息，再利用 當收到訊息 message1 接收廣播訊息。

三 設計「廣播選中號碼」程式

◆廣播選中號碼

開始角色從 1～10 彩球中，隨機選取一個號碼，廣播「選中號碼」。

4-5 彩球移動－動作

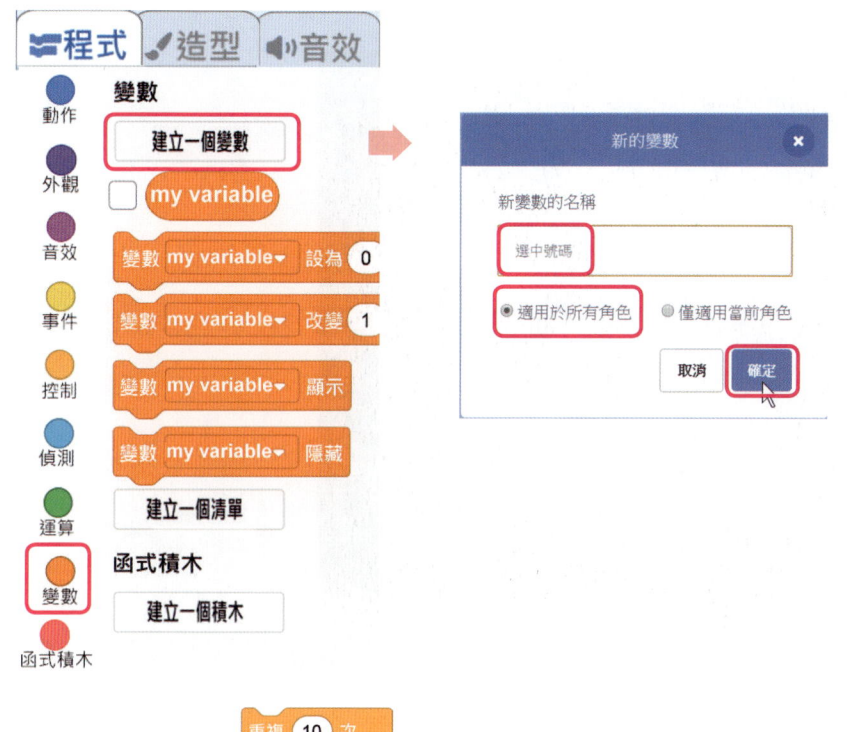

① 按 【開始】，點選 變數，**建立一個變數**，輸入【選中號碼】→【適用所有角色】→【確定】。

② 點選 控制，拖曳 重複10次 與 變數 選中號碼 設為 60 。

③ 點選 運算，拖曳 隨機取數 1 到 10 。

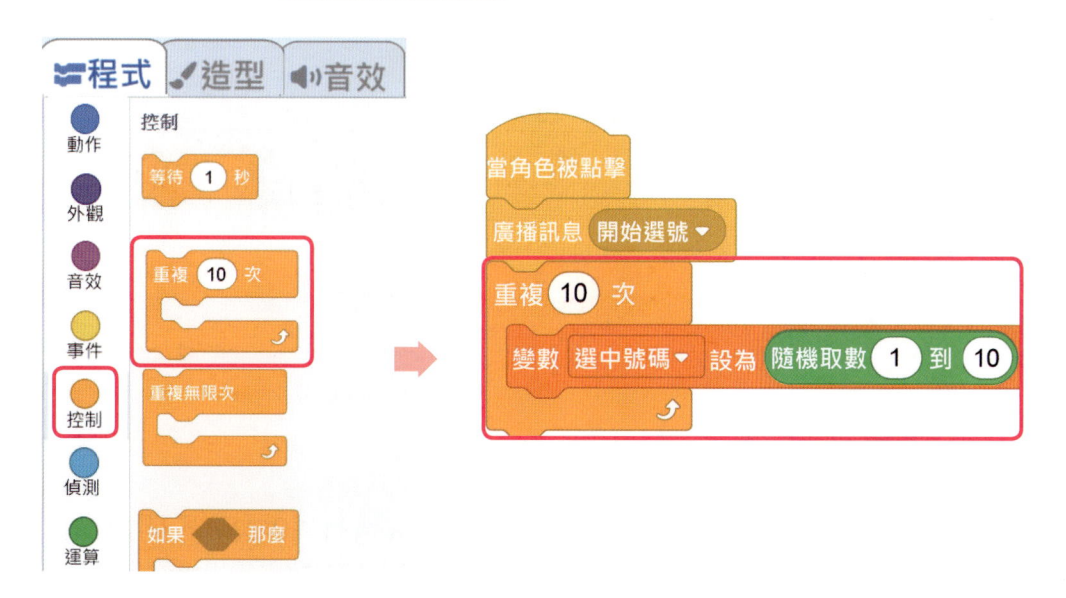

當角色被點擊
廣播訊息 開始選號
重複 10 次
　變數 選中號碼 設為 隨機取數 1 到 10

4 點擊 🏁，再點擊 開始，檢查舞台「選中號碼」是否執行 10 次之後，顯示一個 選中號碼 3 「選中號碼」。

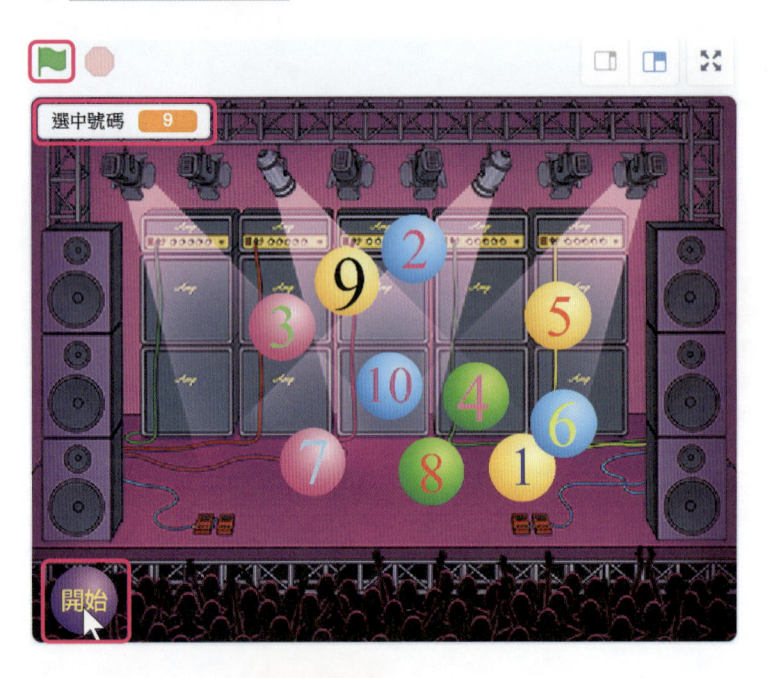

5 點選 控制，拖曳 等待 1 秒，輸入【2】。

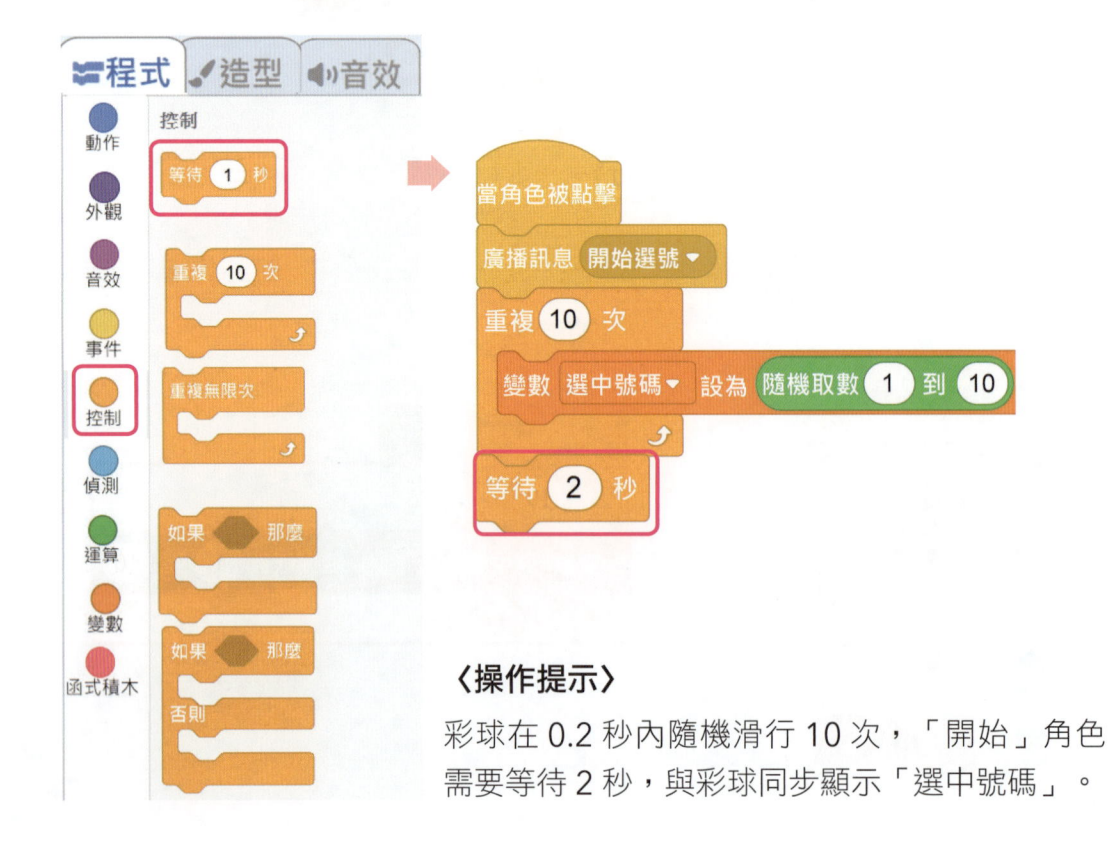

〈操作提示〉

彩球在 0.2 秒內隨機滑行 10 次，「開始」角色需要等待 2 秒，與彩球同步顯示「選中號碼」。

4-5 彩球移動－動作　97

6 拖曳 [如果 ◆ 那麼]。

7 點選 ●運算，拖曳 [○ = 50]。

8 點選 ●變數，拖曳 [選中號碼] 到「=」左邊，在「=」右邊輸入【1】。

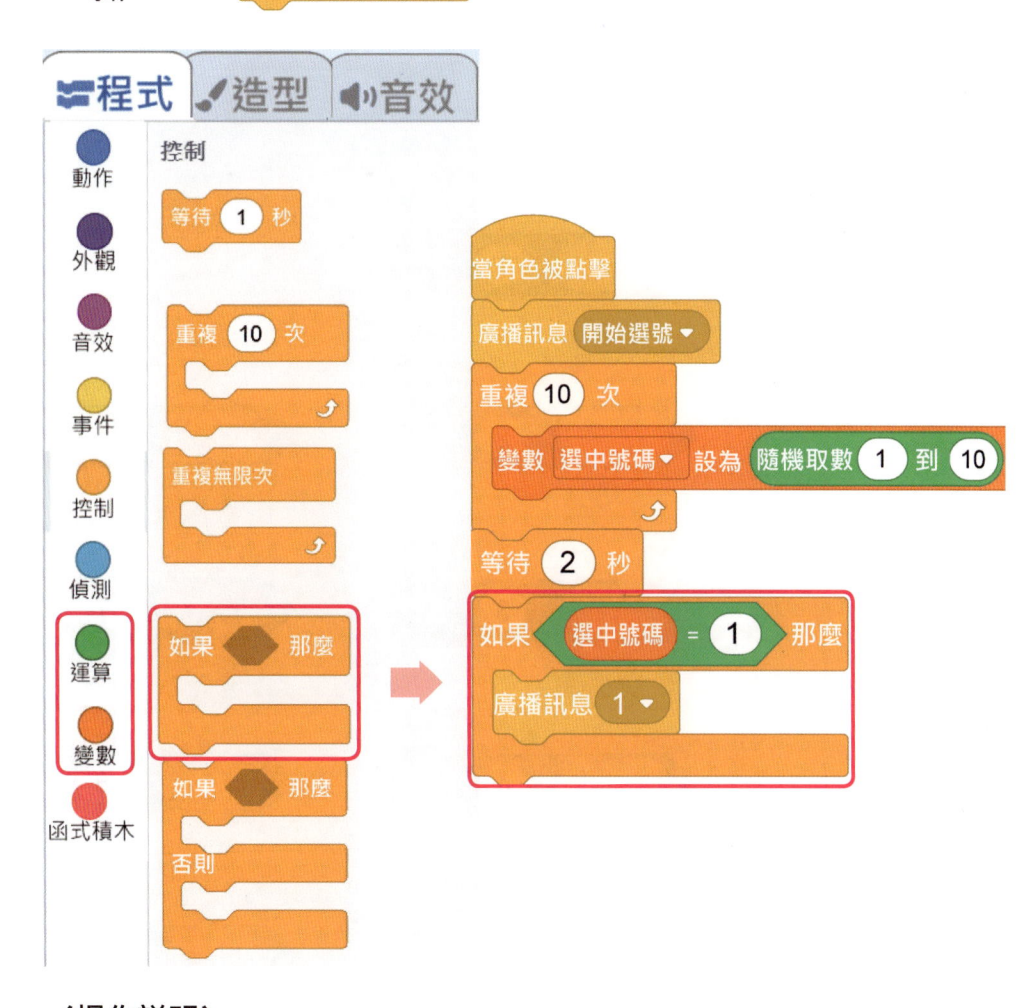

9 按 ●事件，拖曳 [廣播訊息 message1▼]，輸入【1】→【確定】。

〈操作說明〉

如果「選中號碼 =1」，廣播「1」彩球移到舞台固定位置。

⑩ 重複步驟 ⑥～⑨，在 如果 按右鍵複製，如果「選中號碼 =2」，廣播「2」彩球，依此類推。

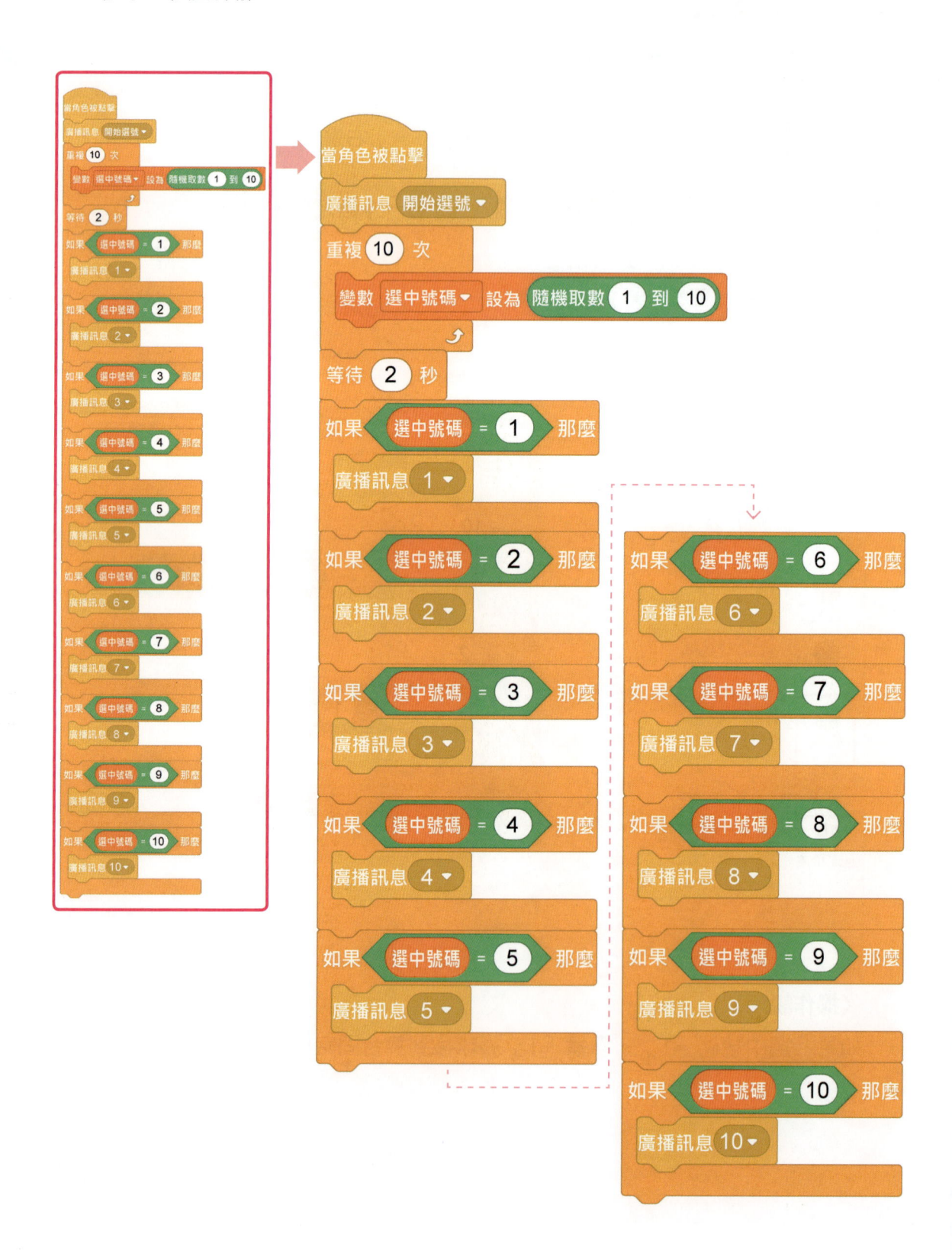

◆ 選中號碼移動

1～10 彩球接收到「選中號碼」廣播訊息，在 1 秒內移到固定位置 (200 , −150)。

① 將 選中號碼 移到舞台右下方，讓「選中號碼」收到廣播訊息，移到 (200 , −150) 位置。

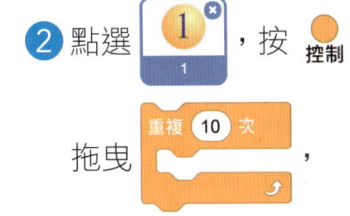

② 點選 1，按 控制，拖曳 重複 10 次，讓彩球滾動 2 秒之後再開始選號。

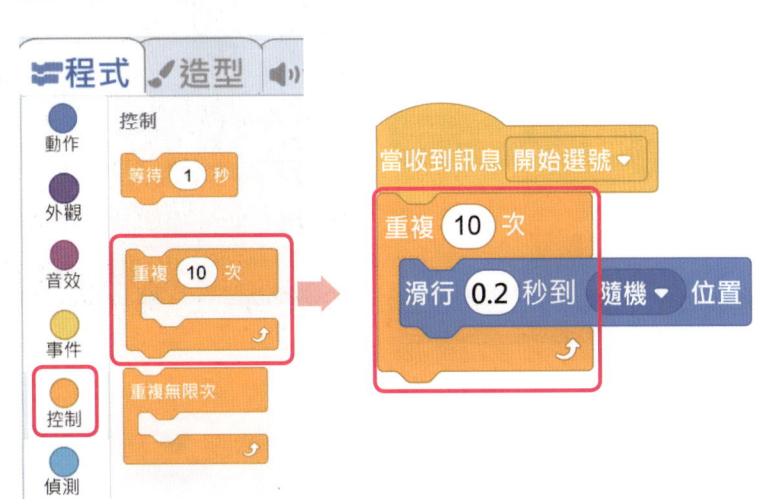

❸ 按 【事件】，拖曳 `當收到訊息 開始選號`，點選【1】。

❹ 按 【動作】，拖曳 `滑行 1 秒到 x: 0 y: 0`，x 輸入【200】，y 輸入【-150】。

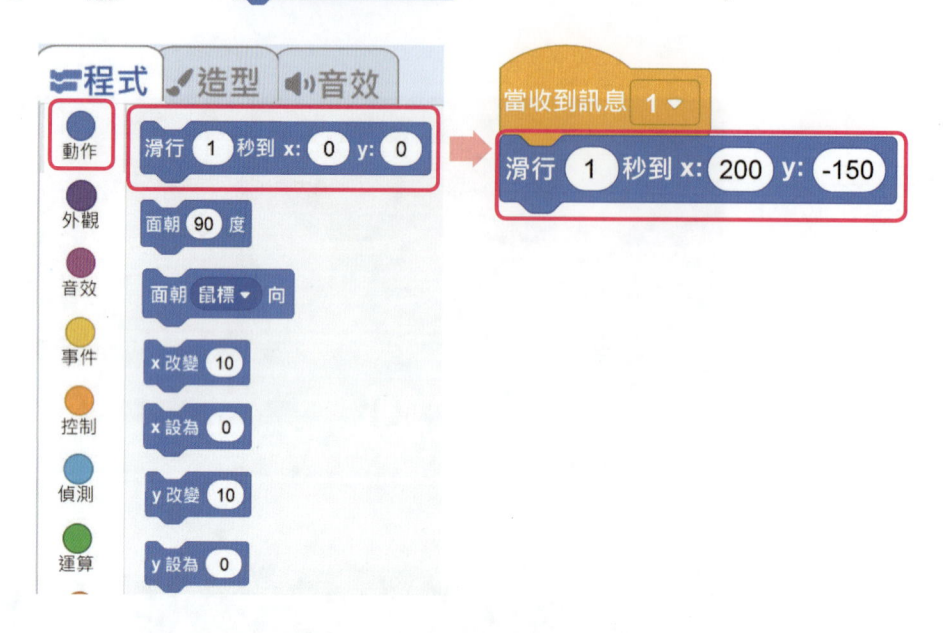

❺ 將「1」彩球 2 組積木複製到「2」彩球。

❻「收到訊息」改為【2】。

❼ 重複步驟❺～❻，將程式複製到「3～10」彩球。

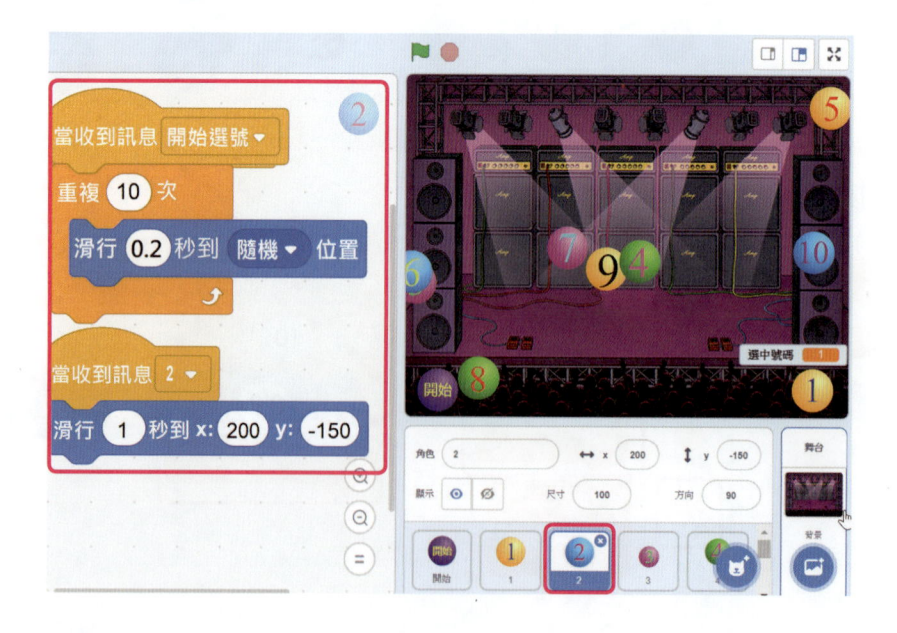

8 點擊 🏳,再點擊 開始 ,「選中號碼」的彩球是否移到舞台右下方。

Chapter 4 課後評量

選擇題

_____ 1. 下列哪一個積木能夠在「設定的範圍間」隨機取數？
  (A) ◯ / ◯
  (B) ◯ 除以 ◯ 的餘數
  (C) 隨機取數 1 到 10
  (D) 字串 apple 的第 1 字。

_____ 2. 如果角色貓咪想要「廣播」訊息給角色老鼠，應該使用下列哪一個積木？
  (A) 當收到訊息 message1
  (B) 廣播訊息 message1
  (C) 當 計時器 > 10
  (D) 當 聲音響度 > 10。

_____ 3. 如果角色老鼠「接收」到角色貓咪廣播的訊息時，想要逃跑，應該使用下列哪一個積木開始執行逃跑移動的程式？
  (A) 當收到訊息 message1
  (B) 廣播訊息 message1
  (C) 當 計時器 > 10
  (D) 當 聲音響度 > 10。

_____ 4. 如果想讓角色移動，「無法」使用下列哪一個積木？
  (A) y 改變 10
  (B) 移動 10 點
  (C) 左轉 15 度
  (D) 滑行 1 秒到 x: 0 y: 0。

_____ 5. 圖(1) 程式積木的執行結果為何？
  (A) 1 秒滑行到隨機位置一次
  (B) 重複定位到舞台隨機位置
  (C) 重複在 1 秒內滑行到隨機位置
  (D) 定位到舞台隨機位置一次。

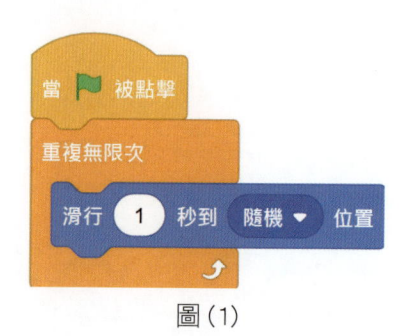

圖(1)

_____ 6. 圖 (2) 程式積木的敘述，何者「錯誤」？

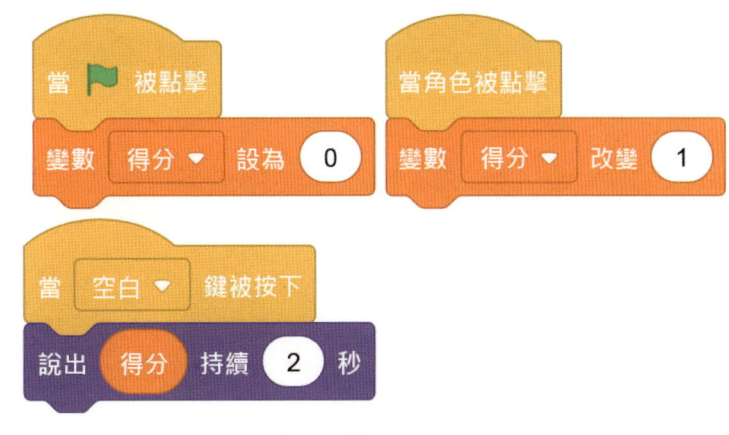

圖(2)

(A) 得分屬於清單資料
(B) 按下綠旗，程式開始時將得分設為 0
(C) 當滑鼠點擊角色時，每點擊一次得分加 1
(D) 按下空白鍵時，角色說出「得分的數字 2 秒」。

Chapter 5

e-Board 電子白板：控制與畫筆

本章將認識 Scratch 事件與畫筆積木，以「e-Board 電子白板」為範例。首先，點擊綠旗，在舞台拖曳滑桿，設定畫筆的線段寬度與顏色、角色跟著滑鼠游標移動、「按住滑鼠移動」就可以開始寫電子白板，按空白鍵可清除筆跡。

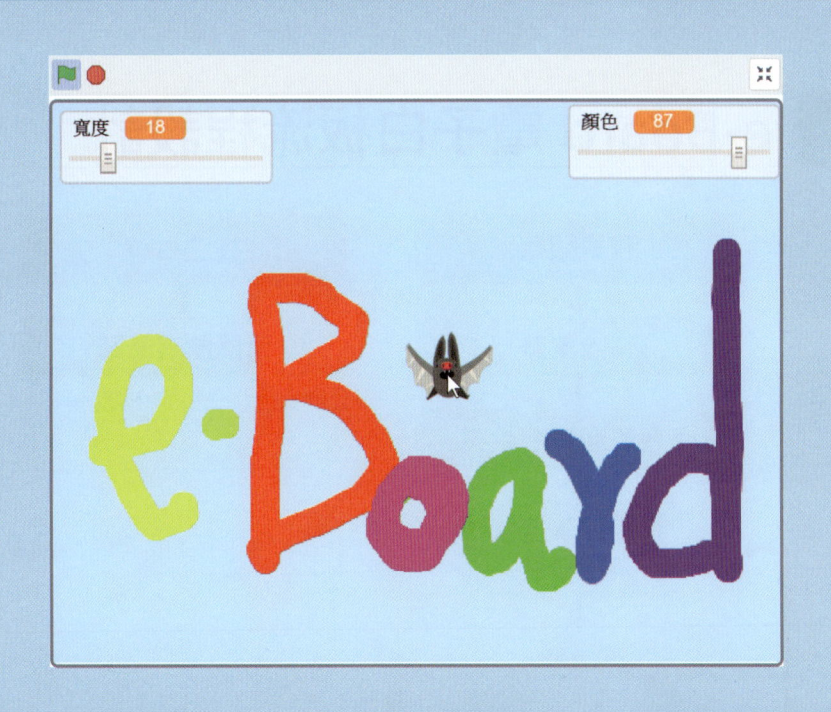

學習目標

1. 設定角色跟著滑鼠游標移動。
2. 設定畫筆的顏色及粗細。
3. 能夠清除畫筆筆跡。
4. 理解事件與畫筆積木。

5-1　e-Board 電子白板腳本規劃

舞台	角色	動畫情境
舞台 （自訂）	畫筆	1. 點擊綠旗，角色定位。 2. 設定畫筆的線段寬度與顏色。 3. 角色跟著滑鼠游標移動： 　(1)「按住滑鼠移動」就可以開始寫電子白板。 4. 按「空白鍵」清除筆跡。

5-2　e-Board 電子白板流程設計

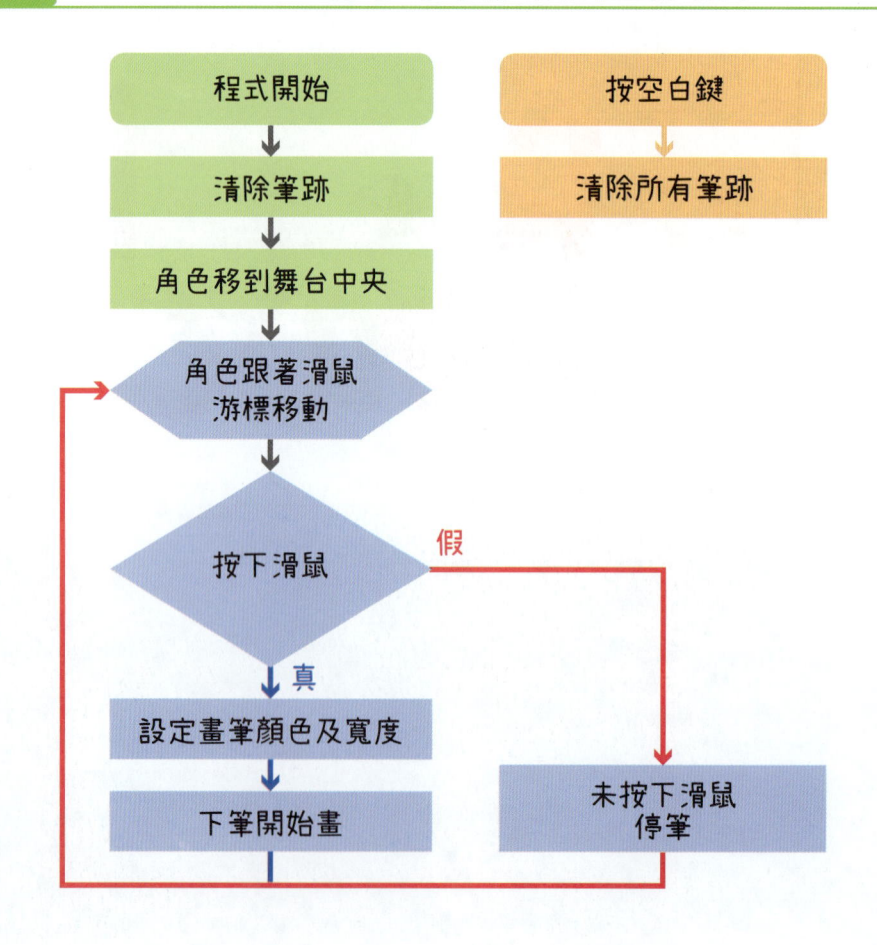

```
程式開始              按空白鍵
   ↓                    ↓
清除筆跡            清除所有筆跡
   ↓
角色移到舞台中央
   ↓
角色跟著滑鼠
游標移動
   ↓
按下滑鼠 ──假──→ 未按下滑鼠
   ↓ 真              停筆
設定畫筆顏色及寬度
   ↓
下筆開始畫
```

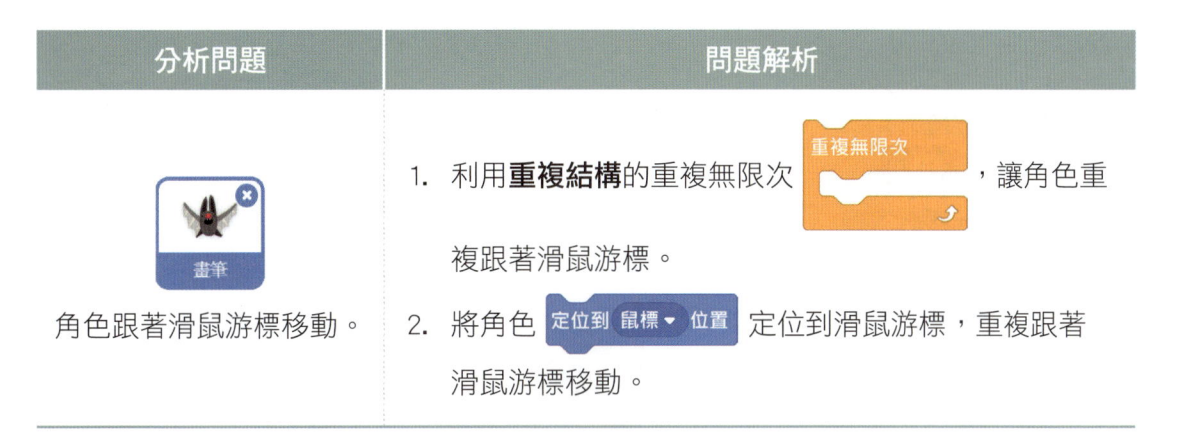

5-3 角色跟著滑鼠游標移動

■ 角色跟著滑鼠游標移動

分析問題	問題解析
角色跟著滑鼠游標移動。	1. 利用**重複結構**的重複無限次 [重複無限次] ，讓角色重複跟著滑鼠游標。 2. 將角色 [定位到 鼠標▼ 位置] 定位到滑鼠游標，重複跟著滑鼠游標移動。

■ 設計「角色跟著滑鼠游標移動」程式

新增角色與背景，讓角色重複跟著滑鼠游標移動。

① 在 「選個角色」，按 Q【選個角色】。

② 點選【Bat】（蝙蝠）。

③ 在角色名稱輸入【畫筆】。

④ 調整角色在舞台的位置 (0,0) 與尺寸。

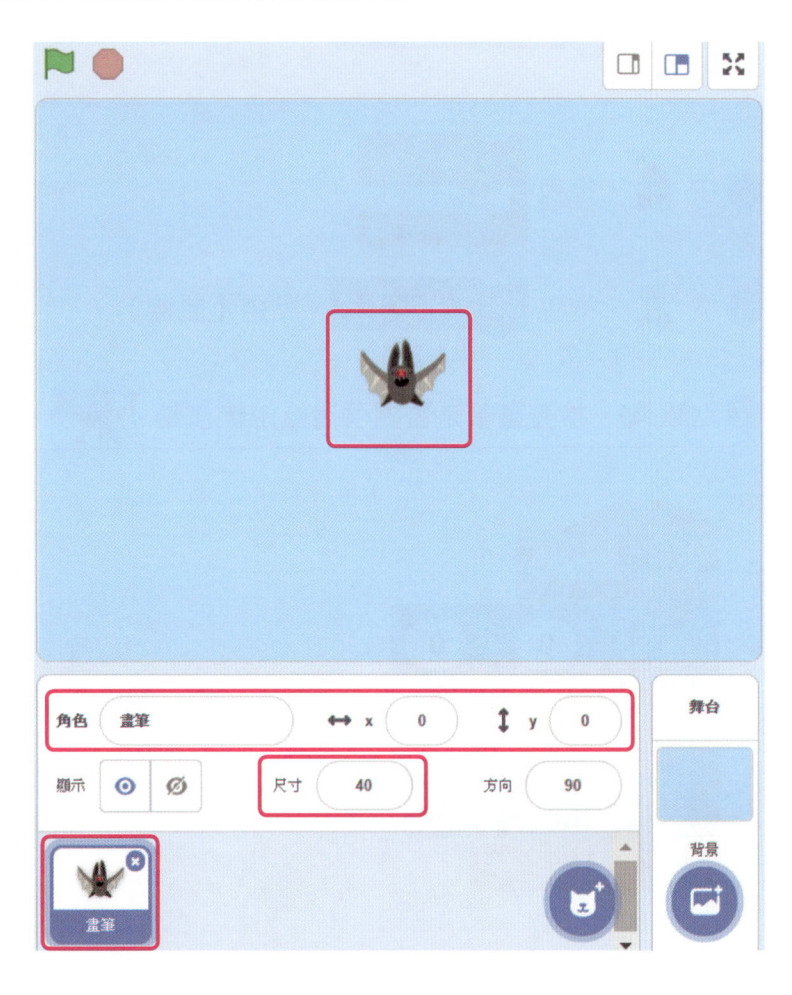

〈操作說明〉
舞台背景自訂。

❺ 按 **事件**，拖曳 `當 ▶ 被點擊`。

❻ 按 **動作**，拖曳 `定位到 x: 0 y: 0`，程式開始將畫筆移到舞台中央。

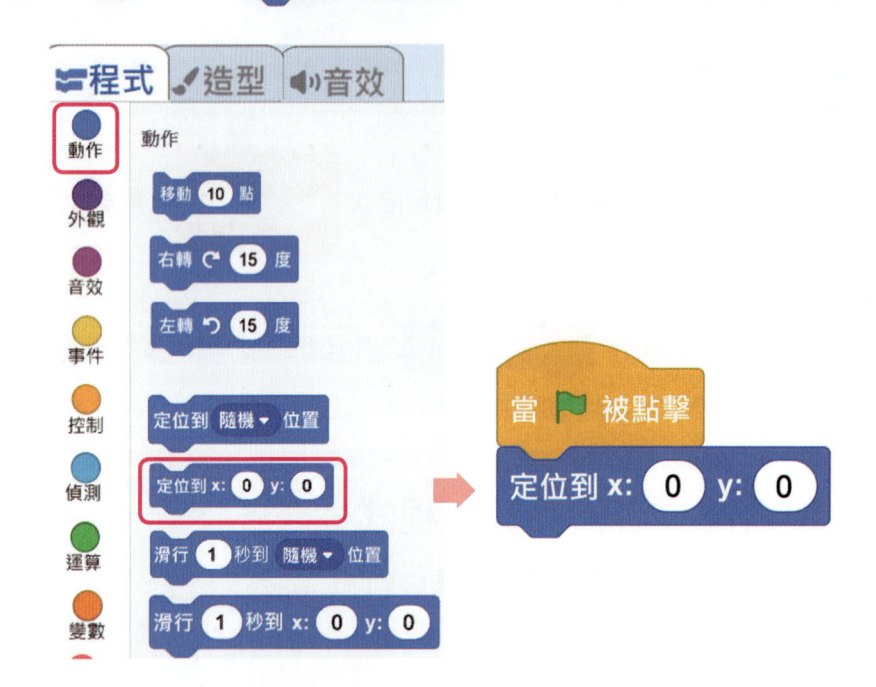

❼ 按 **控制**，拖曳 `重複無限次`。

❽ 按 **動作**，拖曳 `定位到 隨機 位置`，點選【鼠標】。

❾ 點擊 ▶，檢查畫筆是否隨著滑鼠游標移動。

5-4　下筆與停筆－畫筆

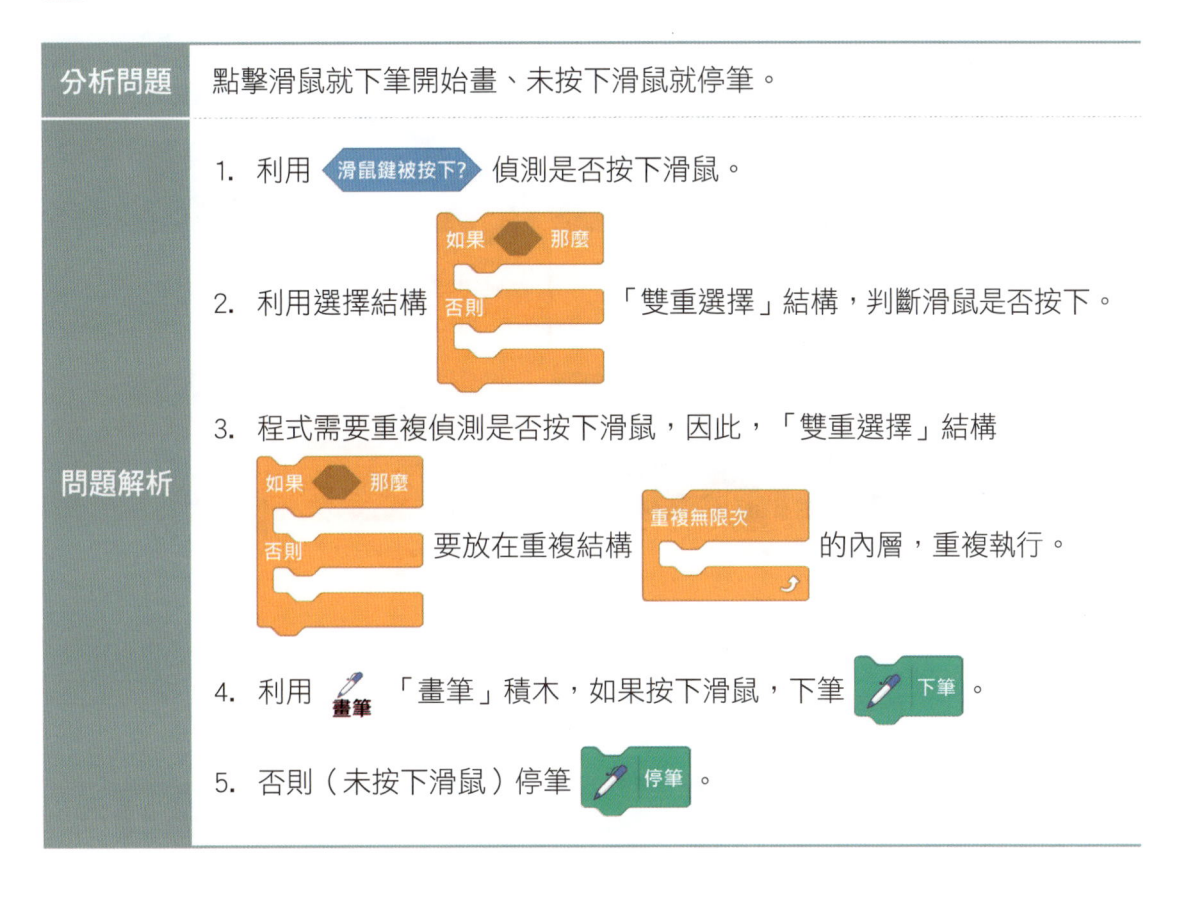

一　點擊滑鼠下筆

分析問題	點擊滑鼠就下筆開始畫、未按下滑鼠就停筆。
問題解析	1. 利用 `滑鼠鍵被按下?` 偵測是否按下滑鼠。 2. 利用選擇結構 `如果 ◇ 那麼 / 否則`「雙重選擇」結構，判斷滑鼠是否按下。 3. 程式需要重複偵測是否按下滑鼠，因此，「雙重選擇」結構 `如果 ◇ 那麼 / 否則` 要放在重複結構 `重複無限次` 的內層，重複執行。 4. 利用 🖊「畫筆」積木，如果按下滑鼠，下筆 `下筆`。 5. 否則（未按下滑鼠）停筆 `停筆`。

二 設計「點擊滑鼠下筆」程式

如果按下滑鼠就下筆，否則未按下滑鼠就停筆。

① 點按 ➕，點選【畫筆】，新增畫筆積木。

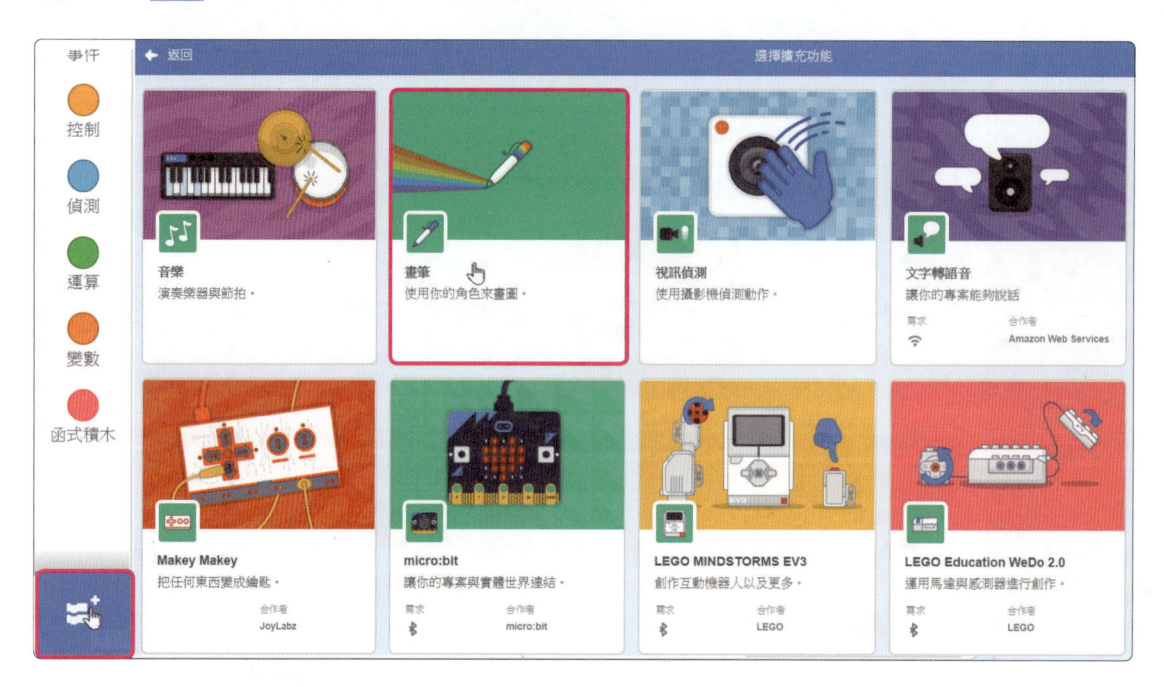

② 按 控制，拖曳 如果/那麼/否則 到重複執行的內層。

③ 按 偵測，拖曳 滑鼠鍵被按下？ 到如果的「條件」位置。

④ 按 畫筆，拖曳 下筆 到那麼的下一行。

⑤ 拖曳 停筆，到否則的下一行。

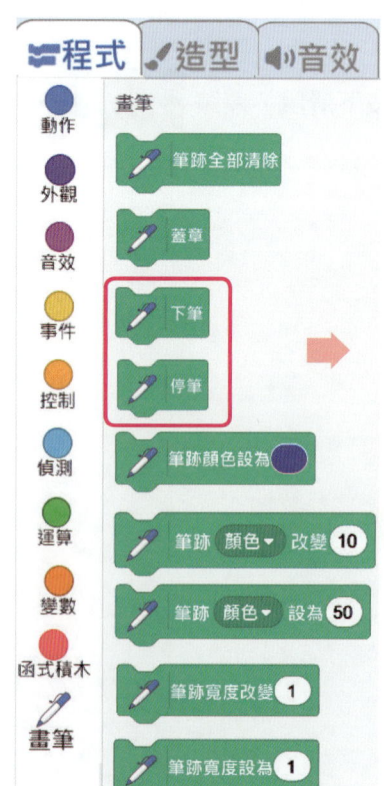

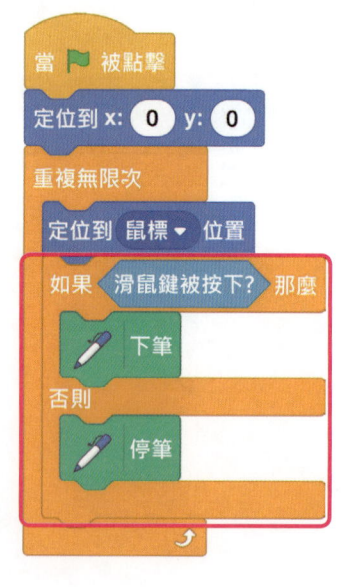

5-4 下筆與停筆－畫筆　111

6 按 ⛶，切換全螢幕。

7 點擊 🚩，再按下滑鼠，檢查畫筆移動時是否留下筆跡。

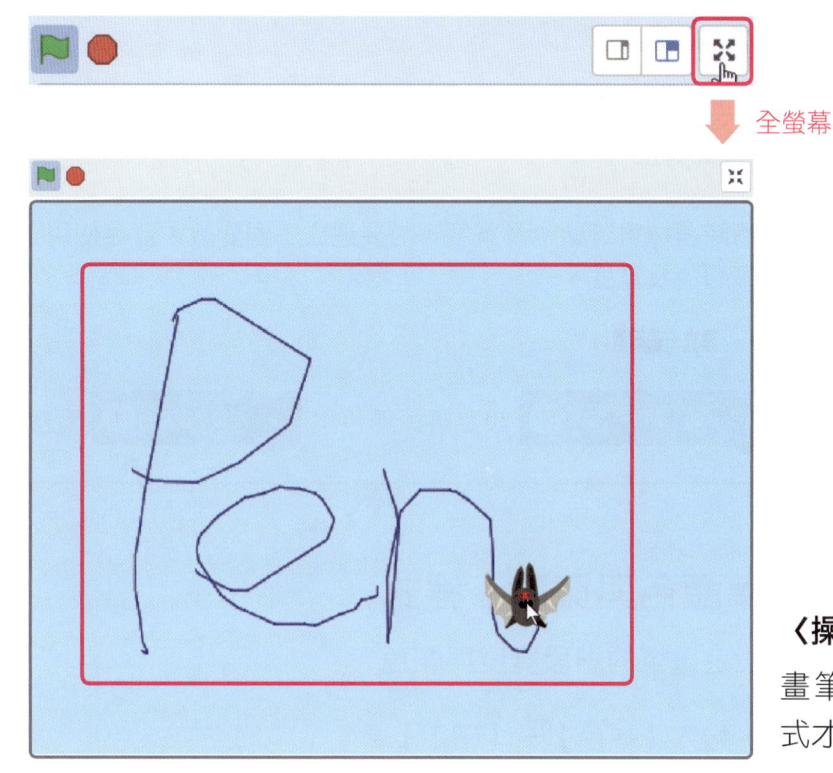

全螢幕

〈操作提示〉

畫筆筆跡在全螢幕模式才能完整顯示筆跡。

8 按 事件，拖曳 當 空白 鍵被按下。

9 拖曳 2 個 筆跡全部清除 到「點擊綠旗」與「空白鍵」下方。

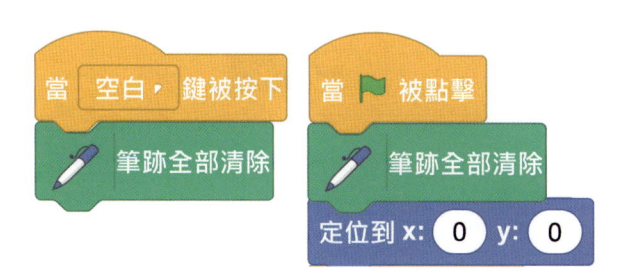

〈操作說明〉

程式開始執行及按下空白鍵時，清除筆跡。

5-5 設定畫筆顏色與寬度 – 畫筆

一 設定畫筆顏色與寬度

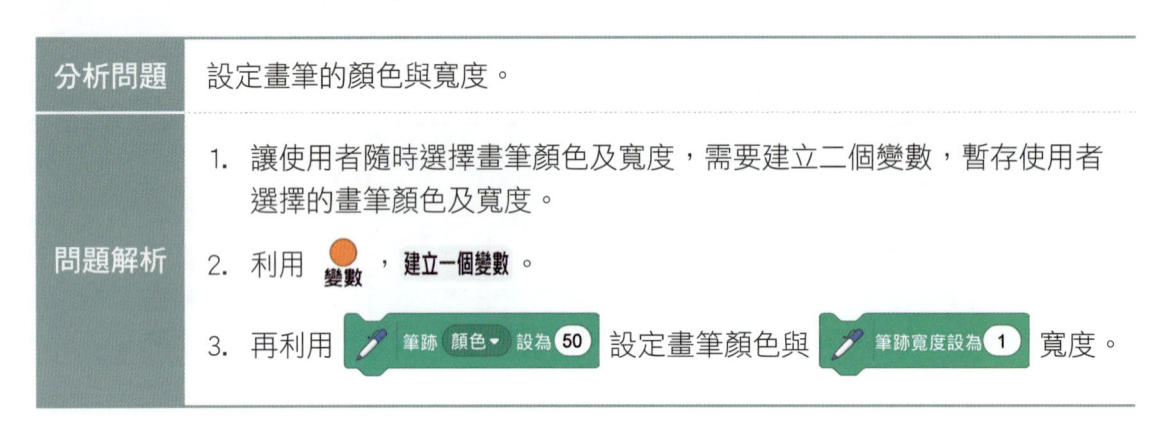

分析問題	設定畫筆的顏色與寬度。
問題解析	1. 讓使用者隨時選擇畫筆顏色及寬度，需要建立二個變數，暫存使用者選擇的畫筆顏色及寬度。 2. 利用 【變數】，建立一個變數。 3. 再利用 【筆跡 顏色 設為 50】 設定畫筆顏色與 【筆跡寬度設為 1】 寬度。

二 設計「設定畫筆顏色與寬度」程式

在舞台拖曳滑桿，設定畫筆的線段寬度與顏色。

① 按 【變數】，再 【建立一個變數】，輸入【顏色】→【確定】。

② 重複上一步驟，再建立一個變數【寬度】。

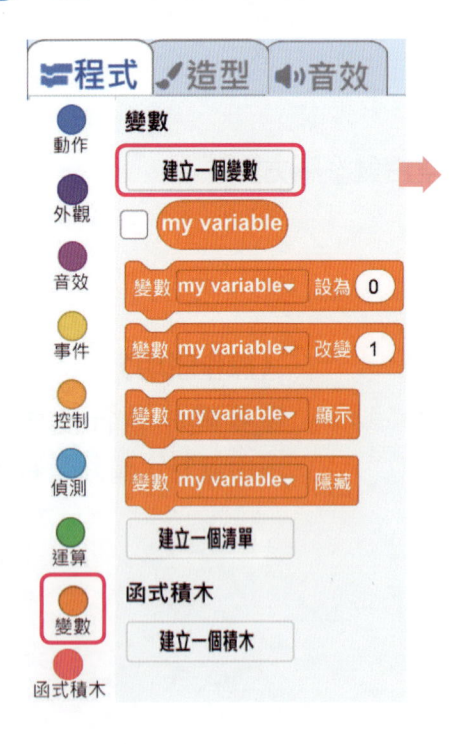

5-5 設定畫筆顏色與寬度－畫筆　113

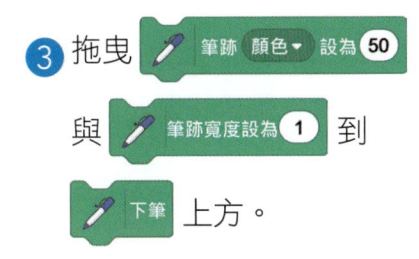

③ 拖曳 ![筆跡 顏色▼ 設為 50] 與 ![筆跡寬度設為 1] 到 ![下筆] 上方。

④ 將 [顏色] 拖曳到「筆跡顏色設為」的參數。

⑤ [寬度] 拖曳到「筆跡寬度設為」的參數。

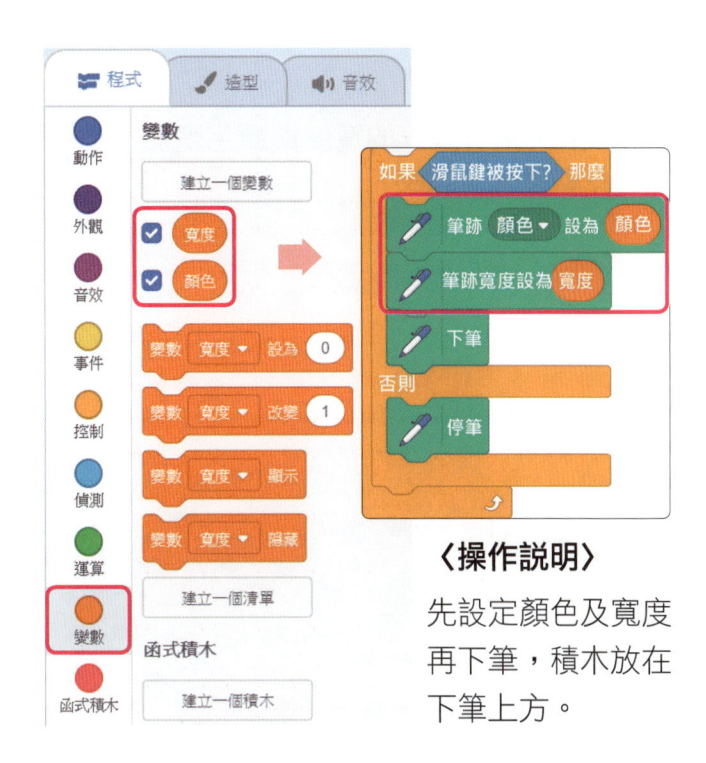

〈操作說明〉

先設定顏色及寬度再下筆，積木放在下筆上方。

⑥ 在舞台「寬度」變數，按右鍵，點選【滑桿】，利用拖曳滑桿設定變數。

⑦ 重複上一步驟，設定「顏色」變數為「滑桿」。

⑧ 按 [外觀]，拖曳 2 個 ![說出 Hello! 持續 2 秒] 到 ![定位到 x: 0 y: 0] 下方。

⑨ 分別輸入【拖曳滑桿設定畫筆寬度與顏色】與【按空白鍵清除筆跡】。

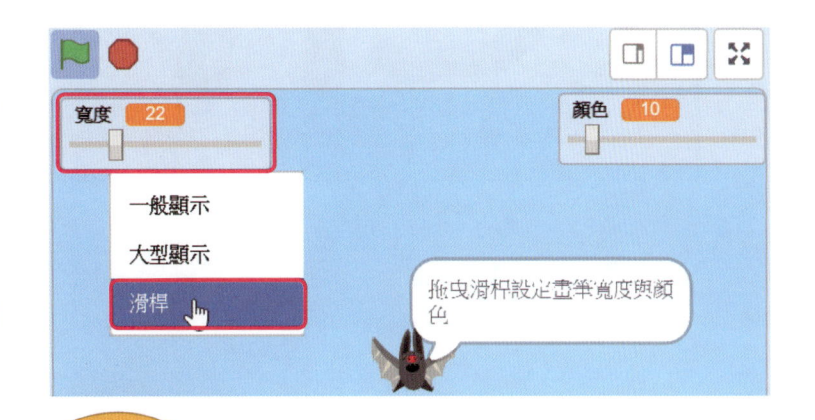

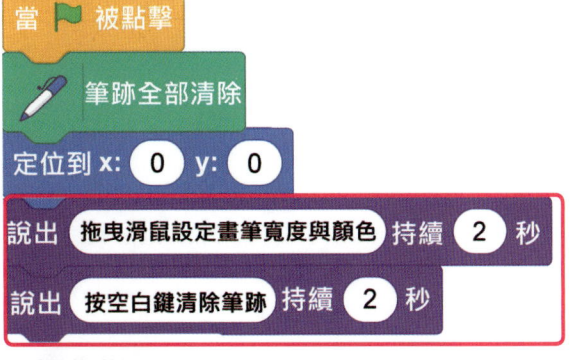

〈操作說明〉

程式開始先定位到舞台中央，說明 e-Board 電子白板操作方式，說完再跟著滑鼠游標移動。

⑩ 按 ❎，切換全螢幕。

⑪ 點擊 🚩，拖曳畫筆的寬度與顏色變數，再按下滑鼠，檢查畫筆移動時是否留下筆跡。

全螢幕

課後評量 5 Chapter

選擇題

_____ 1. 下列哪一組程式積木「不屬於」「重複結構」？

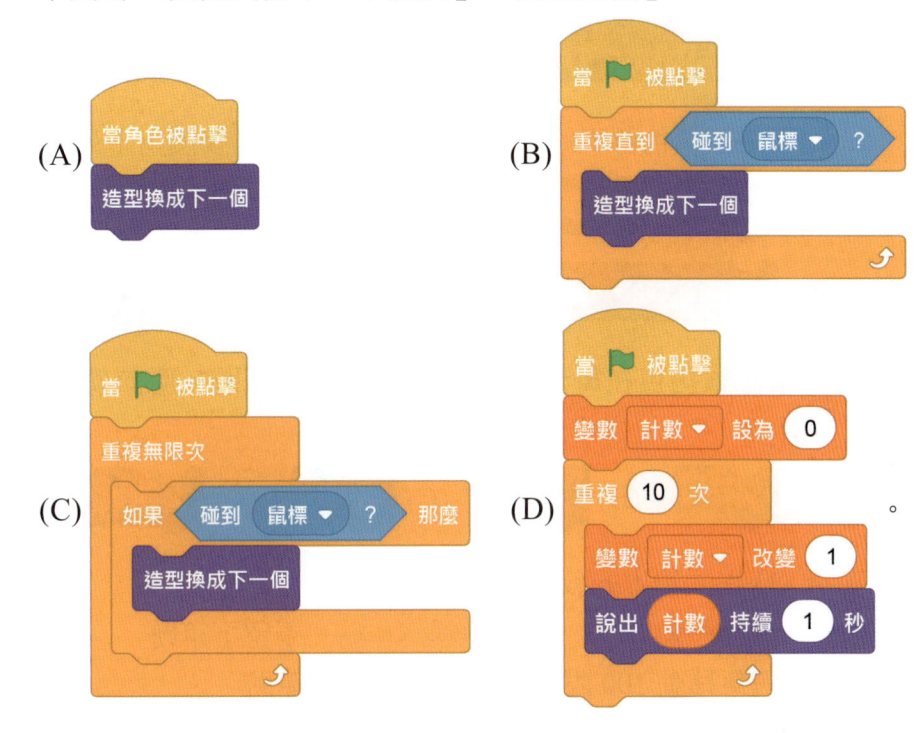

(A) 當角色被點擊／造型換成下一個

(B) 當▶被點擊／重複直到 碰到 鼠標？／造型換成下一個

(C) 當▶被點擊／重複無限次／如果 碰到 鼠標？ 那麼／造型換成下一個

(D) 當▶被點擊／變數 計數 設為 0／重複 10 次／變數 計數 改變 1／說出 計數 持續 1 秒

_____ 2. 如果想設計「若是角色 1 碰到滑鼠游標就改變角色 1 造型，否則改變顏色」，應該使用下列哪一個控制積木？

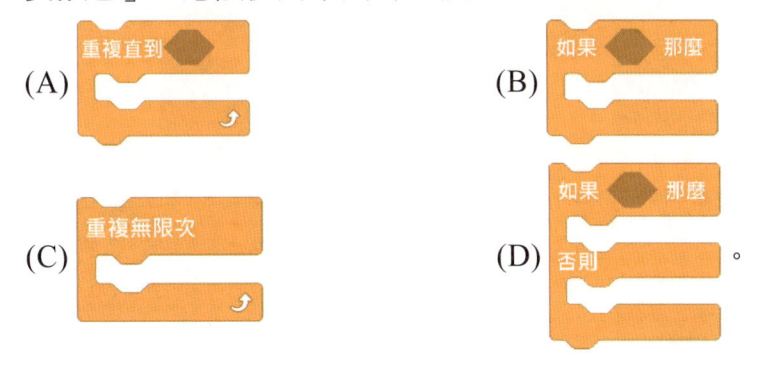

(A) 重複直到

(B) 如果 那麼

(C) 重複無限次

(D) 如果 那麼 否則

_____ 3. 下列哪一個積木「無法」將角色設定到「固定」的 x 座標或 y 座標位置？

(A) x 設為 10　(B) y 設為 0　(C) 移動 10 點　(D) 定位到 x: 10 y: 0

Chapter 5 課後評量

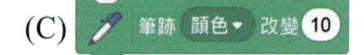

_____ 4. 如果想讓角色留下的畫筆筆跡愈來愈粗，應該使用下列哪一個積木？
  (A) 筆跡寬度改變 1
  (B) 筆跡寬度設為 1
  (C) 筆跡 顏色 改變 10
  (D) 筆跡顏色設為 ●。

_____ 5. 如果想讓角色留下的畫筆筆跡固定寬度，應該使用下列哪一個積木？
  (A) 筆跡寬度設為 1
  (B) 筆跡寬度改變 1
  (C) 筆跡 顏色 改變 10
  (D) 筆跡顏色設為 ●。

_____ 6. 如果想讓角色在舞台移動時留下畫筆的筆跡，應該使用下列哪一個積木？
  (A) 下筆 (B) 停筆 (C) 蓋章 (D) 筆跡全部清除。

_____ 7. 圖 (1) 程式積木的敘述，何者「錯誤」？
  (A) 角色移動 10 次，每次移動 10 點，不留下筆跡
  (B) 角色移動 100 點之後，停筆不留下筆跡
  (C) 角色移動時，下筆留下筆跡
  (D) 當舞台背景切換為 2 時，角色開始移動。

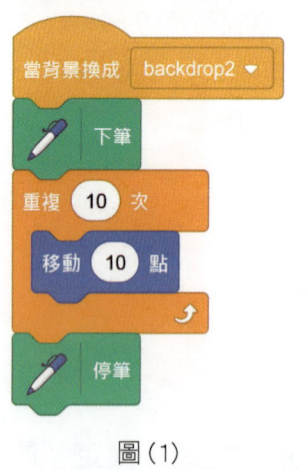

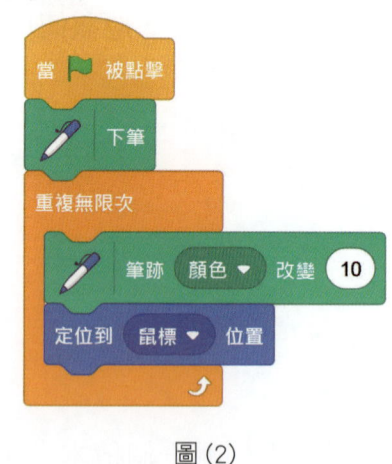

圖(1)　　　　　圖(2)

_____ 8. 圖 (2) 程式積木的執行結果為何？
  (A) 角色移動時，畫筆顏色固定
  (B) 角色移動時，畫筆粗細會改變
  (C) 角色跟著滑鼠游標移動，並留下不同顏色的筆跡
  (D) 角色面向滑鼠游標的方向，並留下不同顏色的筆跡。

_____ 9. 圖 (3) 程式積木的執行結果為何？
　　　(A) 角色移動時清除筆跡
　　　(B) 按下綠旗自動清除筆跡
　　　(C) 按下空白鍵，清除筆跡
　　　(D) 按下空白鍵，畫筆留下筆跡。

圖 (3)

_____ 10. 圖 (4) 程式積木的敘述，何者「錯誤」？
　　　(A) 角色往右移動 480 點
　　　(B) 角色移動時，筆跡逐漸變寬
　　　(C) 角色從舞台最右邊往左移動
　　　(D) 角色移到最右邊時再回到 (–240 , 0) 開始。

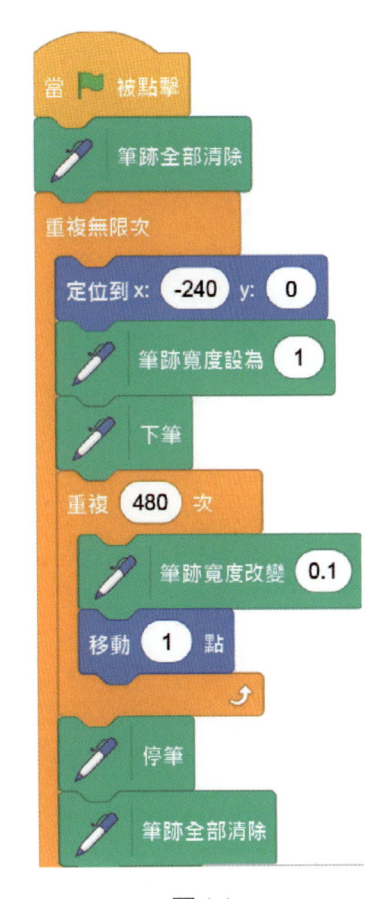

圖 (4)

Chapter 6 生日派對：外觀、音樂與音效

本章將利用 Scratch 外觀、音樂與音效積木，設計「生日派對」專題。太空人 Kiran 與 Ripley，在太空船上，為執行太空任務的機器人，規劃一場生日派對。程式開始執行時，Kiran 與 Ripley 重複執行漫步動畫，並互相對話，對話完播放生日快樂音效。同時，如果滑鼠游標碰到機器人會變換造型動畫，如果點擊機器人則演奏音階。

學習目標

1. 能夠設定樂器種類演奏音階。
2. 能夠設計角色動畫。
3. 能夠自動播放音效。
4. 能夠偵測目前日期或時間。

6-1 生日派對腳本規劃

舞台	角色	動畫情境
Spaceship 太空船	Kiran	1. 點擊綠旗，重複切換漫步動畫。 2. 說出：「今天是」、「*月」、「*日」、「讓我們一起幫機器人慶生吧！」各 1 秒。 3. 與 Ripley 一起說出：「生日快樂」2 秒。
	Ripley	1. 點擊綠旗，重複切換漫步動畫。 2. 等待 4 秒，Kiran 說完。 3. 與 Kiran 一起說出：「生日快樂」2 秒。 4. 播放「生日快樂歌曲」。
	Do、Re、Mi、Fa、So、La、Si、H-Do Do～高音 Do	1. 點擊綠旗定位到舞台位置。 2. 如果碰到滑鼠游標切換造型。 3. 如果點擊角色，演奏音階 Do～高音 Do。

6-2 生日派對流程設計

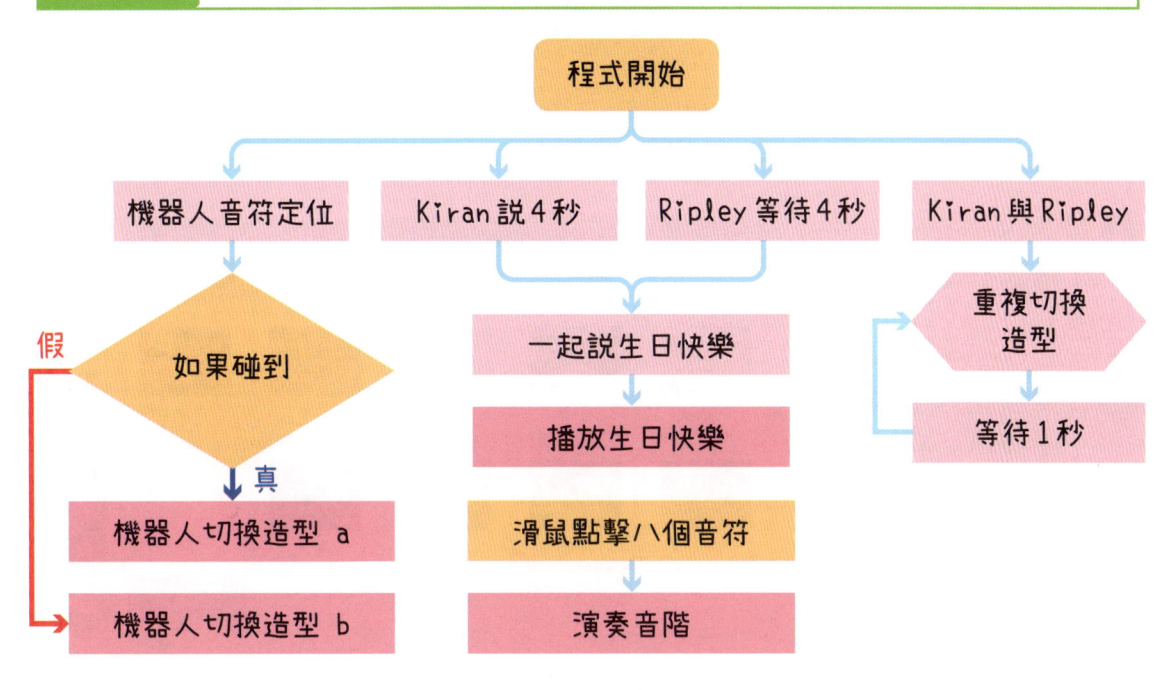

```
程式開始
├── 機器人音符定位
│     └── 如果碰到
│           ├─(假)→ 機器人切換造型 a
│           └─(真)→ 機器人切換造型 b
├── Kiran 說 4 秒
│     ├── 一起說生日快樂
│     ├── 播放生日快樂
│     ├── 滑鼠點擊八個音符
│     └── 演奏音階
├── Ripley 等待 4 秒
└── Kiran 與 Ripley
      └── 重複切換造型
            └── 等待 1 秒
```

6-3 變換造型－外觀

一 角色重複變換造型

分析問題	角色 A（Kiran） 角色 B（Ripley） 重複變換造型，播放太空漫步的動畫。
問題解析	1. 應用重複結構， `重複無限次` 重複執行。 2. 再利用 `造型換成下一個` 變換造型。

二 設計「角色重複變換造型」程式

角色重複變換造型，播放太空漫步的動畫。

◆新增角色與背景

新增 Spaceship（太空船）背景、Kiran（角色 A）與 Ripley（角色 B）。

① 開啟 Scratch 3，按【檔案】→【新建專案】。

② 在舞台按 或 【選擇背景】，點選【Spaceship（太空船）】。

③ 點選角色 1 的 ✕ 刪除角色。

④ 在 「選個角色」，按 【選個角色】。

⑤ 點選【Kiran】。

⑥ 重複步驟 ④～⑤ 新增角色【Ripley】。

◆角色重複變換造型

① 點選 Kiran，按 控制，拖曳 重複無限次 。

② 按 外觀，拖曳 造型換成下一個 到重複無限次內層。

③ 拖曳 等待 1 秒，每 1 秒變換一個造型。

④ 將積木拖曳到 Ripley 複製。

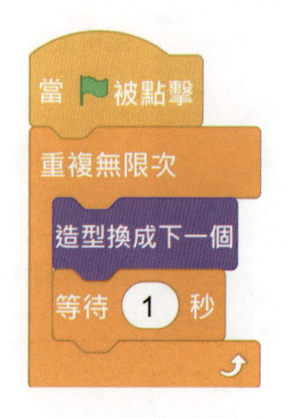

6-4 播放歌曲－音效

Kiran 與 Ripley 對話結束，播放生日快樂歌曲。

一 説出今天的月、日

分析問題	Kiran　Ripley 1. Kiran 説出：「今天是」、「＊月」、「＊日」、「讓我們一起幫機器人慶生吧！」各 1 秒。 2. Ripley 需要先等待 4 秒，等待 Kiran 説完與 Kiran 一起説出：「生日快樂」2 秒。
問題解析	1. 應用 `説出 Hello! 持續 2 秒` 説出。 2. 再利用 `目前時間的 年` 偵測目前電腦的日期或時間。 3. 利用 `字串組合 apple banana` 將説出的「文字」與偵測的「日期」組合成「＊月」。 4. 應用 `等待 1 秒` 控制循序結構的執行時間，讓 Ripley 等待。

二 播放歌曲

分析問題	播放生日快樂歌曲。
問題解析	應用積木 `播放音效 Meow 直到結束` 或 `播放音效 Meow` 播放音效。

三 設計「播放歌曲」程式

Kiran	1. 説出：「今天是」、「＊月」、「＊日」、「讓我們一起幫機器人慶生吧！」各 1 秒。 2. 與 Ripley 一起説出：「生日快樂」2 秒。
Ripley	1. 等待 4 秒，Kiran 説完。 2. 與 Kiran 一起説出：「生日快樂」2 秒。 3. 播放「生日快樂歌曲」。

Chapter 6　生日派對：外觀、音樂與音效

◆ Kiran 先說 4 秒

① 點選 [Kiran]，按 [外觀]，拖曳 4 個 [說出 Hello! 持續 2 秒]，分別輸入【1】秒。

② 在第 1 句輸入【今天是】、第 4 句輸入【讓我們一起幫機器人慶生吧！】。

③ 按 [運算]，拖曳 2 個 [字串組合 apple banana] 到「Hello!」。

④ 在「banana」位置分別輸入【月】與【日】。

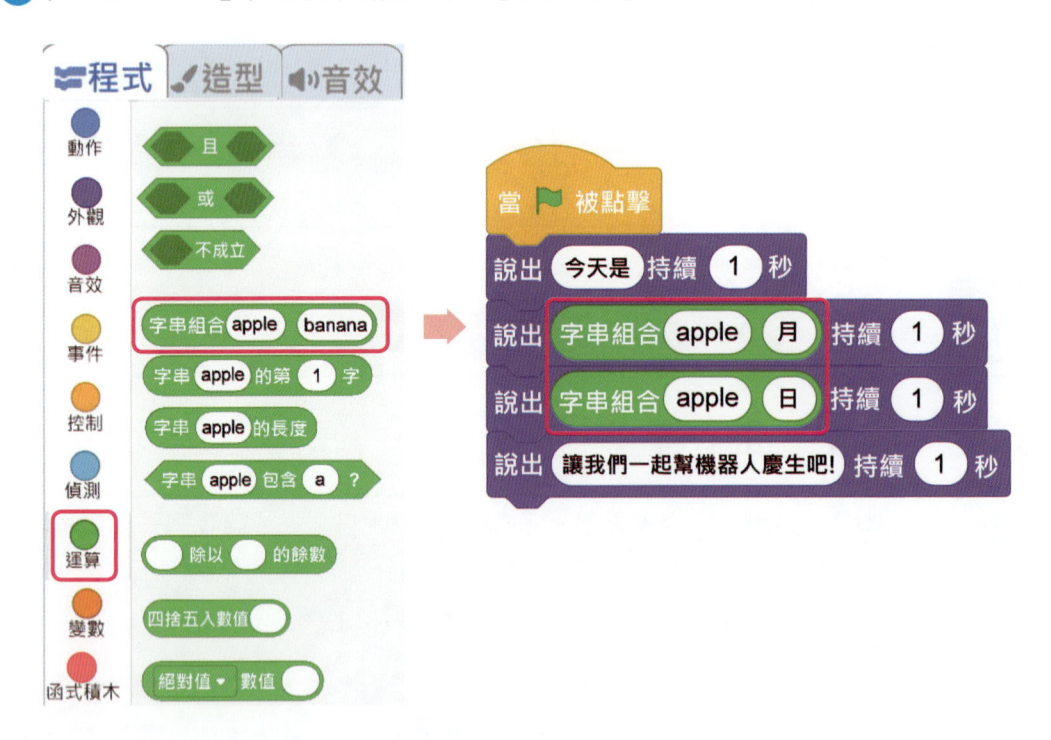

6-4 播放歌曲－音效　　125

⑤ 點選 `偵測`，拖曳 2 個 `目前時間的 年` 到「apple」位置。

⑥ 分別點選【月】與【日】。

⑦ 點擊 🚩，檢查 Kiran 是否說出「今天是」、目前電腦時間的「＊月」與「＊日」、「讓我們一起幫機器人慶生吧」各 1 秒。

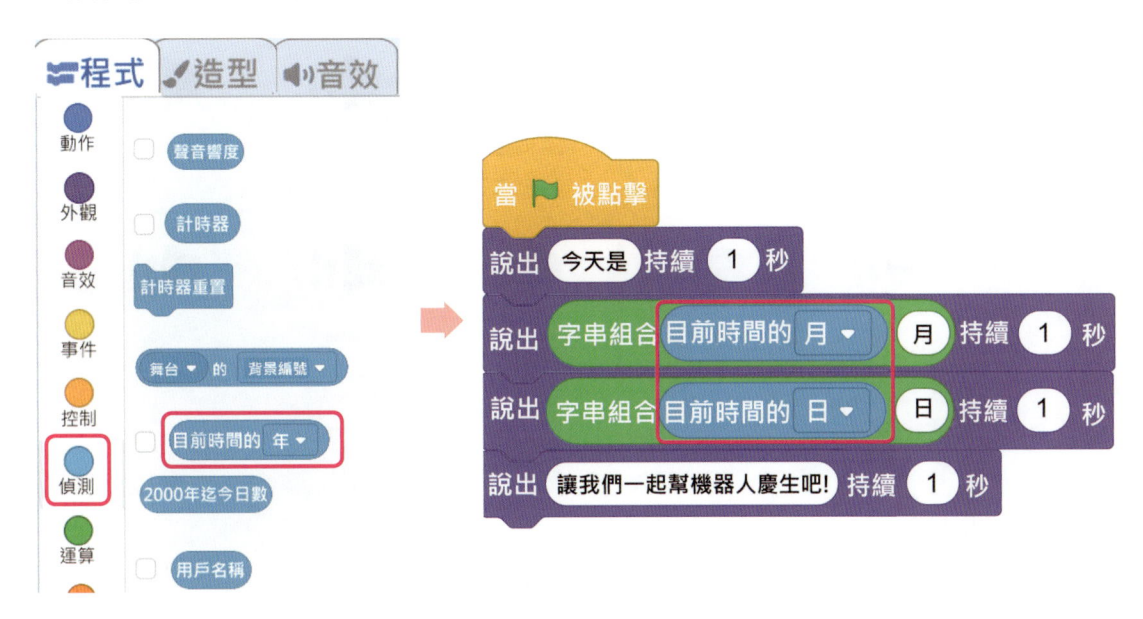

◆ Ripley 說完播音效

　　Ripley 等待 Kiran 說完 4 秒時，與 Kiran 一起說出：「生日快樂」2 秒並播放生日快樂音效。

① 點選 Ripley，按 `控制`，拖曳 `當🚩被點擊` 與 `等待 1 秒`，輸入【4】。

② 按 `外觀`，拖曳 `說出 Hello! 持續 2 秒`，輸入【生日快樂】2 秒。

③ 複製積木到 Kiran。Ripley 與 Kiran 一起說出：「生日快樂」。

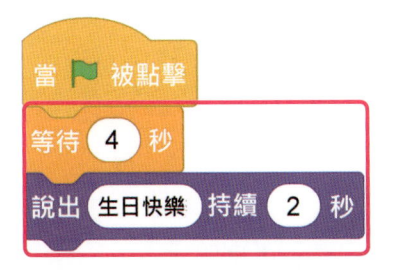

❹ 按 🔊音效 的【選個音效】，點選【Birthday】（生日快樂）。

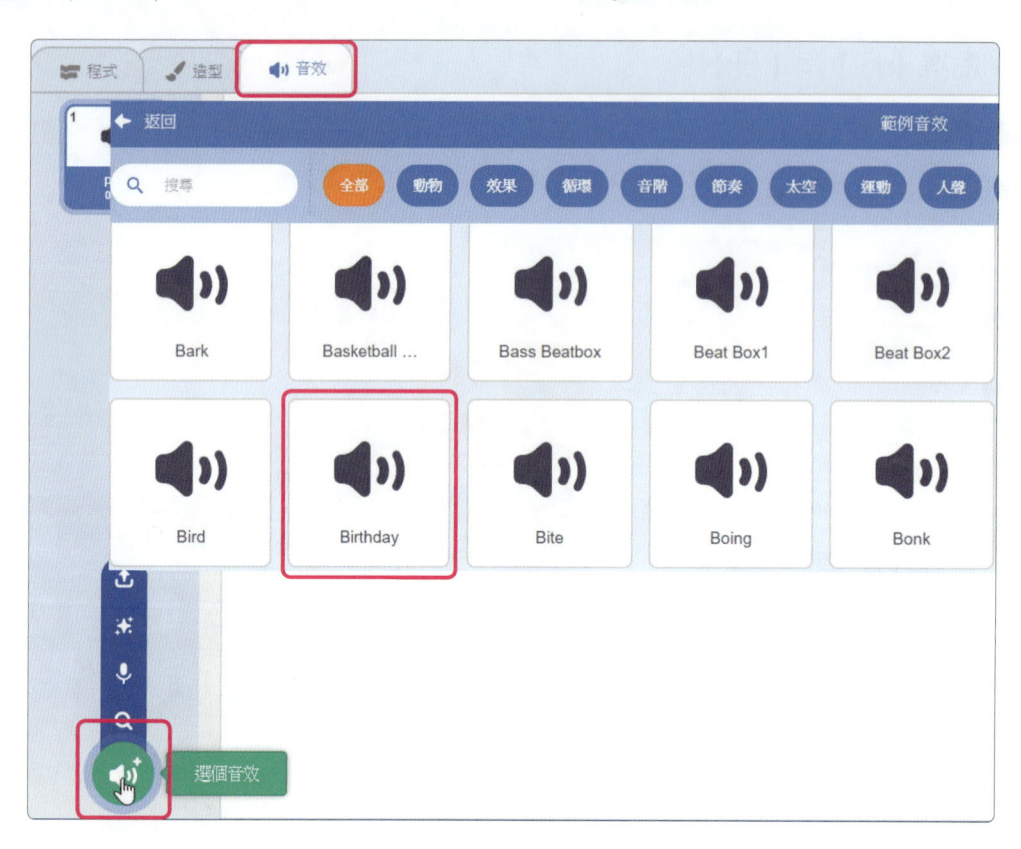

❺ 按 程式 的 音效，拖曳 播放音效 Meow▾ 直到結束 。

❻ 按 ▾，點選【Birthday】。

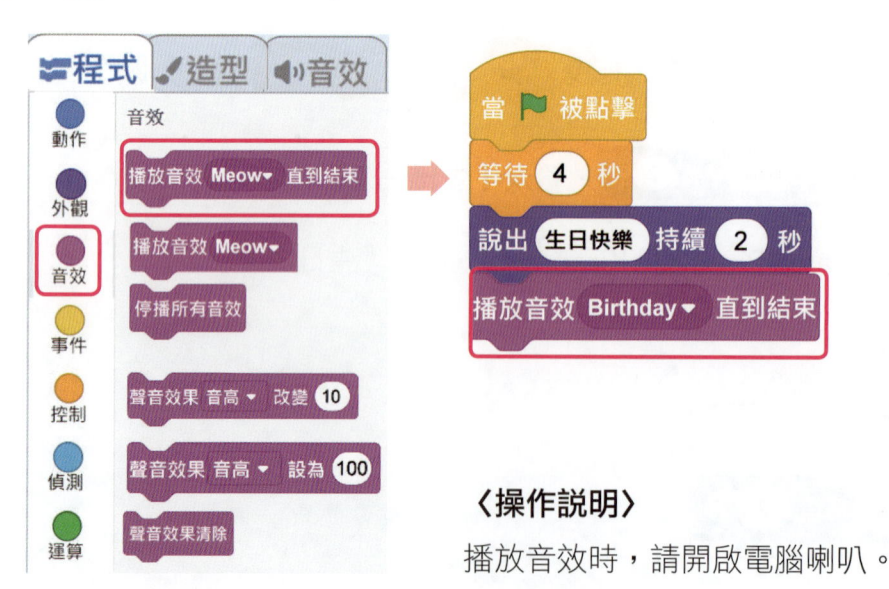

〈操作說明〉
播放音效時，請開啟電腦喇叭。

6-5 碰到滑鼠變換造型

一 碰到滑鼠變換造型

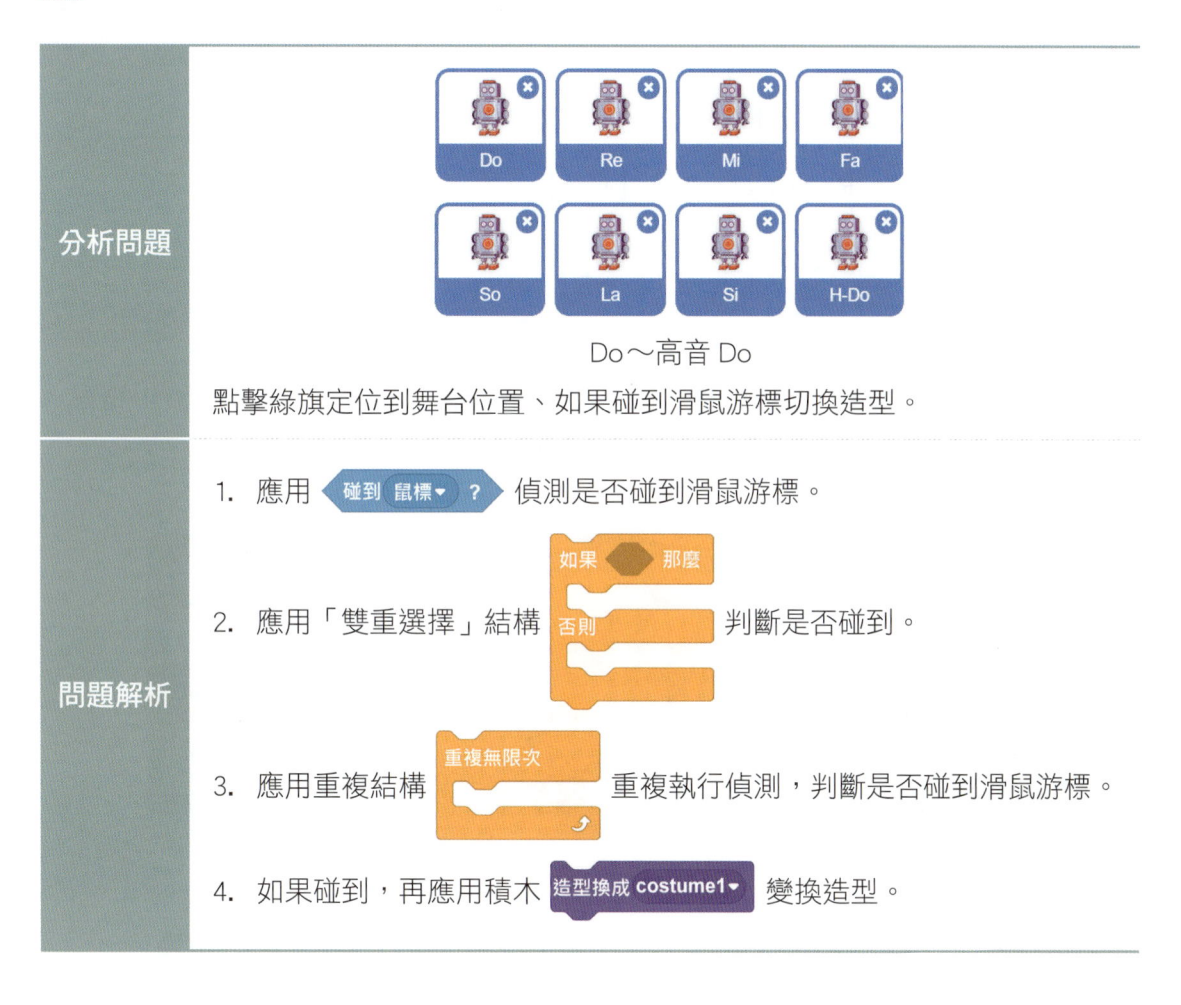

分析問題	
	Do　Re　Mi　Fa So　La　Si　H-Do Do～高音 Do 點擊綠旗定位到舞台位置、如果碰到滑鼠游標切換造型。
問題解析	1. 應用 `碰到 鼠標 ?` 偵測是否碰到滑鼠游標。 2. 應用「雙重選擇」結構 `如果 那麼 否則` 判斷是否碰到。 3. 應用重複結構 `重複無限次` 重複執行偵測，判斷是否碰到滑鼠游標。 4. 如果碰到，再應用積木 `造型換成 costume1` 變換造型。

設計「碰到滑鼠變換造型」程式

新增 8 個機器人角色，讓機器人演奏音階從「Do～高音 Do」。如果機器人碰到滑鼠變換造型、否則就切換原來造型。

① 在 🐻「選個角色」，按 🔍【選個角色】。

② 點選【Retro Robot】（機器人）。

③ 點選角色「Retro Robot」，輸入【Do】，更改角色名稱。

④ 尺寸輸入【50】。

⑤ 調整角色在舞台的位置。

⑥ 重複步驟 ① ～ ⑤，新增 7 個角色，分別命名為「Re」～「H-Do」（高音 Do）。

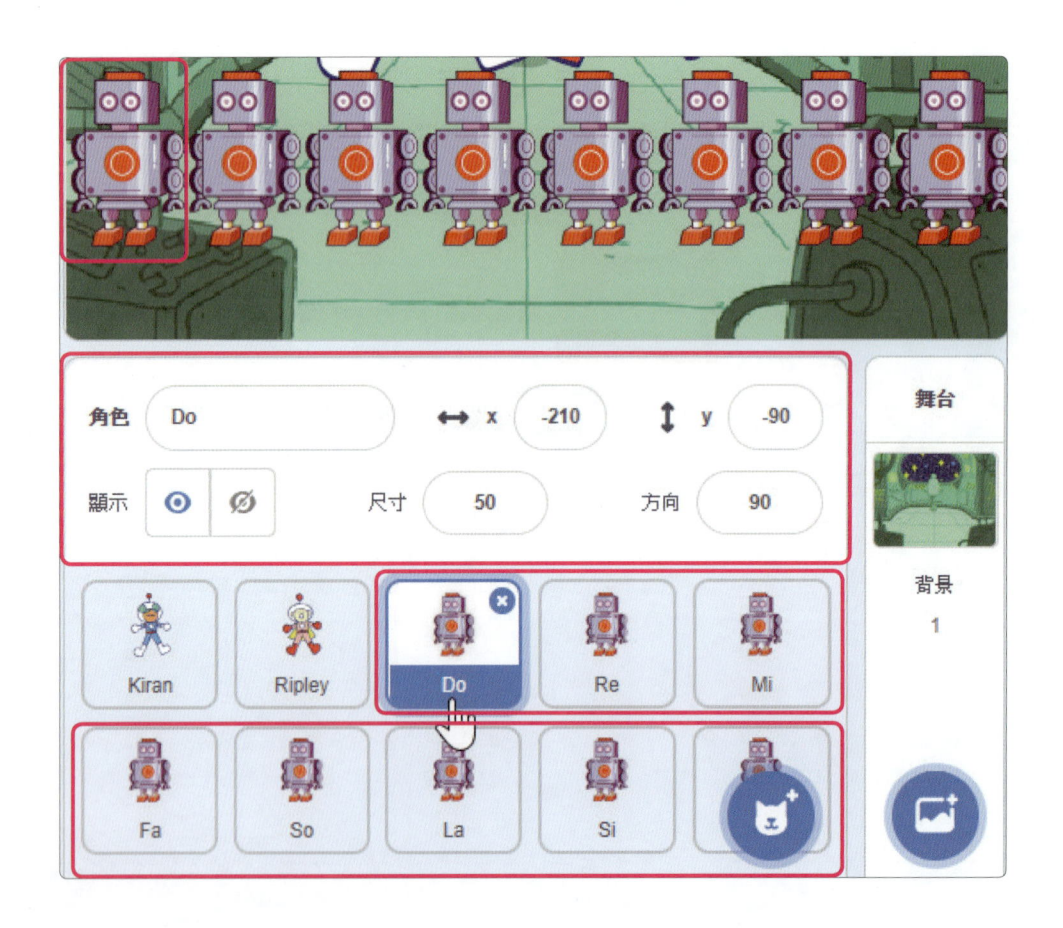

6-5 碰到滑鼠變換造型　129

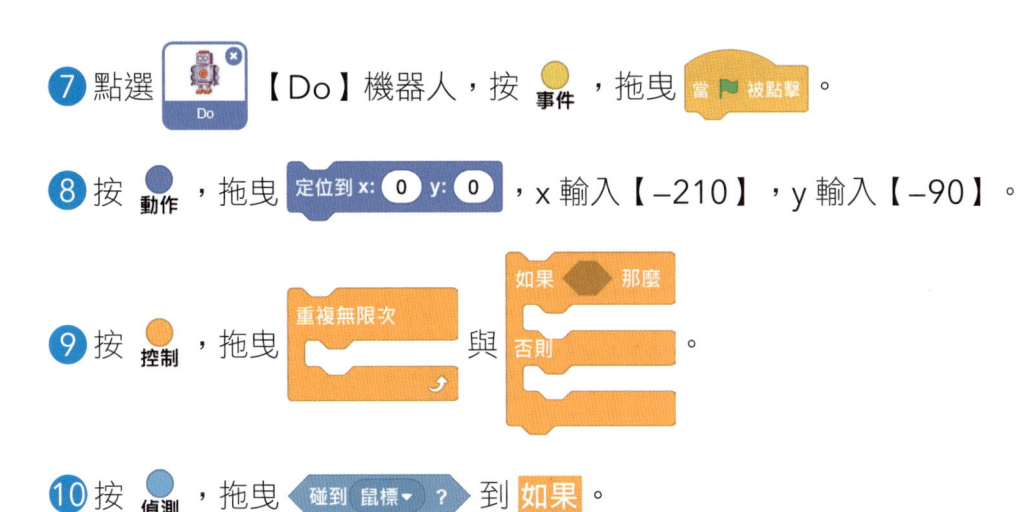

❼ 點選 【Do】機器人，按 事件，拖曳 當▶被點擊。

❽ 按 動作，拖曳 定位到 x: 0 y: 0，x 輸入【–210】，y 輸入【–90】。

❾ 按 控制，拖曳 重複無限次 與 如果 那麼 否則。

❿ 按 偵測，拖曳 碰到 鼠標▼ ? 到 如果。

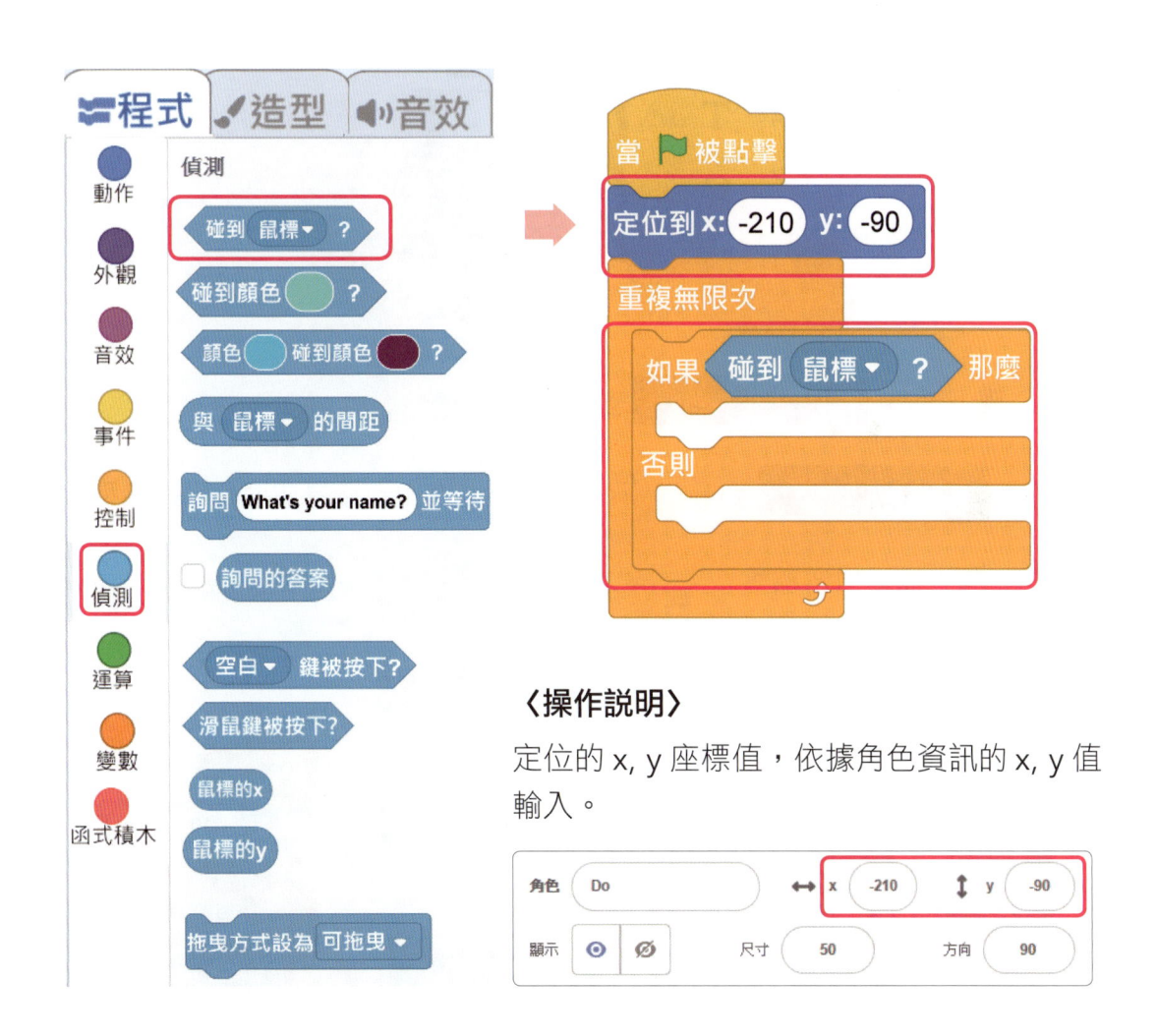

〈操作說明〉

定位的 x, y 座標值，依據角色資訊的 x, y 值輸入。

⓫ 點按 【造型】，角色有三個造型，未碰到滑鼠游標是原來造型【Retro Robot a】、碰到滑鼠游標造型切換為【Retro Robot b】。

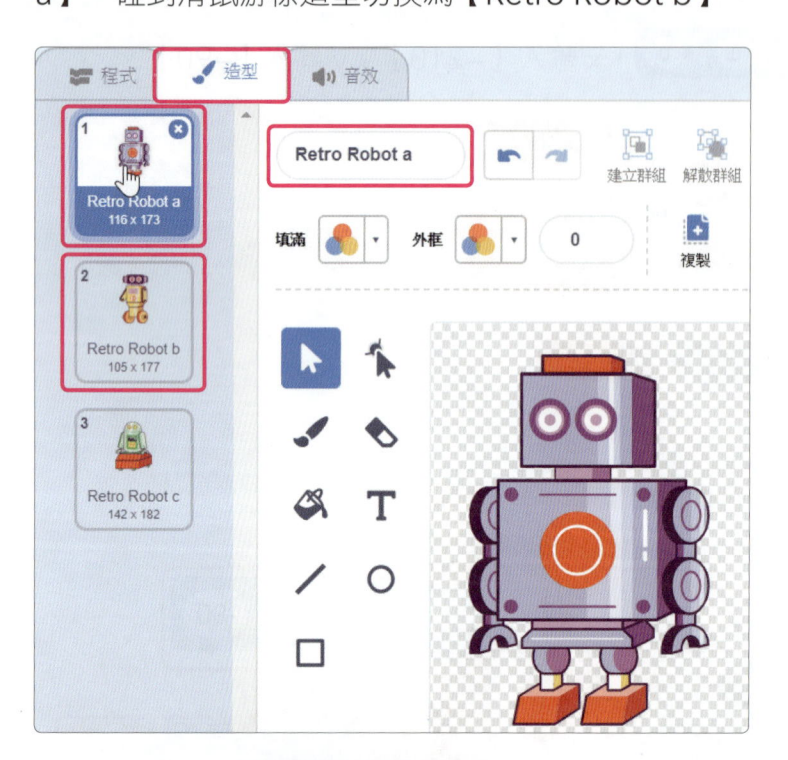

⓬ 按 【外觀】，拖曳 造型換成 Retro Robot b 到 如果 下一行。

⓭ 拖曳 造型換成 Retro Robot a 到 否則 下一行，否則沒碰到滑鼠切換為原來造型。

⓮ 點擊 ▶，將滑鼠游標移到「Do」機器人，檢查機器人是否變換為造型「Retro Robot b」。

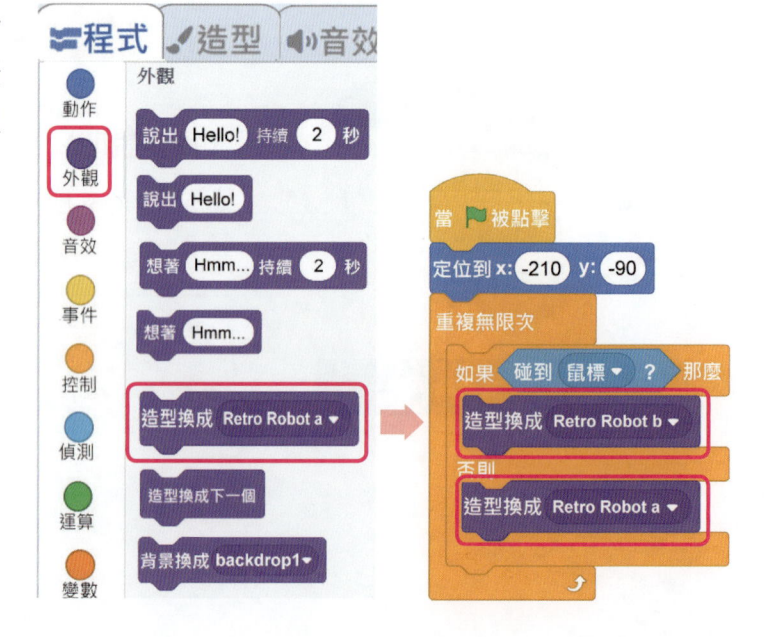

未碰到　　碰到

⓯ 重複步驟 ❼～⓮，將程式複製到「Re」～「H-Do」（高音 Do），並更變角色的 (x,y) 座標如下表：

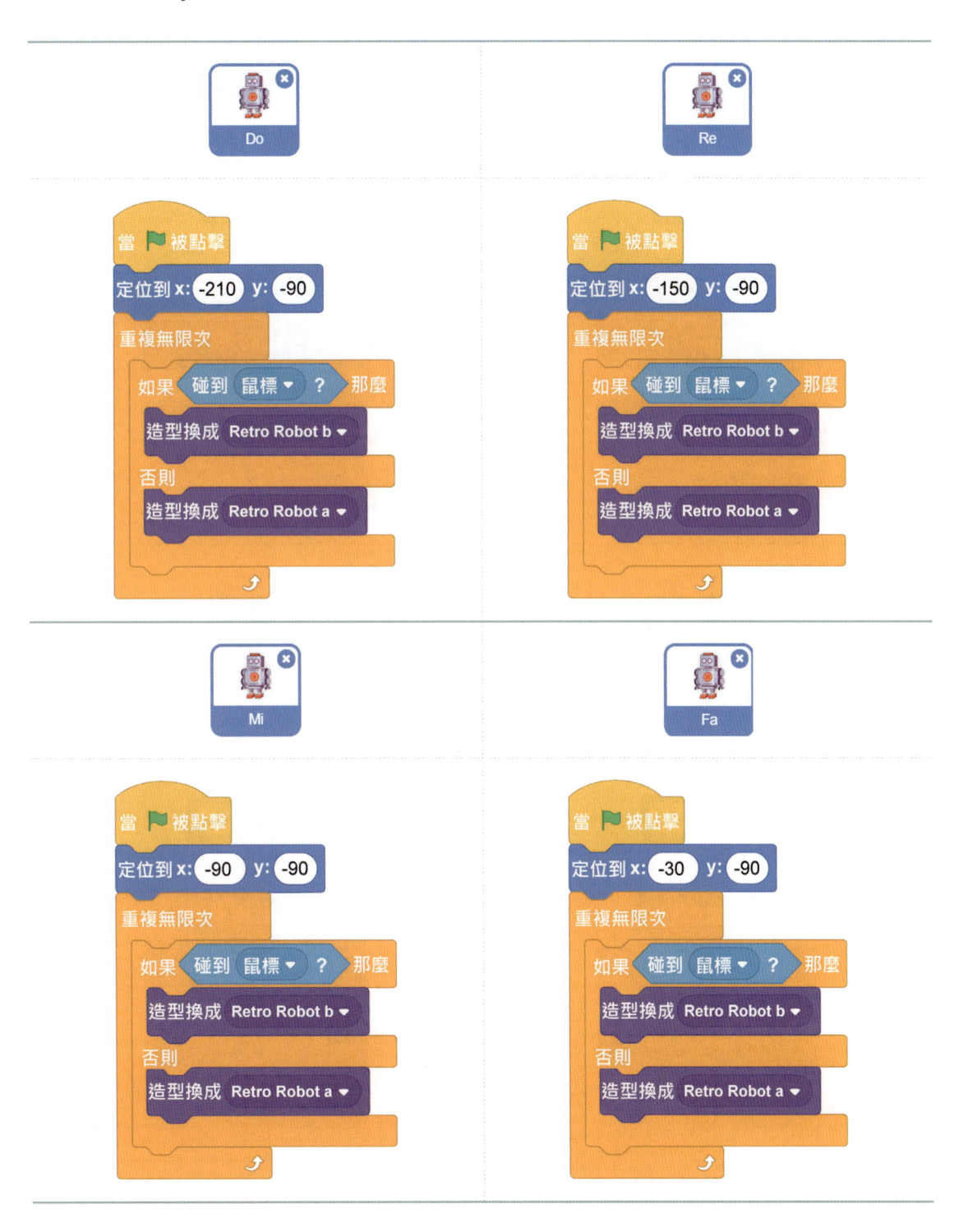

Do	Re
當 ▶ 被點擊 定位到 x: -210 y: -90 重複無限次 　如果 〈碰到 鼠標▼ ?〉 那麼 　　造型換成 Retro Robot b ▼ 　否則 　　造型換成 Retro Robot a ▼	當 ▶ 被點擊 定位到 x: -150 y: -90 重複無限次 　如果 〈碰到 鼠標▼ ?〉 那麼 　　造型換成 Retro Robot b ▼ 　否則 　　造型換成 Retro Robot a ▼

Mi	Fa
當 ▶ 被點擊 定位到 x: -90 y: -90 重複無限次 　如果 〈碰到 鼠標▼ ?〉 那麼 　　造型換成 Retro Robot b ▼ 　否則 　　造型換成 Retro Robot a ▼	當 ▶ 被點擊 定位到 x: -30 y: -90 重複無限次 　如果 〈碰到 鼠標▼ ?〉 那麼 　　造型換成 Retro Robot b ▼ 　否則 　　造型換成 Retro Robot a ▼

Chapter 6 生日派對：外觀、音樂與音效

So

```
當 ▶ 被點擊
定位到 x: 30 y: -90
重複無限次
    如果 <碰到 鼠標 ▼ ?> 那麼
        造型換成 Retro Robot b ▼
    否則
        造型換成 Retro Robot a ▼
```

La

```
當 ▶ 被點擊
定位到 x: 90 y: -90
重複無限次
    如果 <碰到 鼠標 ▼ ?> 那麼
        造型換成 Retro Robot b ▼
    否則
        造型換成 Retro Robot a ▼
```

Si

```
當 ▶ 被點擊
定位到 x: 150 y: -90
重複無限次
    如果 <碰到 鼠標 ▼ ?> 那麼
        造型換成 Retro Robot b ▼
    否則
        造型換成 Retro Robot a ▼
```

H-Do

```
當 ▶ 被點擊
定位到 x: 210 y: -90
重複無限次
    如果 <碰到 鼠標 ▼ ?> 那麼
        造型換成 Retro Robot b ▼
    否則
        造型換成 Retro Robot a ▼
```

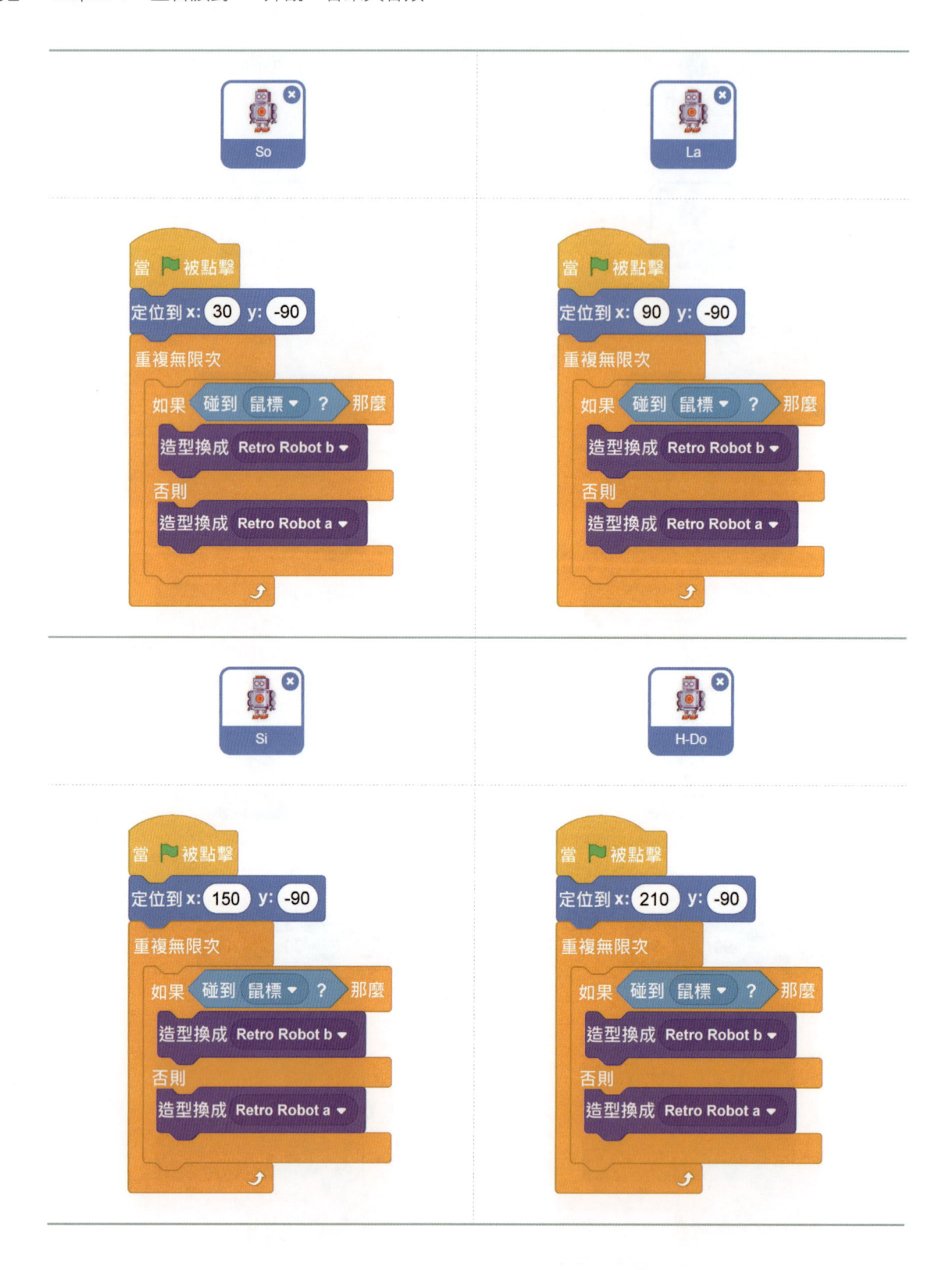

6-6 演奏音階－音樂

一 演奏音階

分析問題

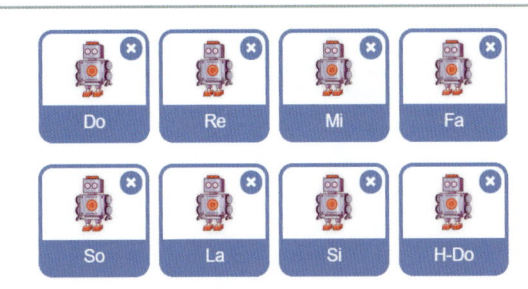

Do～高音 Do

如果點擊角色，演奏音階 Do～高音 Do。

問題解析

應用「音樂」積木中 演奏音階 60 0.25 拍，演奏音階 Do～高音 Do。

二 設計「演奏音階」程式

1. 點擊 Do 機器人時，演奏音階 Do (60)。
2. 點擊 Re 機器人時，演奏音階 Re (62)。
3. 點擊 Mi 機器人時，演奏音階 Mi (64)。
4. 點擊 Fa 機器人時，演奏音階 Fa (65)。
5. 點擊 So 機器人時，演奏音階 So (67)。
6. 點擊 La 機器人時，演奏音階 La (69)。
7. 點擊 Si 機器人時，演奏音階 Si (71)。
8. 點擊 H-Do 機器人時，演奏音階高音 Do (72)。

Chapter 6 生日派對：外觀、音樂與音效

① 點選 【添加擴展】，按【音樂】，新增音樂積木。

② 點選 【Do】機器人。

③ 按 事件，拖曳 當角色被點擊。

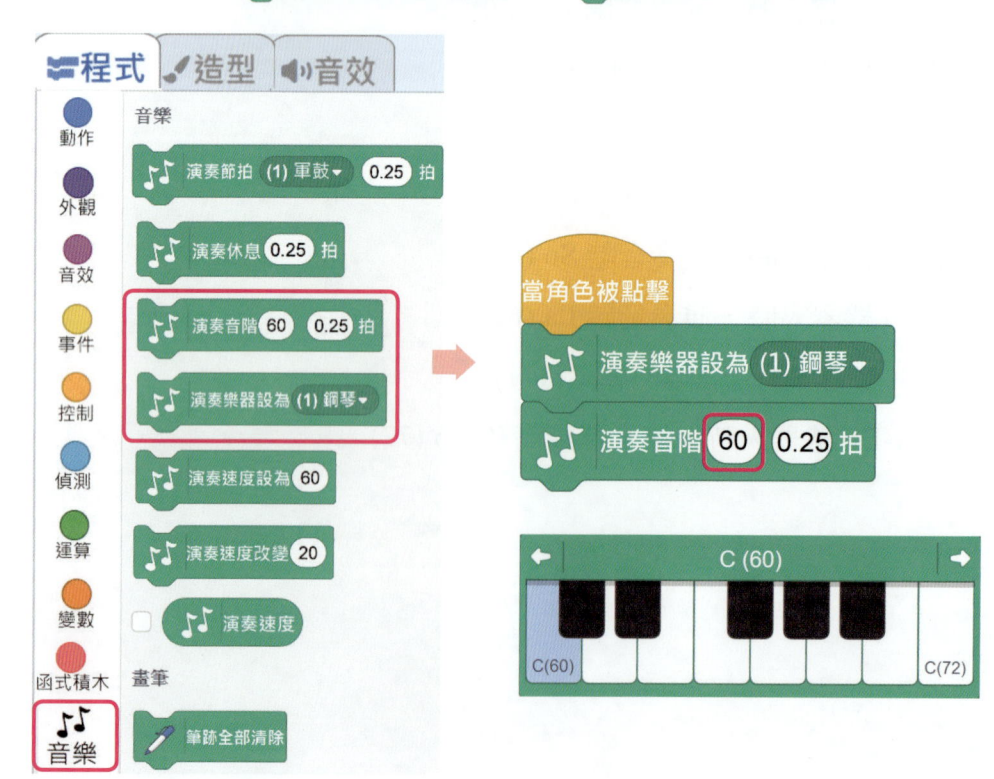

④ 按 音樂，拖曳 演奏樂器設為 (1) 鋼琴 與 演奏音階 60 0.25 拍 。

❺ 重複步驟 ❷～❸，將程式複製到「Re」～「H-Do」（高音 Do），並變更角色的「演奏音階」如下表：

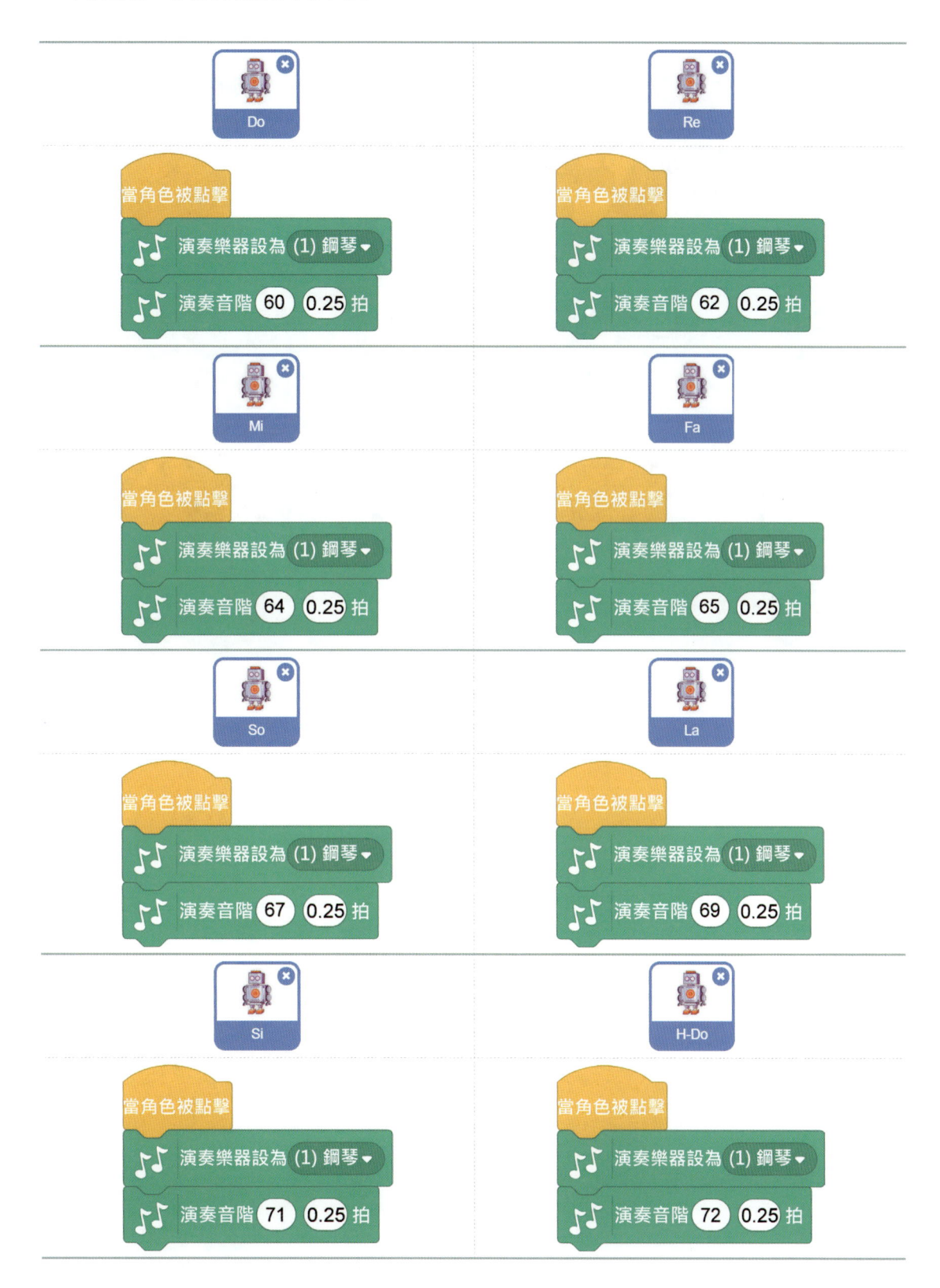

Do	Re
當角色被點擊 演奏樂器設為 (1) 鋼琴 演奏音階 60 0.25 拍	當角色被點擊 演奏樂器設為 (1) 鋼琴 演奏音階 62 0.25 拍
Mi	Fa
當角色被點擊 演奏樂器設為 (1) 鋼琴 演奏音階 64 0.25 拍	當角色被點擊 演奏樂器設為 (1) 鋼琴 演奏音階 65 0.25 拍
So	La
當角色被點擊 演奏樂器設為 (1) 鋼琴 演奏音階 67 0.25 拍	當角色被點擊 演奏樂器設為 (1) 鋼琴 演奏音階 69 0.25 拍
Si	H-Do
當角色被點擊 演奏樂器設為 (1) 鋼琴 演奏音階 71 0.25 拍	當角色被點擊 演奏樂器設為 (1) 鋼琴 演奏音階 72 0.25 拍

❻ 點擊 🚩，檢查 Kiran 與 Ripley 對話是否正確，對話完畢播放生日快樂歌曲，滑鼠碰到機器人時變換造型、點擊滑鼠時機器人播放 Do～高音 Do。

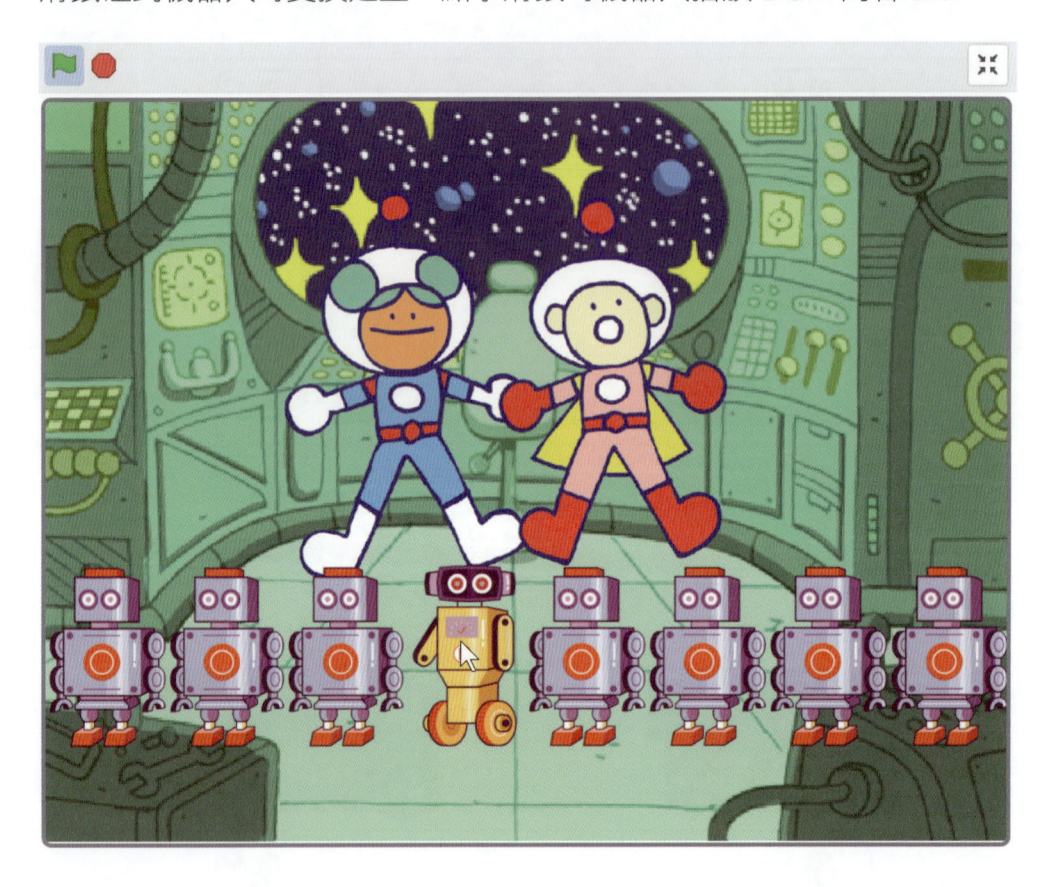

課後評量 6 Chapter

選擇題

_____ 1. `字串組合 apple banana` 左圖積木的執行結果為何？
   (A) a　(B) apple　(C) apple banana　(D) true。

_____ 2. 如果想設計彈奏音符「Do」，應使用下列哪一個積木？
   (A) `演奏速度改變 20`
   (B) `演奏休息 0.25 拍`
   (C) `演奏節拍 (1) 軍鼓 0.25 拍`
   (D) `演奏音階 60 0.25 拍`。

_____ 3. 如果想設計「滑鼠游標碰到角色貓咪就切換下一個造型」，應該使用下列哪一組程式？

   (A) 當角色被點擊 / 造型換成下一個
   (B) 當▶被點擊 / 如果 碰到 鼠標？那麼 / 造型換成下一個
   (C) 當▶被點擊 / 重複直到 碰到 鼠標？/ 造型換成下一個
   (D) 當▶被點擊 / 重複無限次 / 如果 碰到 鼠標？那麼 / 造型換成下一個。

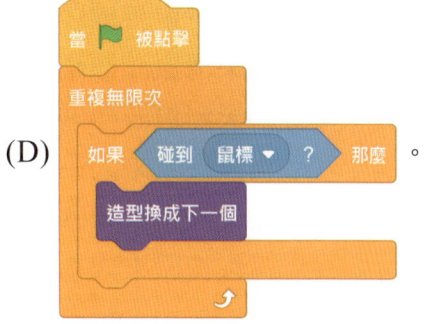

_____ 4. 圖(1) 積木敘述，何者正確？
   (A) 如果碰到滑鼠游標角色重複變小，如果沒碰到滑鼠游標角色重複變大
   (B) 如果碰到滑鼠游標角色重複變大，如果沒碰到滑鼠游標角色重複變小
   (C) 如果碰到滑鼠游標角色變大一次
   (D) 如果沒碰到滑鼠游標角色變小一次。

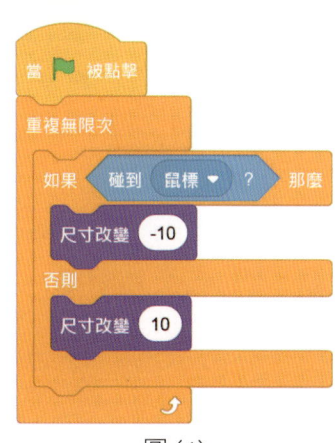

圖(1)

Chapter 6 課後評量

_____ 5. 如果想設計「角色貓咪重複切換下一個造型，直到碰到滑鼠游標才停止切換造型」，應該使用下列哪一組程式？

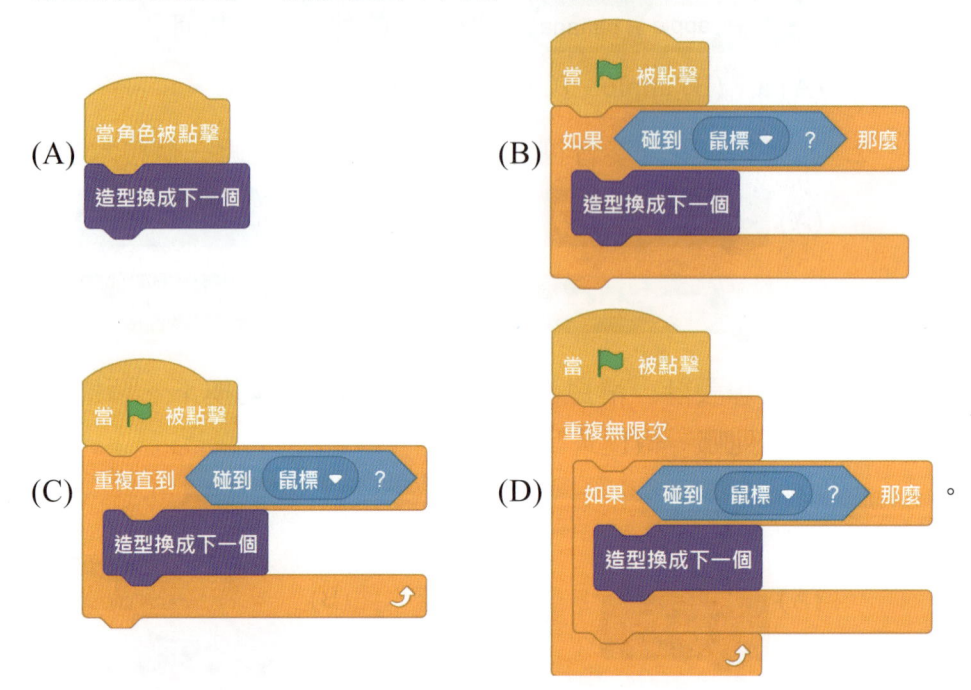

(A) 當角色被點擊／造型換成下一個

(B) 當🏁被點擊／如果 碰到 鼠標？ 那麼／造型換成下一個

(C) 當🏁被點擊／重複直到 碰到 鼠標？／造型換成下一個

(D) 當🏁被點擊／重複無限次／如果 碰到 鼠標？ 那麼／造型換成下一個

_____ 6. 圖(2) 程式積木的執行結果為何？
(A) 如果滑鼠游標碰到角色時，角色變小
(B) 如果滑鼠游標碰到角色時，角色大小設定為 10
(C) 如果滑鼠游標碰到角色時，角色變大，滑鼠游標離開角色時，再恢復原來大小
(D) 如果滑鼠游標碰到角色時，角色變小，滑鼠游標離開角色時，再恢復原來大小。

圖(2)

課後評量 6 Chapter

_____ 7. 圖 (3) 程式積木的執行結果為何？
   (A) 如果角色碰到滑鼠游標，
       角色變小 50%
   (B) 如果角色碰到滑鼠游標，
       角色變大 200%
   (C) 如果角色碰到滑鼠游標，
       角色不停重複變大
   (D) 如果角色沒有碰到滑鼠游
       標，角色不停重複變小。

圖 (3)

_____ 8. 圖 (4) 程式積木的執行結果為何？
   (A) 按下鍵盤的 a 鍵，角色說目前電
       腦的西元年（例如 2019）
   (B) 按下鍵盤的 a 鍵，角色說目前電
       腦的民國年（例如 108）
   (C) 按下鍵盤的 b 鍵，角色說：「月」
       字 2 秒
   (D) 按下綠旗角色說：「年（2019）、
       月（12）、日（31）」各 2 秒。

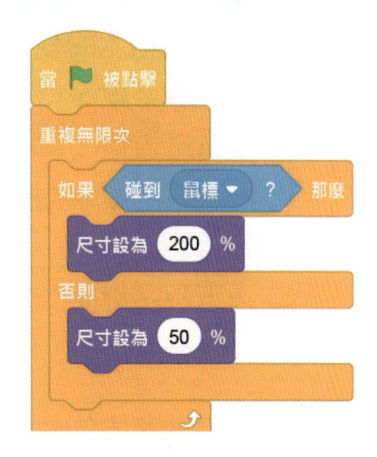

圖 (4)

_____ 9. 圖 (5) 程式積木的執行結果，何者
       「錯誤」？
   (A) 按↑增加音量
   (B) 按↓降低音量
   (C) 按 3 次↓，再按空白鍵，角色
       說：「130」
   (D) 按空白鍵查詢音量值。

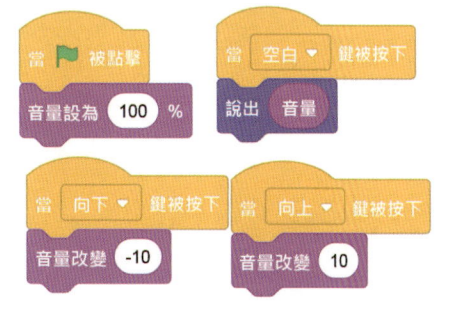

圖 (5)

Chapter 6 課後評量

_____ 10. 圖(6) 程式積木的執行結果為何？
（A）按下數字鍵 5，演奏的樂器設定為電吉他
（B）按下數字鍵 5，播放電吉他的音效
（C）按下數字鍵 5，自動演奏電吉他音符
（D）按下數字鍵 5，停止播放電吉他音效。

圖(6)

_____ 11. 圖(7) 程式積木的敘述，何者正確？
（A）演奏音階屬於重複結構
（B）演奏音階積木屬於音效類別積木
（C）當滑鼠游標在角色點一下時，播放音符 Do
（D）綠旗點一下時，播放音符 Do。

圖(7)

_____ 12. 圖(8) 積木敘述，何者「錯誤」？
（A）音階 60 為中音的 C（60）
（B）演奏音階 Do Re Mi
（C）按下空白鍵才開始執行程式
（D）按下空白鍵顯示 60, 62, 64。

圖(8)

Chapter 7

貓咪闖天關：動作與偵測

本章將利用 Scratch 動作與偵測，設計「貓咪闖天關」專題。Scratch 貓咪首要任務就是運用最短的時間通過各種障礙，營救 Scratch 貓咪二。

程式開始執行時，顯示「首頁」遊戲說明，按下任意鍵時切換背景「第一關」開始遊戲。

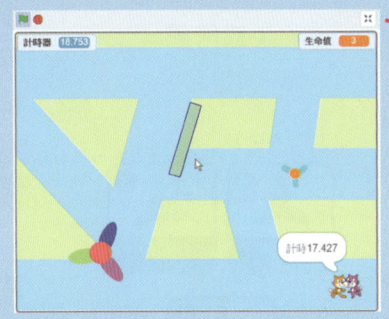

當按下鍵盤上、下、左、右鍵時，貓咪偵測淺藍色跟著鍵盤上、下、左、右移動，如果碰到檸檬綠色則是無法移動。

當貓咪碰到另一隻貓咪時，說遊戲計時秒數，切換「成功」的背景。

闖關過程，如果碰到「障礙」就扣生命值，如果生命值用完，切換「失敗」的背景。

學習目標

1. 利用鍵盤控制角色上、下、左、右移動。
2. 能夠設計角色面向上、下、左、右方向。
3. 能夠設計角色旋轉方式。
4. 能夠設計角色偵測顏色移動。
5. 能夠利用計時器計算遊戲時間。

7-1 貓咪闖天關腳本規劃

程式開始執行時，顯示「首頁」遊戲說明，按下任意鍵時切換背景「第一關」開始遊戲，當按下鍵盤上、下、左、右鍵時，貓咪偵測「淺藍色」跟著鍵盤上、下、左、右移動，如果碰到「檸檬綠色」邊緣則是無法移動。闖關過程，如果碰到「障礙」就扣生命值，如果生命值用完，切換「失敗」的背景。當貓咪碰到另一隻貓咪時，說遊戲計時秒數，切換「成功」的背景。

舞台	角色	動畫情境
首頁	全部角色	1. 點擊綠旗，所有角色隱藏。 2. 將背景設定為「首頁」背景。 3. 等待，直到按下任意鍵。 4. 將背景切換到「第一關」背景。
第一關	障礙 1、障礙 2、障礙 3	1. 當背景切換為「第一關」。 2. 障礙 1、障礙 2、障礙 3 角色顯示。 3. 重複旋轉。
第一關	貓咪一	1. 當背景切換為「第一關」。 2. 貓咪一顯示。 3. 當鍵盤按下「向上鍵」、「向下鍵」、「向左鍵」、「向右鍵」。 4. 貓咪一偵測「淺藍色」向上、向下、向左、向右移動。 5. 如果貓咪一碰到邊緣「檸檬綠色」無法移動。 6. 如果貓咪一碰到「障礙」扣「生命值」。
成功	貓咪二	1. 當貓咪一碰到貓咪二時。 2. 貓咪二說遊戲計時秒數。 3. 切換背景「成功」。

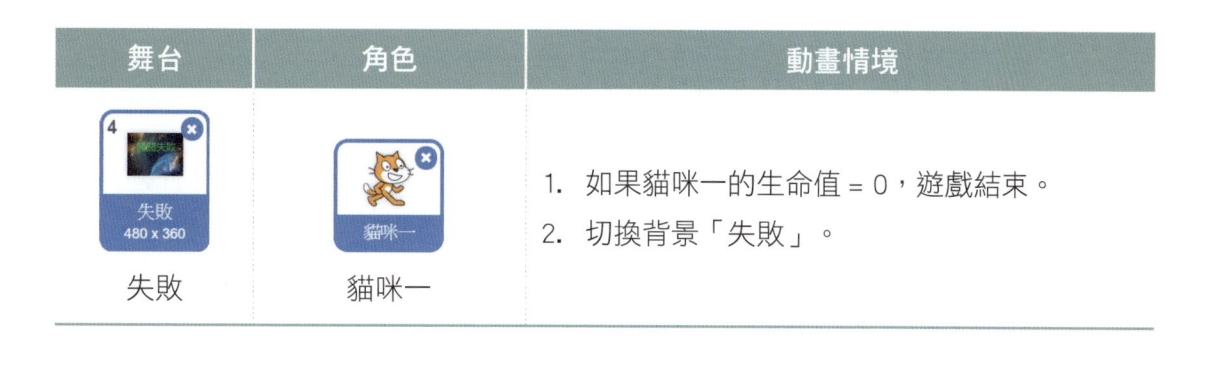

舞台	角色	動畫情境
失敗 480 x 360 失敗	貓咪一	1. 如果貓咪一的生命值 = 0，遊戲結束。 2. 切換背景「失敗」。

7-2 貓咪闖天關流程設計

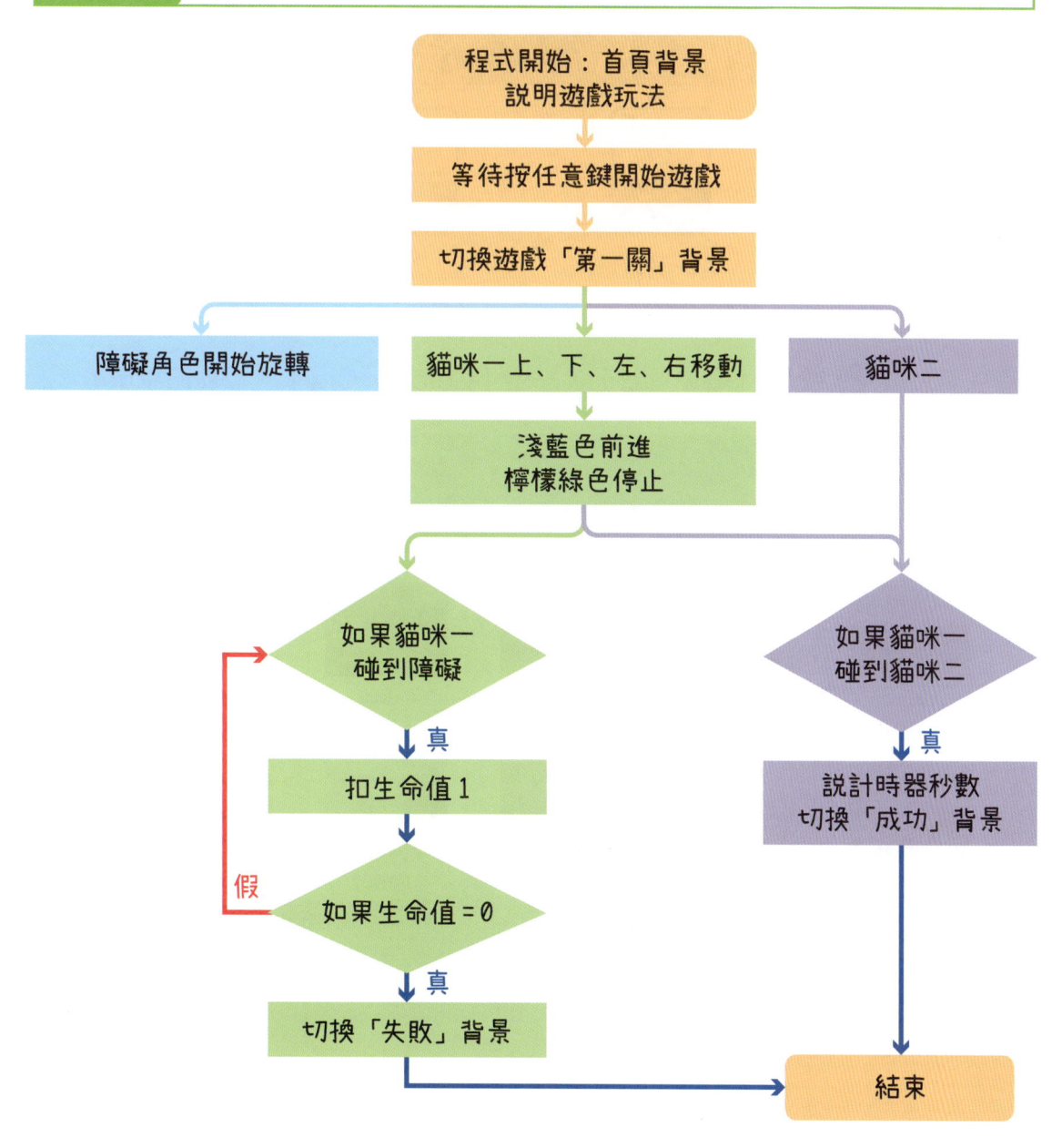

程式開始：首頁背景
說明遊戲玩法

↓

等待按任意鍵開始遊戲

↓

切換遊戲「第一關」背景

↓

- 障礙角色開始旋轉
- 貓咪一 上、下、左、右移動
- 貓咪二

↓

淺藍色前進
檸檬綠色停止

↓

如果貓咪一碰到障礙 → 真 → 扣生命值 1 → 如果生命值 = 0 → 真 → 切換「失敗」背景 → 結束
（假 回到 如果貓咪一碰到障礙）

如果貓咪一碰到貓咪二 → 真 → 說計時器秒數 切換「成功」背景 → 結束

7-3 切換背景與設定角色

程式開始執行時,顯示「首頁」遊戲說明、所有角色隱藏;按下任意鍵時切換背景「第一關」開始遊戲、所有角色顯示。

一 切換背景

◆ 新增 4 個背景

4 種背景切換方式如下:

點擊綠旗	開始玩遊戲	成功	失敗
首頁 481 x 361 首頁背景	第一關 505 x 367 第一關背景	成功 481 x 361 成功背景	失敗 480 x 360 失敗背景

❶ 在舞台按 🖼 或 🔍【選個背景】,點選【Colorful City】(繽紛的城市)。

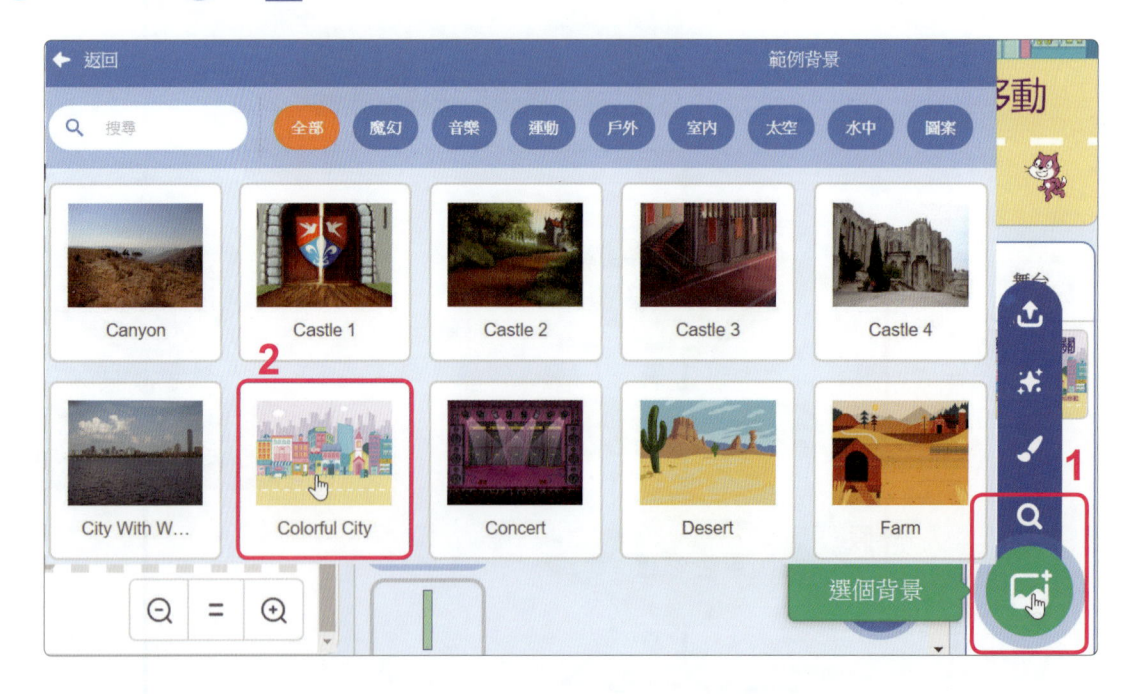

❷ 按 ✏️背景，將背景名稱改為【首頁】。

❸ 按 T，選擇【填滿顏色】與【中文】字型，輸入【貓咪闖天關】與操作說明【按向上、向下、向左、向右箭頭移動】、【按任何鍵開始闖天關】。

❹ 按 🖌【繪畫】，新增第二個背景，輸入【第一關】。

❺ 按 ▢【方形】，選擇【填滿顏色】，畫雙色貓咪前進的地圖。

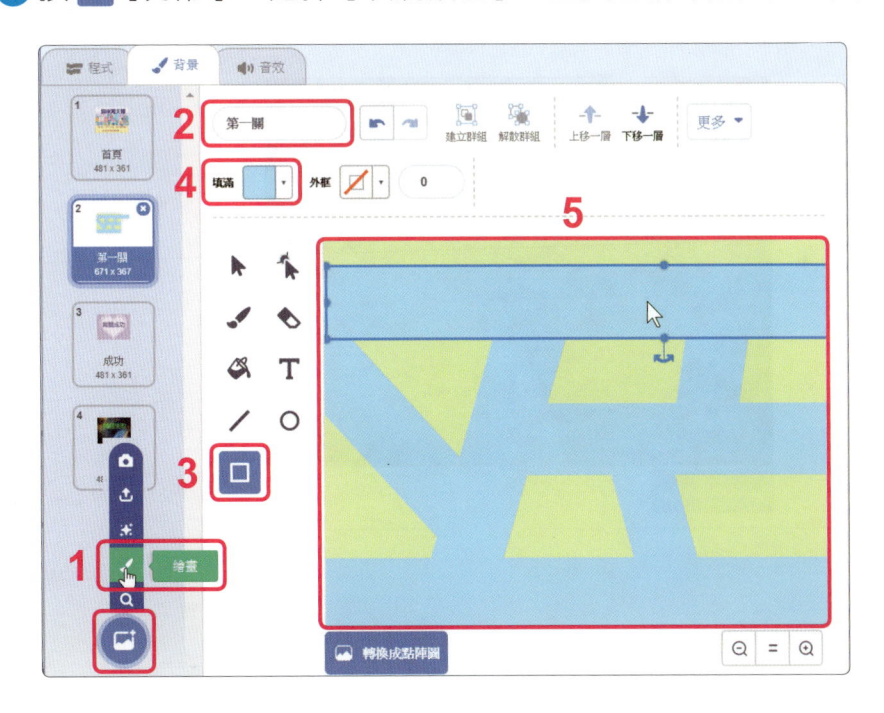

❻ 重複步驟 ❶～❺，新增「成功」的背景。

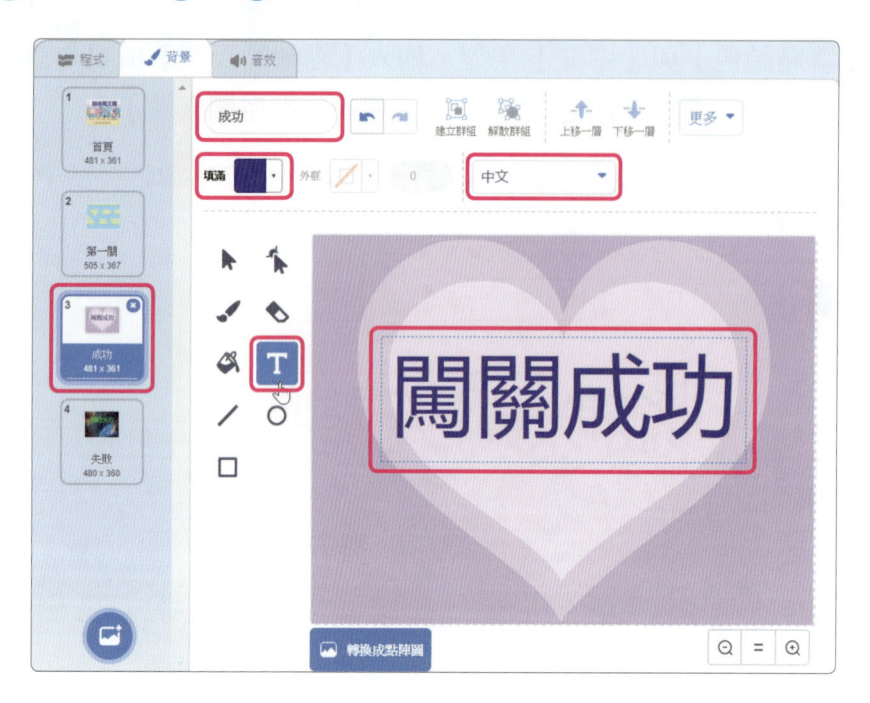

❼ 重複步驟 ❶～❺，新增「失敗」的背景。

7-3 切換背景與設定角色

◆ 程式設計「設定背景」

① 按 `程式`，點選 `事件`，拖曳 `當 ▶ 被點擊`。

② 按 `外觀`，拖曳 `背景換成 首頁▼`。

③ 按 `控制`，拖曳 `等待直到 ◇`。

④ 按 `偵測`，拖曳 `空白▼ 鍵被按下?`，點選【任何】。

⑤ 再拖曳 `背景換成 首頁▼`，點選【第一關】。

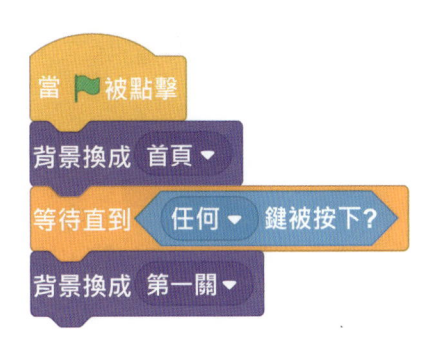

```
當 ▶ 被點擊
背景換成 首頁▼
等待直到 ＜任何▼ 鍵被按下?＞
背景換成 第一關▼
```

◆ 點擊 ▶ 執行結果

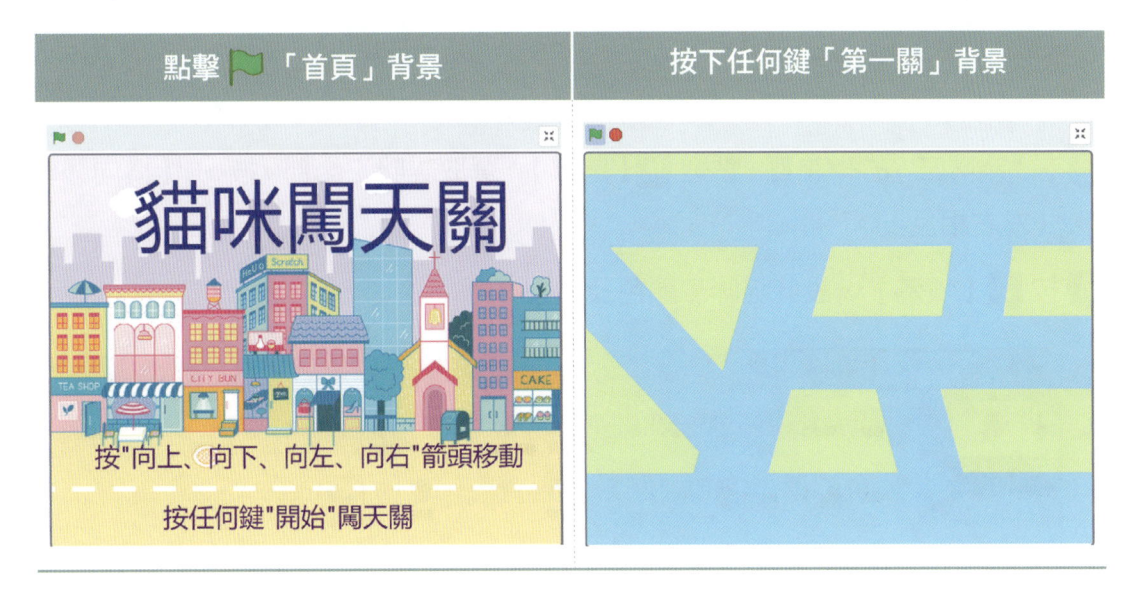

點擊 ▶「首頁」背景	按下任何鍵「第一關」背景

二 角色設定

程式開始時，所有角色隱藏、開始玩遊戲時角色再顯示。

點擊綠旗	開始玩遊戲 ── 第一關背景
所有角色隱藏。	所有角色顯示。

◆新增角色

新增貓咪一、貓咪二、障礙 1、障礙 2 與障礙 3，五個角色。

① 點選角色 1 ，輸入【貓咪一】。

② 在「貓咪一」按右鍵，複製「貓咪二」角色。

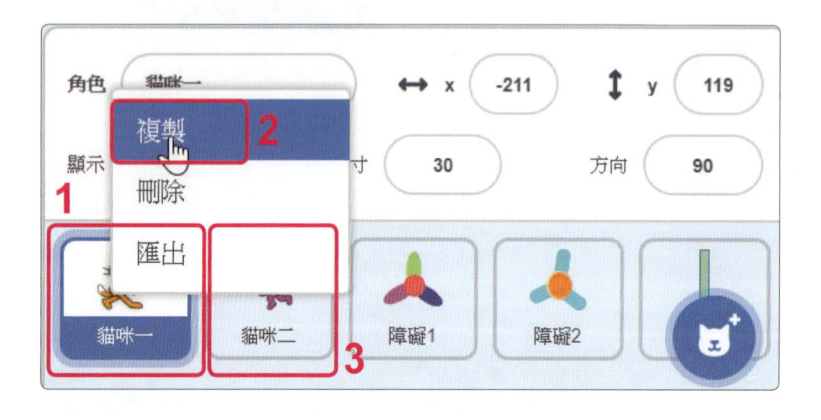

③ 在「貓咪二」的【造型】，點選【選取】，選取貓咪二全部，按【橫向翻轉】（左右相反）。

④ 按【填滿】，設計貓咪二顏色及造型。

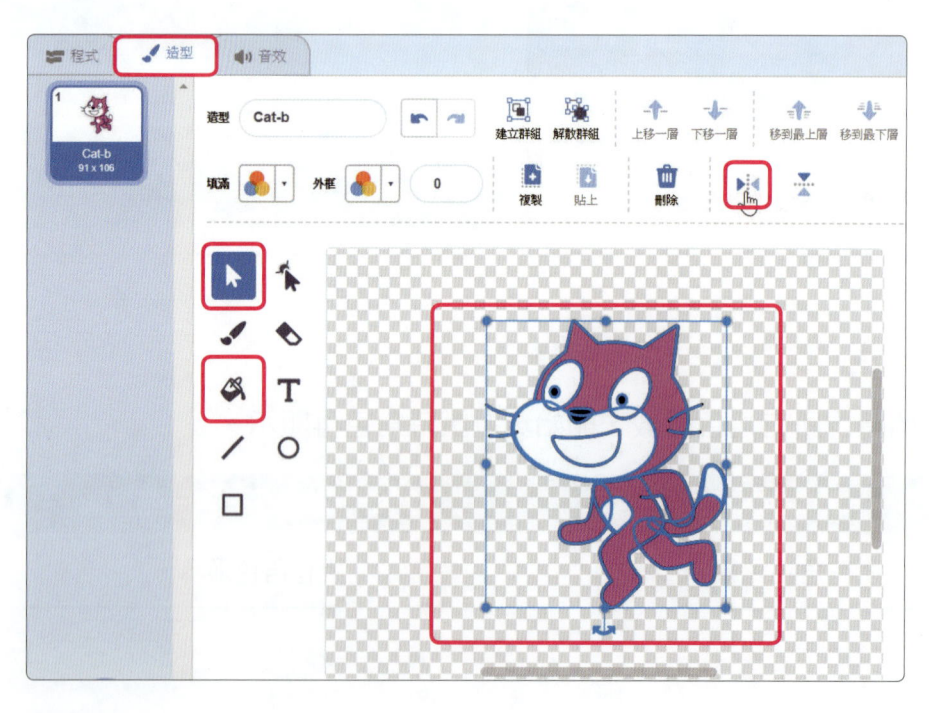

5 在選個角色，按 🖌【繪畫】。

6 在角色造型，按 ◯【畫圓】，再按 ▶【選取】，拖曳橢圓形，再傾斜。

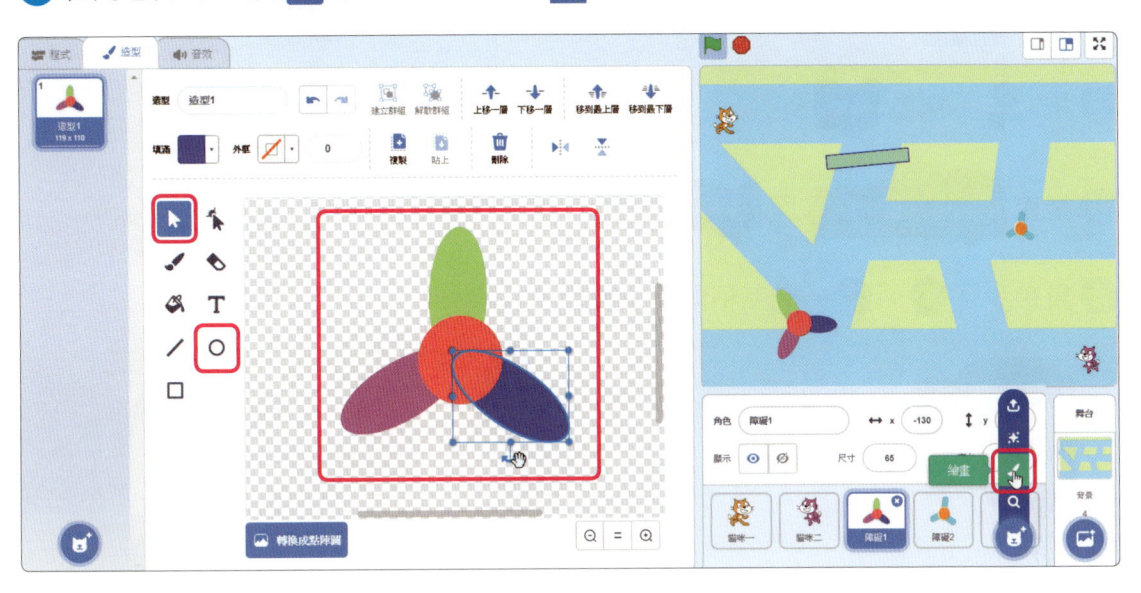

〈操作說明〉

繪圖時以 ⊕ 為角色的造型中心。

7 重複步驟 **5**～**6**，新增【障礙 2】與【障礙 3】角色。

8 調整角色名稱、尺寸與舞台的位置。

◆設計「角色顯示或隱藏」程式

① 點選 【貓咪一】，按 程式，點選 事件，拖曳 當▶被點擊。

② 按 外觀，拖曳 隱藏。

③ 拖曳 當背景換成 第一關▼ 與 顯示。

④ 重複步驟 ①～③，拖曳相同積木到所有角色。

```
當▶被點擊
隱藏
```

```
當背景換成 第一關▼
顯示
```

◆點擊 ▶ 執行結果

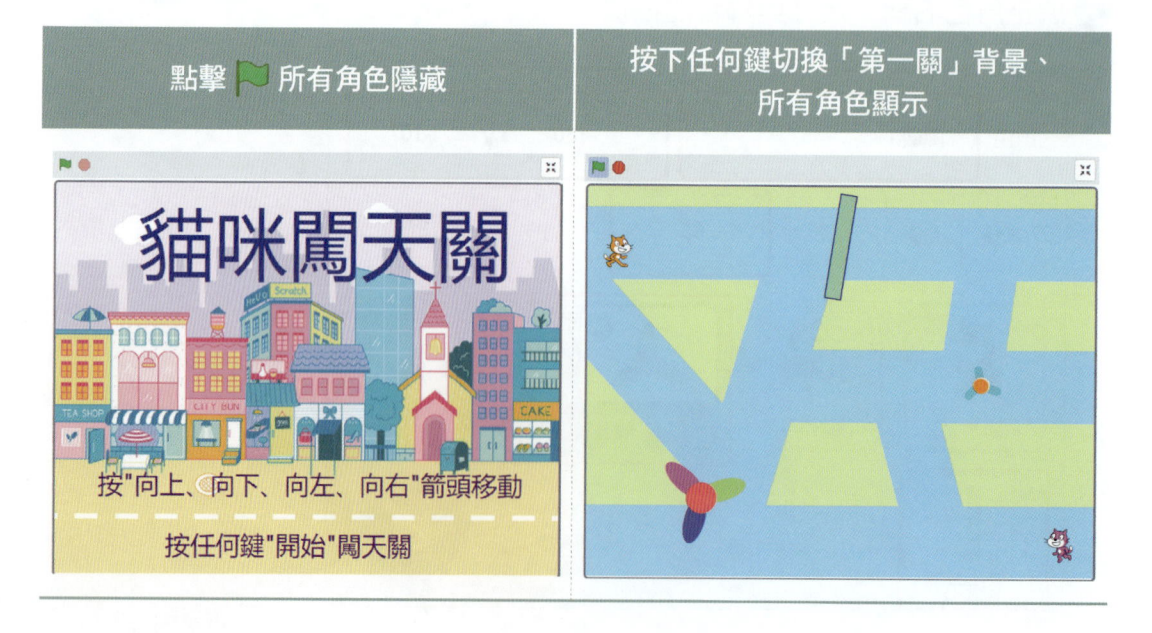

| 點擊 ▶ 所有角色隱藏 | 按下任何鍵切換「第一關」背景、所有角色顯示 |

7-4 角色重複旋轉－動作

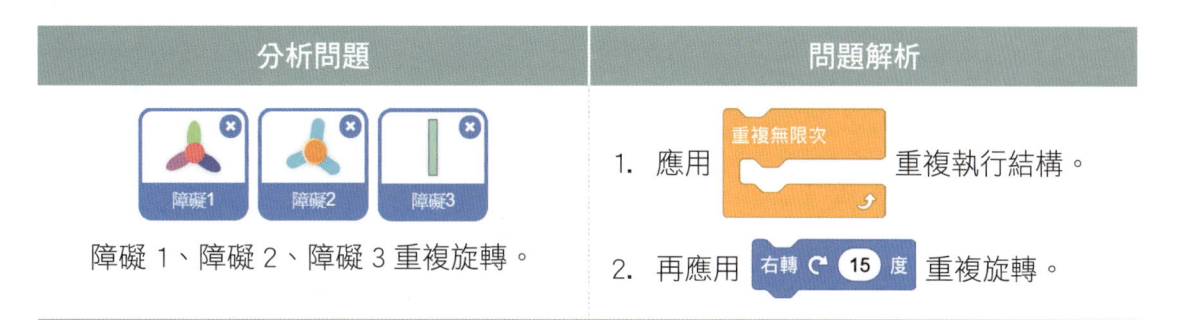

一 角色重複旋轉

分析問題	問題解析
障礙1、障礙2、障礙3 重複旋轉。	1. 應用 `重複無限次` 重複執行結構。 2. 再應用 `右轉 C 15 度` 重複旋轉。

二 設計「角色重複旋轉」程式

① 點選 【障礙 1】，拖曳 `重複無限次` 與 `右轉 C 15 度` 到 `顯示` 下方，輸入【1】。

② 重複步驟 ①，拖曳相同積木到障礙 2 與障礙 3。

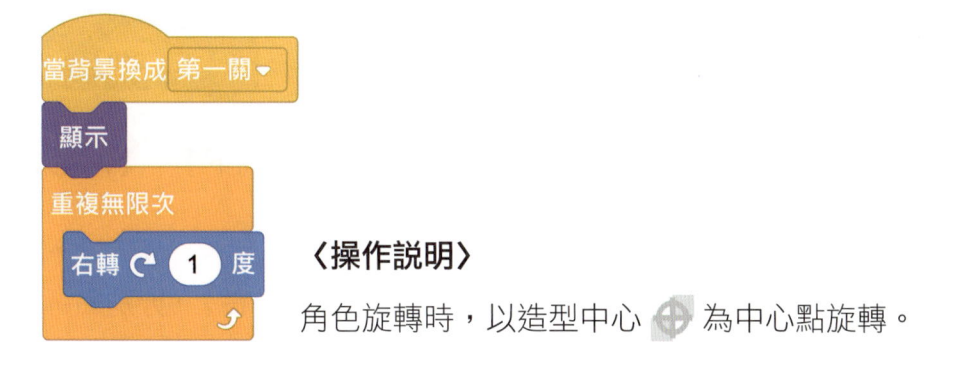

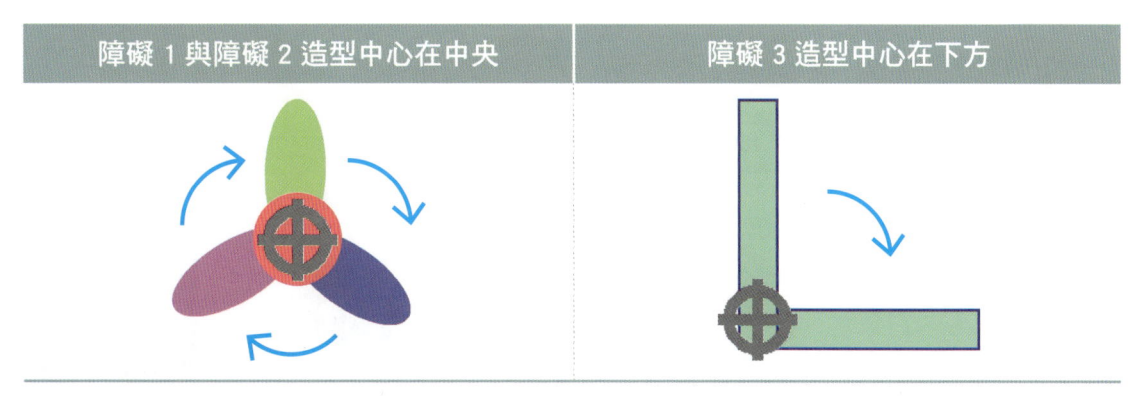

```
當背景換成 第一關▼
顯示
重複無限次
    右轉 C 1 度
```

〈操作說明〉

角色旋轉時，以造型中心 ⊕ 為中心點旋轉。

障礙 1 與障礙 2 造型中心在中央	障礙 3 造型中心在下方

7-5 鍵盤控制角色移動－動作

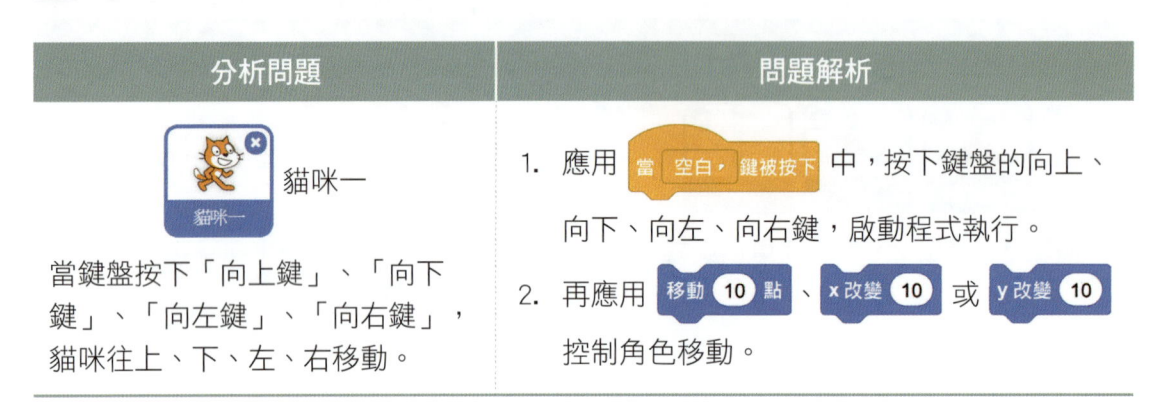

一 鍵盤控制角色移動

分析問題	問題解析
貓咪一 當鍵盤按下「向上鍵」、「向下鍵」、「向左鍵」、「向右鍵」，貓咪往上、下、左、右移動。	1. 應用 `當 空白 鍵被按下` 中，按下鍵盤的向上、向下、向左、向右鍵，啟動程式執行。 2. 再應用 `移動 10 點`、`x 改變 10` 或 `y 改變 10` 控制角色移動。

二 設計「鍵盤控制角色移動」程式

① 點選【貓咪一】，按 `動作`，拖曳 `迴轉方式設為 左-右` 與 `定位到 x: -210 y: 120` 到 `當 ▶ 被點擊` 下方，設定角色定位、左右迴轉，避免倒立。

```
當 ▶ 被點擊
隱藏
迴轉方式設為 左-右
定位到 x: -210 y: 120
```

② 按 `事件`，拖曳 4 個 `當 空白 鍵被按下`，分別點選【向上】、【向下】、【向左】、【向右】。

③ 拖曳 4 個 `面朝 90 度`，在【向上】、【向下】、【向左】、【向右】，分別點選【0度】、【180度】、【-90度】、【90度】。

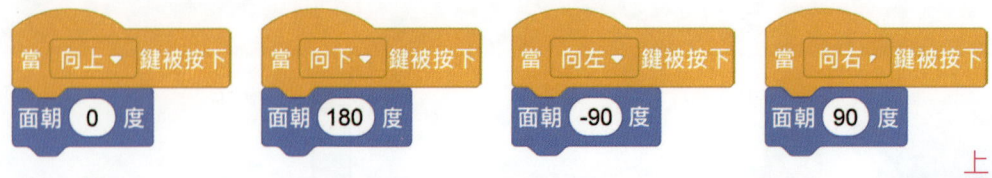

```
當 向上 鍵被按下      當 向下 鍵被按下      當 向左 鍵被按下      當 向右 鍵被按下
面朝 0 度             面朝 180 度           面朝 -90 度           面朝 90 度
```

④ 點擊 ▶，再按任何鍵開始遊戲時，按下鍵盤的 ↑、↓、←、→鍵，檢查貓咪一，是否面朝左右，不會倒立。

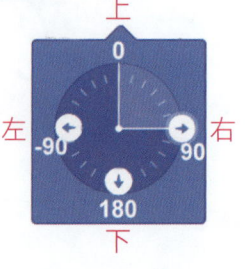

上 0 / 左 -90 / 右 90 / 下 180

❺ 按 控制，拖曳 4 個 如果 那麼 。

❻ 按 動作，拖曳 2 個 x改變 10 到向左與向右，在向左輸入【–10】。

❼ 拖曳 2 個 y改變 10 到向上與向下，在「向下」輸入【–10】。

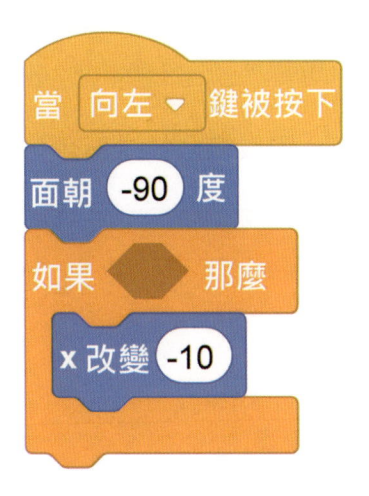

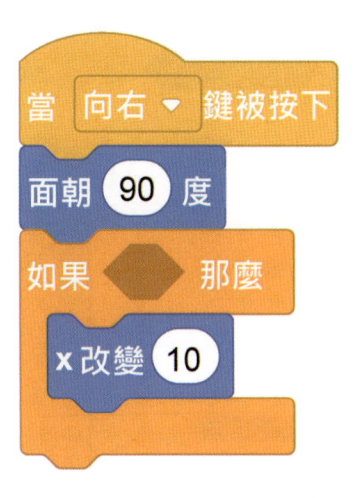

```
當 向上 鍵被按下
面朝 0 度
如果     那麼
  y改變 10
```

```
當 向下 鍵被按下
面朝 180 度
如果     那麼
  y改變 -10
```

```
當 向左 鍵被按下
面朝 -90 度
如果     那麼
  x改變 -10
```

```
當 向右 鍵被按下
面朝 90 度
如果     那麼
  x改變 10
```

〈操作說明〉

1. x,y 改變的參數愈大 15、20 或 25，移動距離愈遠，速度快；參數愈小速度愈慢。

2. x,y 改變正數與負數代表角色移動的方向。

7-6 角色偵測顏色移動－偵測

一 角色偵測顏色移動

分析問題	問題解析
貓咪一 1. 貓咪一偵測「淺藍色」向上、向下、向左、向右移動。 2. 如果貓咪一碰到邊緣「檸檬綠色」無法移動。	1. 應用 碰到顏色 ? 偵測顏色向上、向下、向左、向右移動。 2. 如果移動之後，偵測碰到「檸檬綠色」，退回移動的點數。

二 設計「角色偵測顏色移動」程式

❶ 按 偵測，拖曳 4 個 碰到顏色 ? 到 如果 的「條件」位置。

❷ 點選 【選取顏色】，在舞台的「淺藍色」點一下，選取舞台的淺藍色。

❸ 在 如果，按右鍵複製積木，偵測【檸檬綠色】、再將 y 改變 10，改為【-10】，退回原來的淺藍色。

❹ 重複步驟 ❶ ～ ❸，拖曳「向下」、「向左」、「向右」積木，如下圖。

❺ 點擊 🚩，再按任何鍵開始遊戲時，按下鍵盤的↑、↓、←、→鍵，檢查貓咪一，是否淺藍色前進，碰到檸檬綠色無法前進。

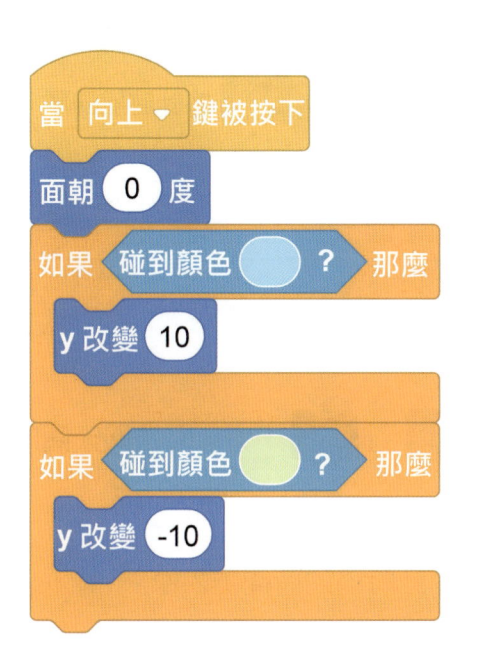

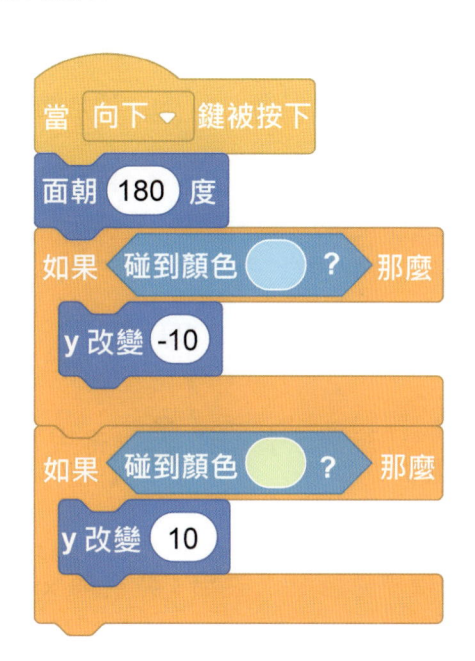

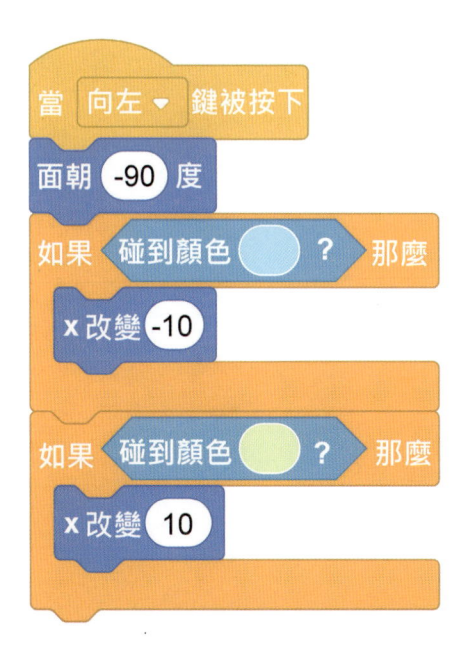

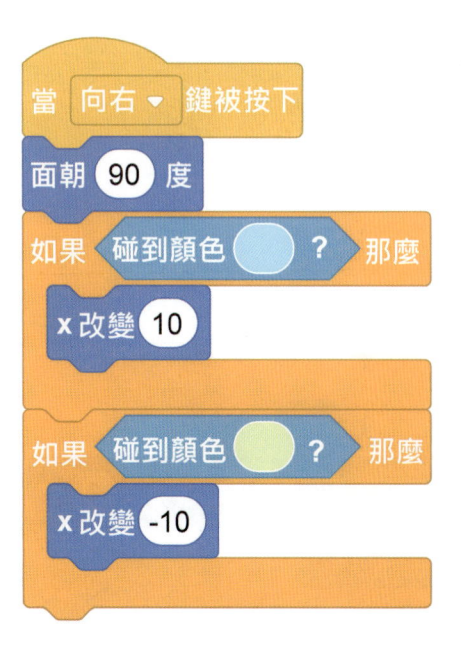

```
當 向上 鍵被按下
面朝 0 度
如果 碰到顏色 (淺藍) ? 那麼
    y 改變 10
如果 碰到顏色 (檸檬綠) ? 那麼
    y 改變 -10
```

```
當 向下 鍵被按下
面朝 180 度
如果 碰到顏色 (淺藍) ? 那麼
    y 改變 -10
如果 碰到顏色 (檸檬綠) ? 那麼
    y 改變 10
```

```
當 向左 鍵被按下
面朝 -90 度
如果 碰到顏色 (淺藍) ? 那麼
    x 改變 -10
如果 碰到顏色 (檸檬綠) ? 那麼
    x 改變 10
```

```
當 向右 鍵被按下
面朝 90 度
如果 碰到顏色 (淺藍) ? 那麼
    x 改變 10
如果 碰到顏色 (檸檬綠) ? 那麼
    x 改變 -10
```

7-7 闖關成功與失敗

一 闖關成功

當貓咪一碰到貓咪二時,貓咪二說遊戲計時器的時間,切換背景「成功」。

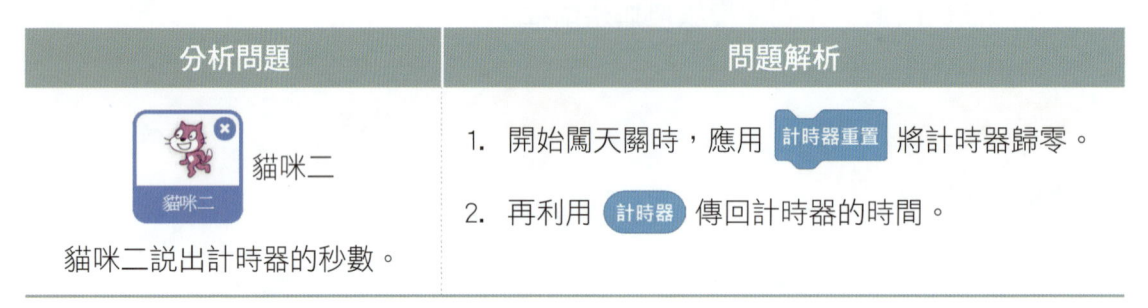

分析問題	問題解析
[貓咪二] 貓咪二說出計時器的秒數。	1. 開始闖天關時,應用 [計時器重置] 將計時器歸零。 2. 再利用 [計時器] 傳回計時器的時間。

二 設計「闖關成功」程式

① 點選 [貓咪二]【貓咪二】,按 [偵測],拖曳 [計時器重置] 到 [顯示] 下方。開始闖天關時,將計時器歸零。

② 拖曳下圖積木讓貓咪二說出:「計時 xxx」(計時器的時間) 2 秒。

③ 拖曳 [背景換成 首頁▼],點選【成功】。

④ 拖曳 [停止 全部▼]。

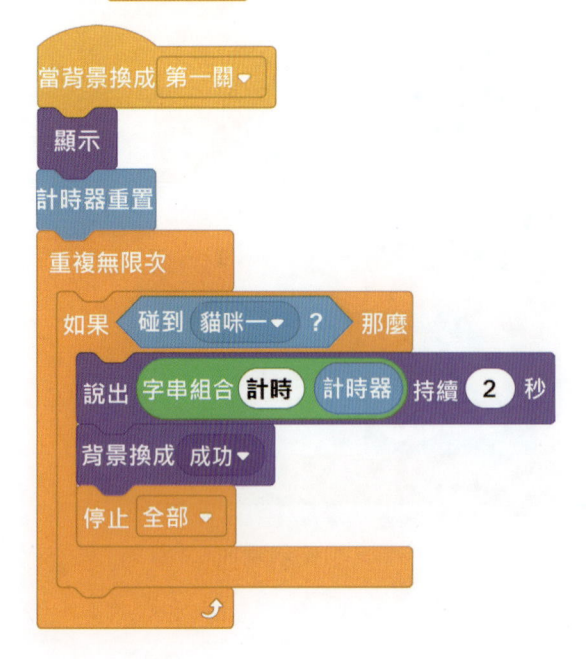

```
當背景換成 第一關▼
顯示
計時器重置
重複無限次
    如果 <碰到 貓咪一▼ ?> 那麼
        說出 字串組合 計時 計時器 持續 2 秒
        背景換成 成功▼
        停止 全部▼
```

5. 點擊 🚩，再按任何鍵開始遊戲時，檢查闖關成功是否説計時器的時間，並切換背景。

三 闖關失敗

如果貓咪一碰到「障礙」，扣生命值 1。如果貓咪的生命值＝0，遊戲結束、切換背景「失敗」。

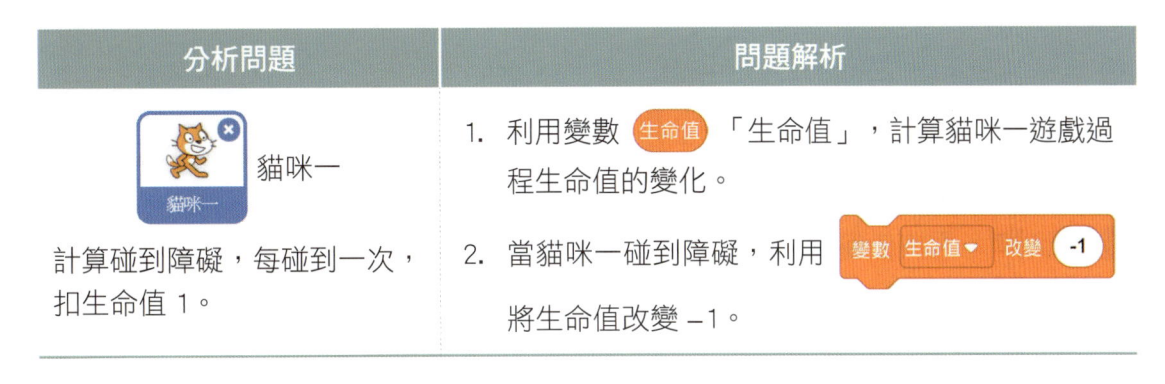

分析問題	問題解析
貓咪一 計算碰到障礙，每碰到一次，扣生命值 1。	1. 利用變數 生命值 「生命值」，計算貓咪一遊戲過程生命值的變化。 2. 當貓咪一碰到障礙，利用 變數 生命值▼ 改變 -1 將生命值改變 –1。

四 設計「闖關失敗」程式

① 按 變數，建立一個變數，輸入【生命值】。

② 拖曳 `變數 生命值▼ 設為 0` 設定生命值，輸入【3】。

③ 拖曳 `重複無限次` 與 `如果 那麼`。

④ 按 偵測，拖曳 `碰到 鼠標▼ ?`，點選【障礙 1】。

⑤ 拖曳 `變數 生命值▼ 改變 1`，輸入【-1】，到 如果 內層。

⑥ 拖曳 `等待 1 秒`，等待 1 秒改變 1 個生命值。

⑦ 重複上述步驟，複製 3 個「如果」與「生命值 = 0」切換背景「失敗」，並停止程式執行，如右圖積木。

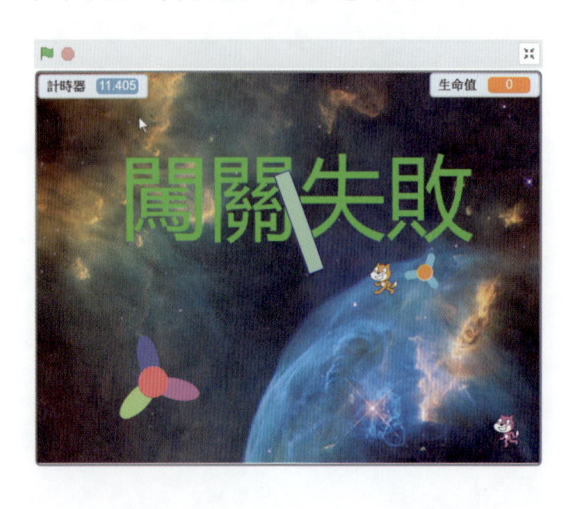

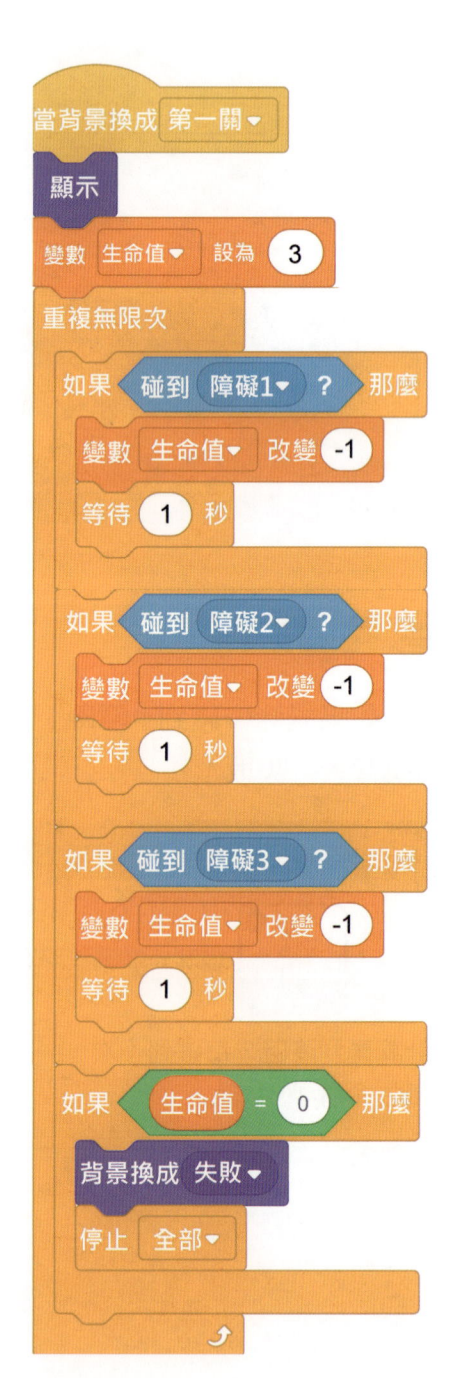

⑧ 點擊 ▶，再按任何鍵開始遊戲時，檢查闖關失敗是否切換「失敗」背景。

課後評量　7 Chapter

選擇題

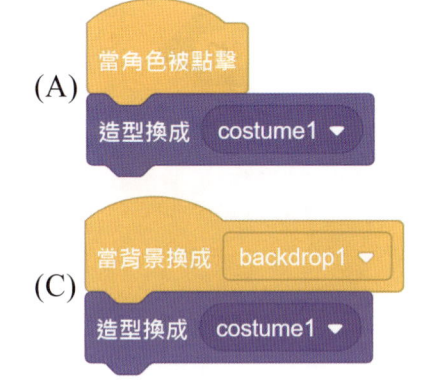

_____ 1. 如果想要設計「切換背景」時，啟動角色將造型切換為 costume1，應該使用下列哪一個積木？

(A) 當角色被點擊 / 造型換成 costume1
(B) 當 ▶ 被點擊 / 造型換成 costume1
(C) 當背景換成 backdrop1 / 造型換成 costume1
(D) 當 聲音響度 > 10 / 造型換成 costume1

_____ 2. 圖(1) 積木敘述，何者「錯誤」？
(A) 角色面向左移動 10 點
(B) 角色會 360 度旋轉
(C) 按下鍵盤 ← 箭頭，角色才移動
(D) 屬於循序結構。

圖(1)：當 向左 鍵被按下 / 迴轉方式設為 左-右 / 面朝 -90 度 / 移動 10 點

_____ 3. 如果想設計角色偵測是否「碰到顏色」，應該使用下列哪一個積木？
(A) 鼠標的x
(B) 碰到 鼠標 ?
(C) 滑鼠鍵被按下?
(D) 碰到顏色 ● ?。

_____ 4. 如果程式想加入「計時」的功能，應該使用下列哪一個積木讓計時器從 0 開始計時？
(A) 計時器
(B) 目前時間的 年
(C) 2000年迄今日數
(D) 計時器重置。

_____ 5. 如果程式需要取得目前計時器的時間，應該使用下列哪一個積木？
(A) 計時器
(B) 目前時間的 年
(C) 2000年迄今日數
(D) 計時器重置。

Chapter 7 課後評量

_____ 6. 下列哪一個程式積木能夠判斷角色是否超過舞台的高度範圍？

(A) 當 ▶ 被點擊 / 重複無限次 / 如果 X座標 < -240 或 X座標 > 240 那麼 / 說出 超過舞台範圍 持續 2 秒

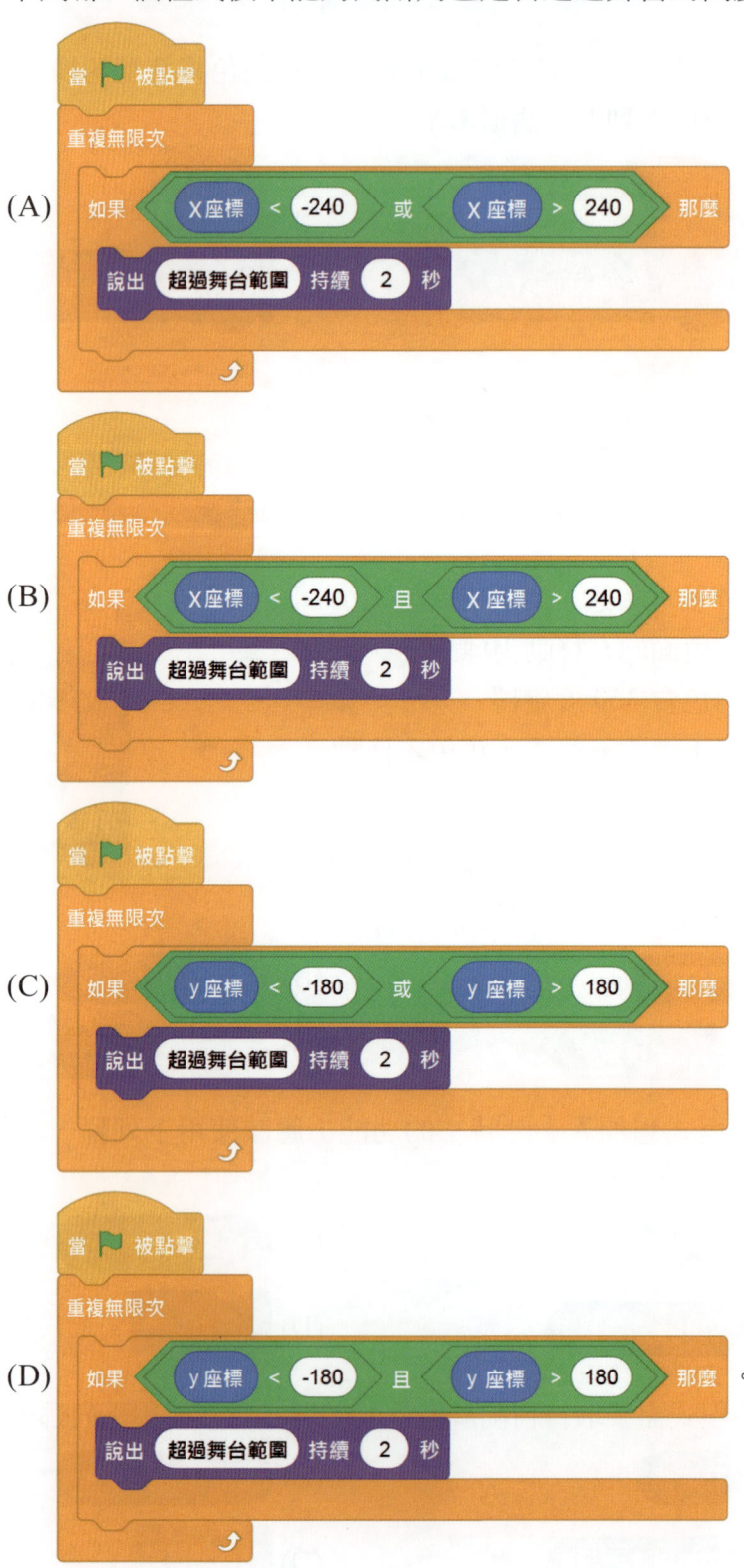

(B) 當 ▶ 被點擊 / 重複無限次 / 如果 X座標 < -240 且 X座標 > 240 那麼 / 說出 超過舞台範圍 持續 2 秒

(C) 當 ▶ 被點擊 / 重複無限次 / 如果 y座標 < -180 或 y座標 > 180 那麼 / 說出 超過舞台範圍 持續 2 秒

(D) 當 ▶ 被點擊 / 重複無限次 / 如果 y座標 < -180 且 y座標 > 180 那麼 / 說出 超過舞台範圍 持續 2 秒。

_____ 7. 下列哪一個程式積木能夠判斷角色是否超過舞台的寬度範圍？

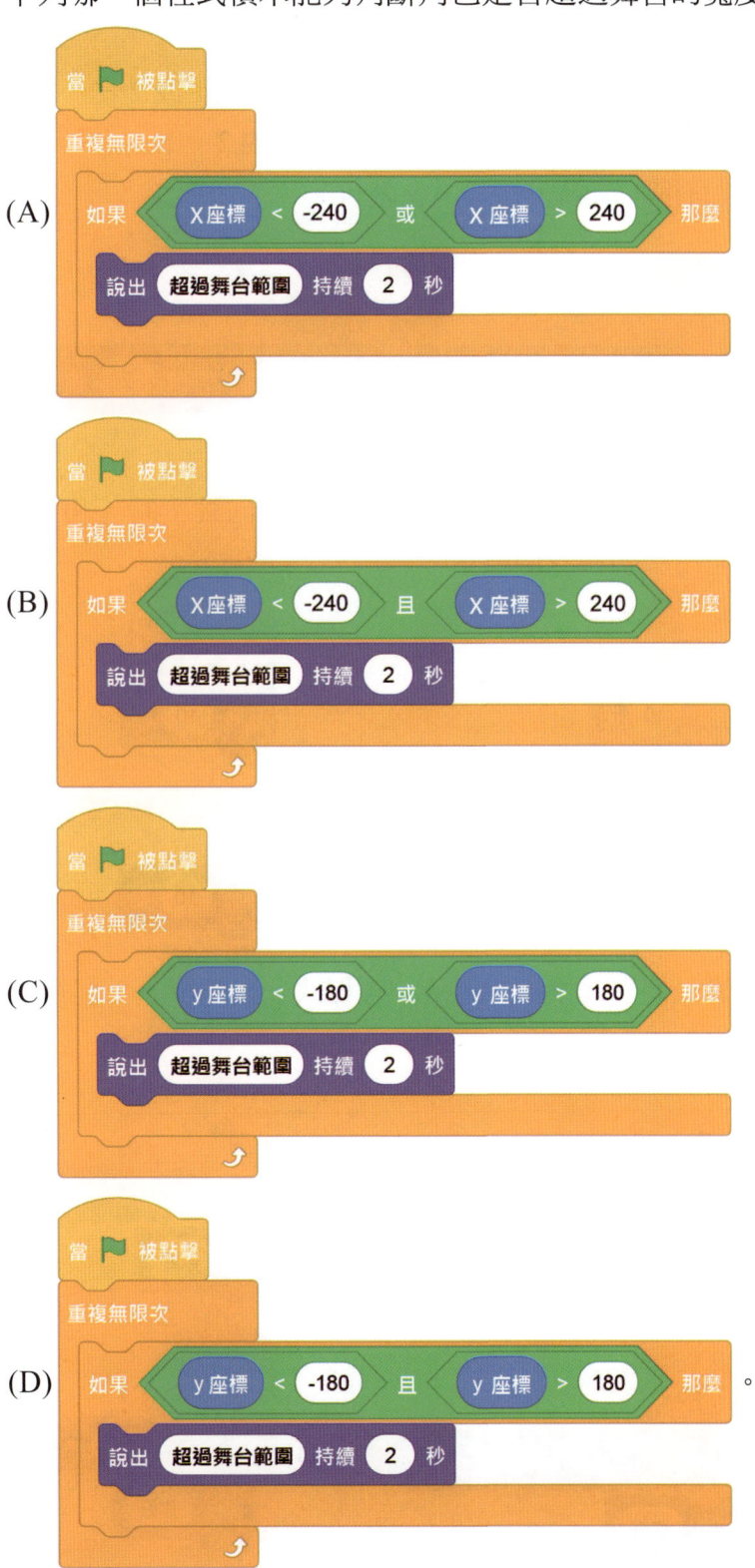

(A) 當 ▶ 被點擊／重複無限次／如果 X座標 < -240 或 X座標 > 240 那麼／說出 超過舞台範圍 持續 2 秒

(B) 當 ▶ 被點擊／重複無限次／如果 X座標 < -240 且 X座標 > 240 那麼／說出 超過舞台範圍 持續 2 秒

(C) 當 ▶ 被點擊／重複無限次／如果 y座標 < -180 或 y座標 > 180 那麼／說出 超過舞台範圍 持續 2 秒

(D) 當 ▶ 被點擊／重複無限次／如果 y座標 < -180 且 y座標 > 180 那麼／說出 超過舞台範圍 持續 2 秒。

Chapter 7 課後評量

_____ 8. 圖(2) 程式積木的敘述，何者「錯誤」？
(A) 按下綠旗，角色詢問「請輸入 1 或 2」
(B) 按往下箭頭，角色說：使用者輸入的「1 或 2」
(C) 按往上箭頭，角色詢問「請輸入 1 或 2」
(D) 沒有按下箭頭，程式不會執行。

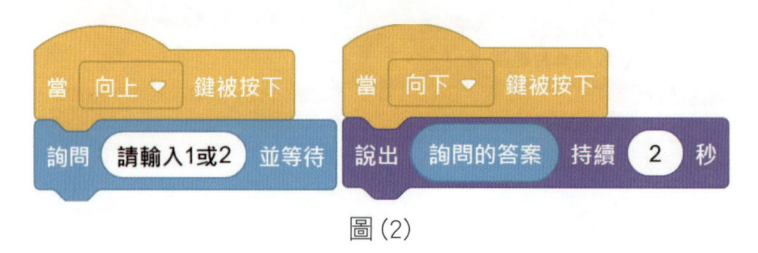

圖(2)

_____ 9. 如果想設計「按下鍵盤按鍵 a～z 或方向鍵」時，角色移動 10 點，應該使用下列哪一個積木？

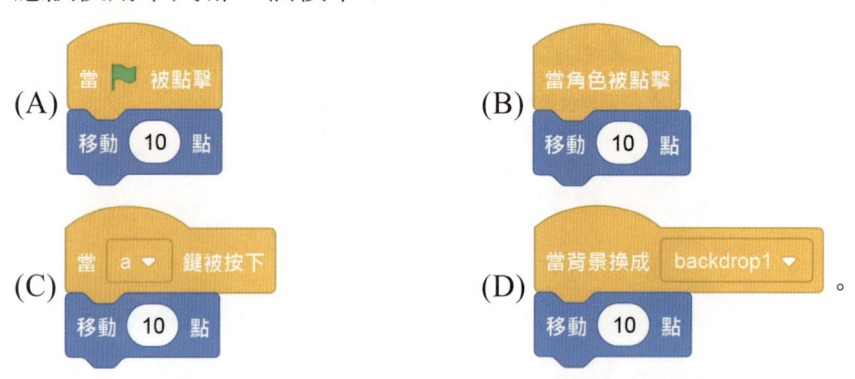

_____ 10. 下列哪一個程式積木「無法」讓程式一直等待，「直到按下空白鍵」才說出：「你好」？

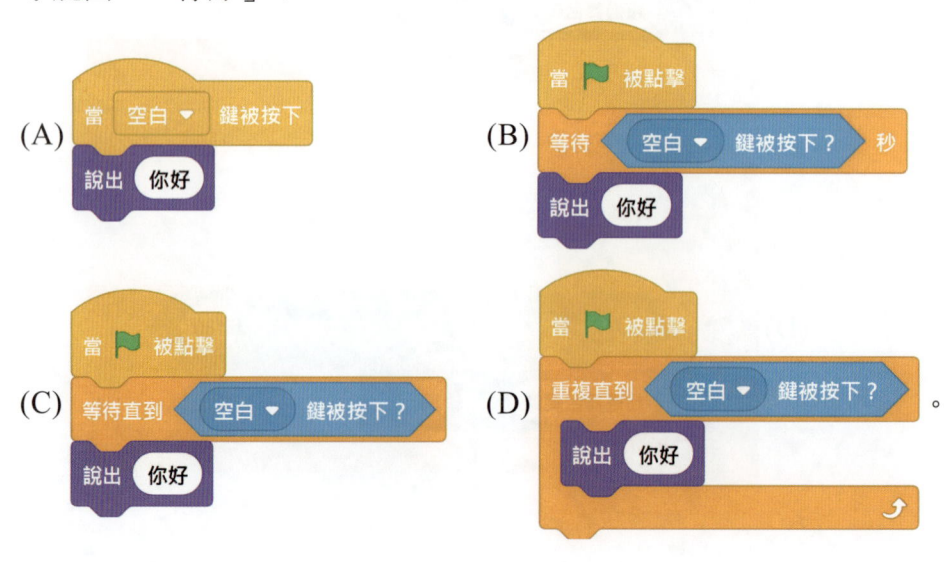

課後評量　7 Chapter

_____11. 如果想設計「按下鍵盤↓按鍵」角色往下移動，應該使用下列哪一組積木？

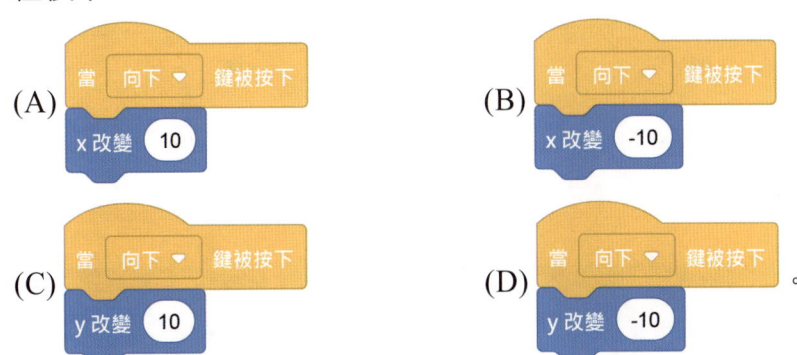

(A) 當 向下 鍵被按下 / x 改變 10

(B) 當 向下 鍵被按下 / x 改變 -10

(C) 當 向下 鍵被按下 / y 改變 10

(D) 當 向下 鍵被按下 / y 改變 -10。

_____12. 如果想讓角色依序說出 1，2，3，…，10，應該使用下列哪一組程式？

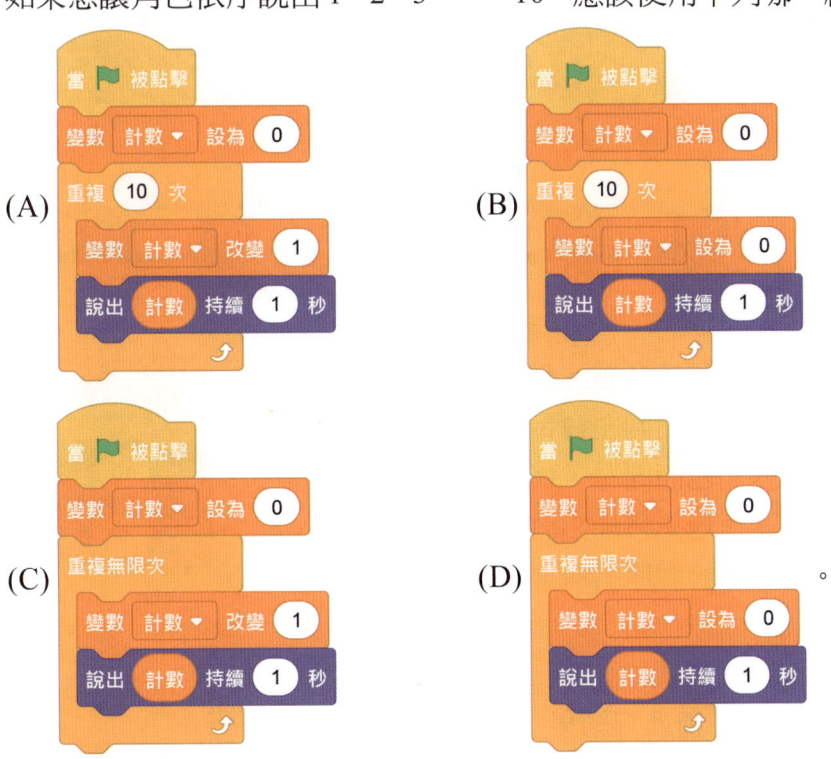

(A) 當 ▶ 被點擊 / 變數 計數 設為 0 / 重複 10 次 / 變數 計數 改變 1 / 說出 計數 持續 1 秒

(B) 當 ▶ 被點擊 / 變數 計數 設為 0 / 重複 10 次 / 變數 計數 設為 0 / 說出 計數 持續 1 秒

(C) 當 ▶ 被點擊 / 變數 計數 設為 0 / 重複無限次 / 變數 計數 改變 1 / 說出 計數 持續 1 秒

(D) 當 ▶ 被點擊 / 變數 計數 設為 0 / 重複無限次 / 變數 計數 設為 0 / 說出 計數 持續 1 秒。

_____ 13. 如果想讓角色依序說出 1，2，3，…，重複無限次，應該使用下列哪一組程式？

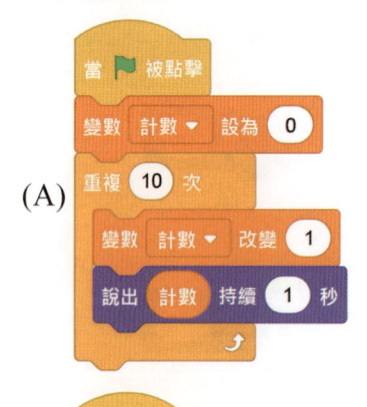

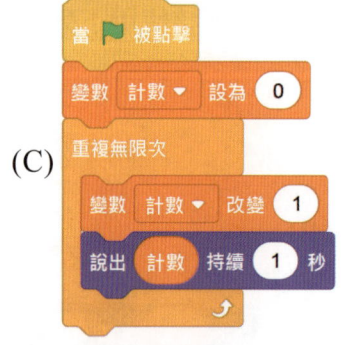

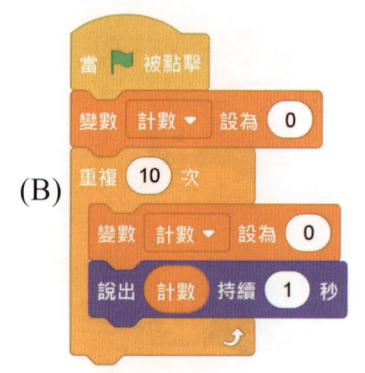

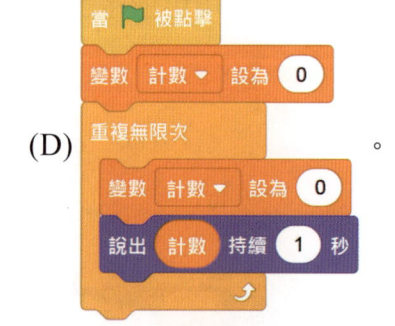

(A) 當▶被點擊／變數 計數 設為 0／重複 10 次／變數 計數 改變 1／說出 計數 持續 1 秒

(B) 當▶被點擊／變數 計數 設為 0／重複 10 次／變數 計數 設為 0／說出 計數 持續 1 秒

(C) 當▶被點擊／變數 計數 設為 0／重複無限次／變數 計數 改變 1／說出 計數 持續 1 秒

(D) 當▶被點擊／變數 計數 設為 0／重複無限次／變數 計數 設為 0／說出 計數 持續 1 秒

_____ 14. 圖(3) 積木敘述，何者「錯誤」？
(A) 角色面向左會倒立
(B) 角色面向左，移動 10 點
(C) 角色先移動 10 點，再面向左
(D) 屬於循序結構。

圖(3)

_____ 15. 圖(4) 程式中如果「a=3，b=4」，角色會說出何種執行結果？
(A) a 大
(B) b 大
(C) 一樣大
(D) 沒有說任何結果。

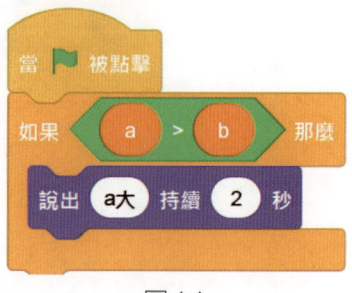

圖(4)

課後評量　7 Chapter

_____ 16. 圖 (5) 程式中，角色會說出何種程式執行結果？
　　(A) 剪刀
　　(B) 石頭
　　(C) 布
　　(D) 沒有說任何結果。

_____ 17. 圖 (6) 程式的執行結果為何？
　　(A) 小貓往右移動 10 點，碰到黑線之後繼續往右移動 10 點
　　(B) 小貓往左移動 10 點，碰到黑線之後繼續往右移動 10 點
　　(C) 小貓執行一次「往右移動 10 點，碰到黑線之後往左移動 10 點」
　　(D) 小貓重複執行「往右移動 10 點，碰到黑線之後往左移動 10 點」，無法越過黑線。

圖 (5)

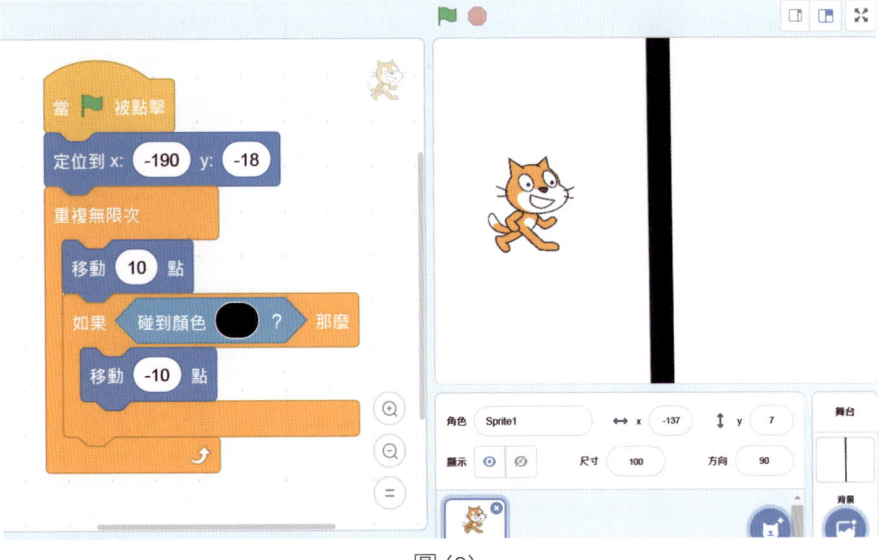

圖 (6)

Chapter 7 課後評量

_____ 18. 圖(7) 程式積木的執行結果為何？
(A) 說：「計時 xxx（計時器的數字）」
(B) 說：「xxx（計時器的數字）」
(C) 說：「字串組合計時與計時器」
(D) 說：「0」。

圖(7)

_____ 19. 圖(8) 程式積木的敘述，何者「錯誤」？
(A) 倒數計時 3，2，1
(B) 屬於選擇結構
(C) 屬於重複結構
(D) 倒數結束停止全部程式的執行。

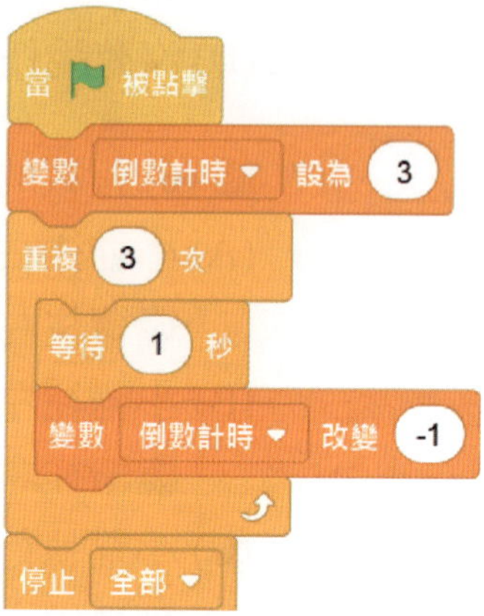

圖(8)

_____ 20. 關於圖(9) Scratch 角色如果往舞台的右邊（x：240）移動，應該使用哪一個積木？
(A)  x 改變 10
(B)  x 設為 10
(C)  y 改變 10
(D)  y 設為 0。

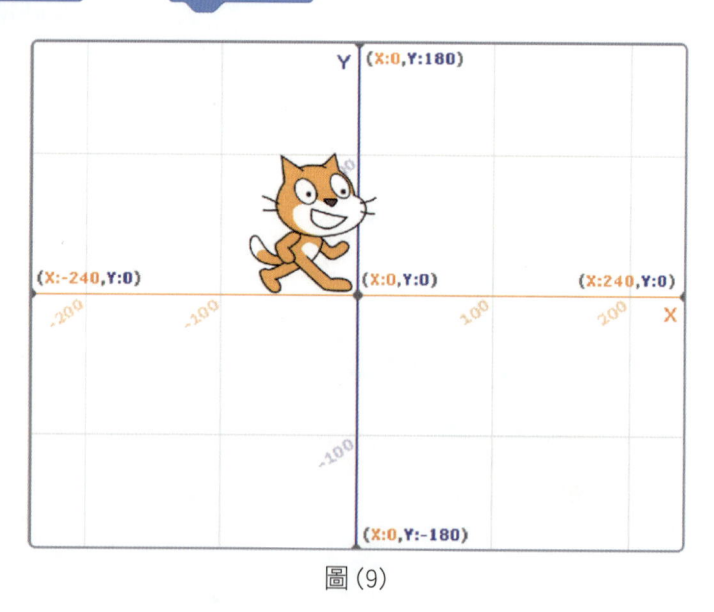

圖(9)

_____ 21. 關於圖(9) Scratch 角色如果往舞台的上方（y：180）移動，應該使用哪一個積木？
(A)  x 改變 10
(B)  x 設為 10
(C)  y 改變 10
(D)  y 設為 0。

Chapter 8

兔子的生長：費氏數列

本章將利用 Scratch 清單與函式，設計「兔子的生長 - 費氏數列」專題。按下 f 鍵，詢問：「輸入想要產生的費氏數列個數」，等待使用者輸入，再依據使用者輸入的個數產生，並將每個數寫入清單中。

學習目標

1. 能夠定義函數積木。
2. 能夠設計清單。
3. 能夠設計費氏數列程式。

8-1 費氏數列原理

　　義大利數學家費波那契（Fibonacci）從「兔子的生長」發現，如果養了一對剛出生的小兔子，二個月後（第三個月）兔子長大，開始生小兔子，而且每一個月都會生下一對小兔子，假設大兔子永遠活著。他發現從第 3 個月起，每個月每對兔子的數量就是前 2 個月數量的總合，這是費氏數列最早的起源，兔子的生長方式如下圖所示：

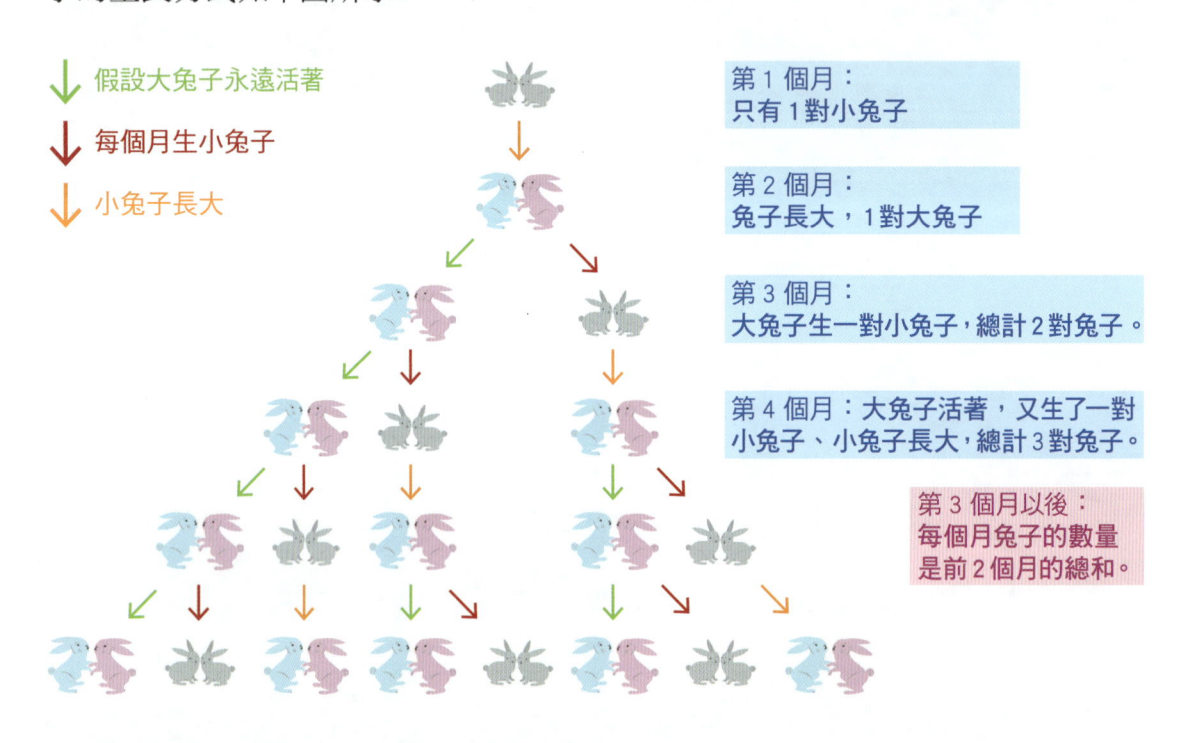

↓ 假設大兔子永遠活著
↓ 每個月生小兔子
↓ 小兔子長大

第 1 個月：
只有 1 對小兔子

第 2 個月：
兔子長大，1 對大兔子

第 3 個月：
大兔子生一對小兔子，總計 2 對兔子。

第 4 個月：大兔子活著，又生了一對小兔子、小兔子長大，總計 3 對兔子。

第 3 個月以後：
每個月兔子的數量是前 2 個月的總和。

　　費波那契從「兔子的生長」的發現與「費氏數列」的關係如下所示：

費波那契的發現	費氏數列原理
1. 第 0 個月沒有兔子，$F_0=0$。	1. 費氏數列第 0 項 $F_0=0$。
2. 第 1 個月 1 對小兔子，$F_1=1$。	2. 費氏數列第 1 項 $F_1=1$。
3. 第 2 個月 1 對大兔子（小兔子長大），$F_2=1$。	3. 費氏數列第 2 項 $F_2=1$。
4. 第 3 個月 2 對兔子（大兔子生 1 對小兔子，加上原來的大兔子）$F_3=1+1=2$。	4. 費氏數列第 3 項 $F_3=F_1+F_2$，第 3 項開始，就是前 2 項的加總。
5. 第 n 個月兔子的數量是前 2 個月的加總。	5. 費氏數列第 n 項 $F_n=F_{n-1}+F_{n-2}$，n 大於等於 2。

費氏數列

F_0 F_1 F_2
0, 1, 1, 2, 3, 5, 8, 13, 21, 34, 55, 89, ...
$F_1 + F_2 = F_3$
$F_2 + F_3 = F_4$

8-2　設計費氏數列流程

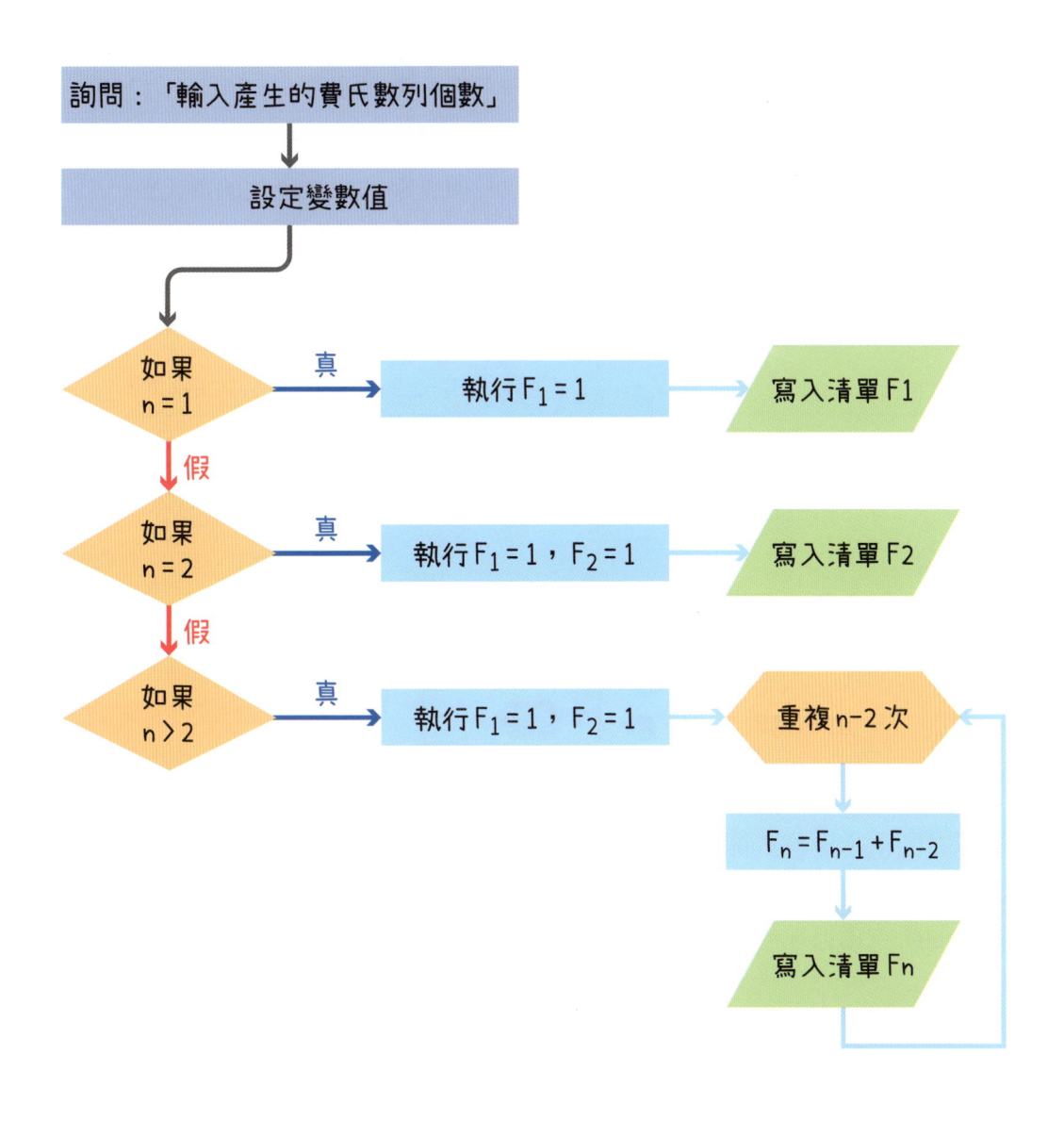

詢問：「輸入產生的費氏數列個數」
↓
設定變數值
↓
如果 n = 1 —真→ 執行 $F_1 = 1$ → 寫入清單 F_1
↓假
如果 n = 2 —真→ 執行 $F_1 = 1$，$F_2 = 1$ → 寫入清單 F_2
↓假
如果 n > 2 —真→ 執行 $F_1 = 1$，$F_2 = 1$ → 重複 n-2 次
　　　　　　　　　　　　　　　　　　　　　　　↓
　　　　　　　　　　　　　　　　　　$F_n = F_{n-1} + F_{n-2}$
　　　　　　　　　　　　　　　　　　　　　　　↓
　　　　　　　　　　　　　　　　　　寫入清單 F_n

8-3　設計費氏數列程式

一　定義函式 F1 與 F2

分析問題	問題解析
1. 詢問：「輸入想要產生費氏數列的個數」	利用 [詢問 What's your name? 並等待] 詢問問題。
2. 設定變數值 產生的個數 = 詢問的答案	建立一個變數「產生的個數」暫存使用者輸入的答案「[詢問的答案]」。
3. 費氏數列第 1 項 $F_1 = 1$	建立一個變數「F1」，F1 固定，設定為 1。 建立一個變數「F」為產生的費氏數。 建立一個清單「費氏數」。 定義函式 F1，將 F 費氏數添加到清單。
4. 費氏數列第 2 項 $F_2 = 1$	建立一個變數「F2」，F2 固定，設定為 1。 定義函式 F2，將 F 費氏數添加到清單。

Tips
Scratch 設計程式無法使用下標 F_1，因此程式以「F1」表達。

1. 新增背景與角色或開啟 ch8 練習檔 .sb3。
2. 按 **變數**，再 **建立一個清單**，輸入【費氏數】。
3. 拖曳右圖積木，程式開始，刪除「費氏數」清單上的所有項目。

4 按 變數 ，再 建立一個變數，輸入【F1】。

5 重複步驟 1 ，依序建立變數【F】、【F2】、【F(n–1)】、【F(n–2)】與【產生個數】。

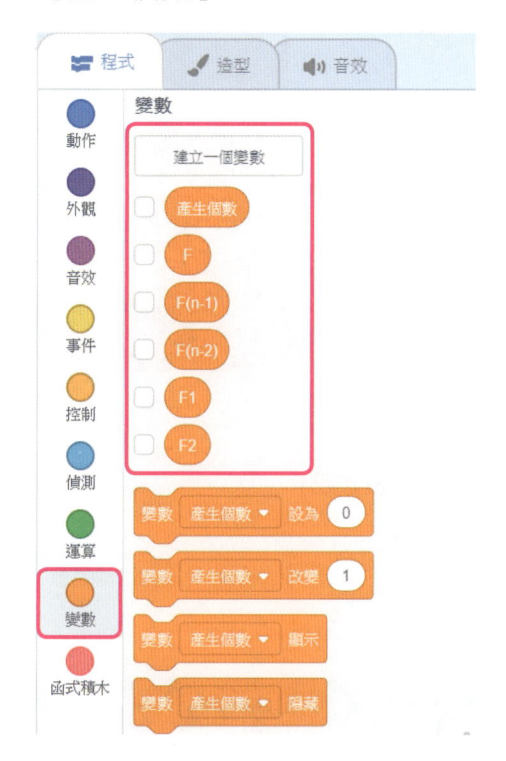

6 拖曳下圖積木，當按下 f 鍵，刪除「費氏數」清單上的所有項目。

7 拖曳 詢問 What's your name? 並等待 ，輸入【輸入想要產生的個數】，再將 詢問的答案 設定為「產生個數」。

8 將變數費氏數 F 設定為 0、F1 設定為 1、F2 設定為 1。

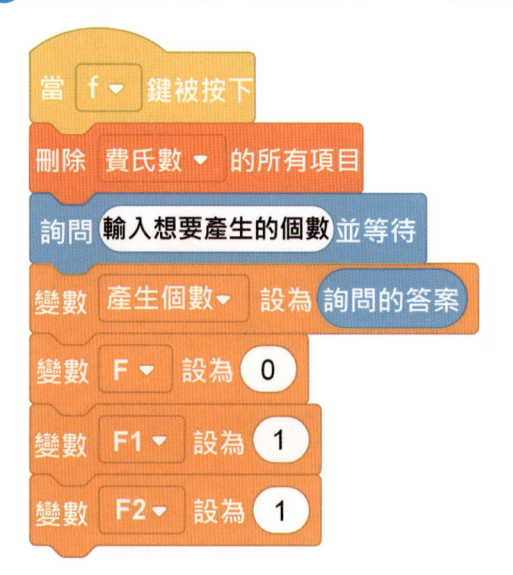

⑨ 按 **函式積木**，再 **建立一個積木**，輸入【F1】。

⑩ 將變數費氏數 F 設定為 F1 的值。

⑪ 將產生的 F 加到費氏數清單。

⑫ 重複步驟 ⑧～⑩ 定義「F2」函式積木。

⑬ 將變數費氏數 F 設定為 F2 的值。

二 定義函式 F3

定義第 3 項費氏數 F3＝F2＋F1，Fn＝F(n–1)＋F(n–2)

例如下列產生 9 項費氏數列：

$$F_n = F_{n-1} + F_{n-2}$$

F_0	F_1	F_2	F_3	F_4	F_5	F_6	F_7	F_8	F_9
0	1	1	2	3	5	8	13	21	34

分析問題

設定變數 F = F(n–1) + F(n–2)

1. 費氏數列第 3 項 F3 = F2 + F1。

   F3 是下一個費氏數 F4 的前 1 項 F(n–1)　　F2 是下一個費氏數 F4 的前 2 項 F(n–2)

2. 費氏數列第 4 項 F4 = F3 + F2。

   F4 是下一個費氏數 F5 的前 1 項 F(n–1)

   F3 是現在 F4 的前 1 項 F(n–1)
   F3 是下一個費氏數 F5 的前 2 項 F(n–2)

3. 費氏數列第 5 項 F5 = F4 + F3。

   F5 是下一個費氏數 F6 的前 1 項 F(n–1)

   F4 是現在 F5 的前 1 項 F(n–1)
   F4 是下一個費氏數 F6 的前 2 項 F(n–2)

4. 費氏數列第 n 項 Fn = F(n–1) + F(n–2)，n 大於等於 2。

   下一個費氏數的前 1 項 F(n–1)，來自這次產生的費氏數
   F(n–1) = F

   下一個費氏數的前 2 項 F(n–2)，來自這次產生費氏數的前 1 項 F(n–1)
   F(n–2) = F(n–1)

① 按 函式積木，建立一個積木，輸入【F3】。

② 設定變數 F(n–2) 為 F1。

③ 設定變數 F(n–1) 為 F2。

④ F1、F2 產生之後，需要再執行 (n–2) 次。

⑤ 設定 F 為 F(n–1)+F(n–2)，這次產生的費氏數，設定為 F，是前兩項總和。

⑥ 設定 F(n–2) 為 F(n–1)，下一個費氏數的前 2 項 F(n–2)，來自這次產生費氏數的前 1 項 F(n–1)。

⑦ 設定 F(n–1) 為 F，下一個費氏數的前 1 項 F(n–1)，來自這次產生的費氏數 F。

⑧ 將產生的 F 加到費氏數清單。

產生費氏數

產生第 1 項費氏數 F1，需執行 1 次、產生第 2 項費氏數 F2 需執行 2 次、產生第 3 項費氏數 F3，需執行 3 次，…以此類推。

產生個數（n）	重複執行次數	費氏數（F）	寫入清單
輸入 1 產生個數 = 1	執行次數 = 1 第 1 次 ----------▶	產生 1 個費氏數 F1 = 1	1
輸入 2 產生個數 = 2	執行次數 = 2 第 1 次 ----------▶ 第 2 次 ----------▶	產生 2 個費氏數 F1 = 1 F2 = 1	1 1
輸入 3 產生個數 = 3	執行次數 = 3 第 1 次 ----------▶ 第 2 次 ----------▶ 第 3 次 ----------▶	產生 3 個費氏數 F1 = 1 F2 = 1 F3 = 2	1 1 2

① 拖曳右圖積木，如果輸入 1，產生的個數 =1，執行定義的 F1 函式，產生 1 個費氏數。

② 如果輸入 2，產生的個數 =2，執行定義的 F1 與 F2 函式，產生 2 個費氏數。

③ 按下 f 鍵，輸入 3，檢查舞台清單產生的費氏數是否正確。

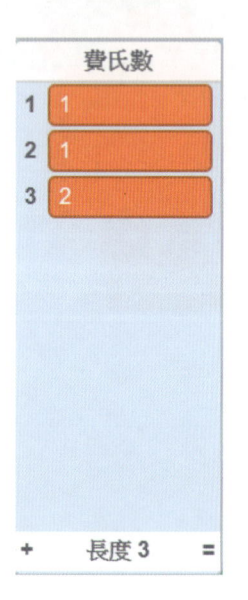

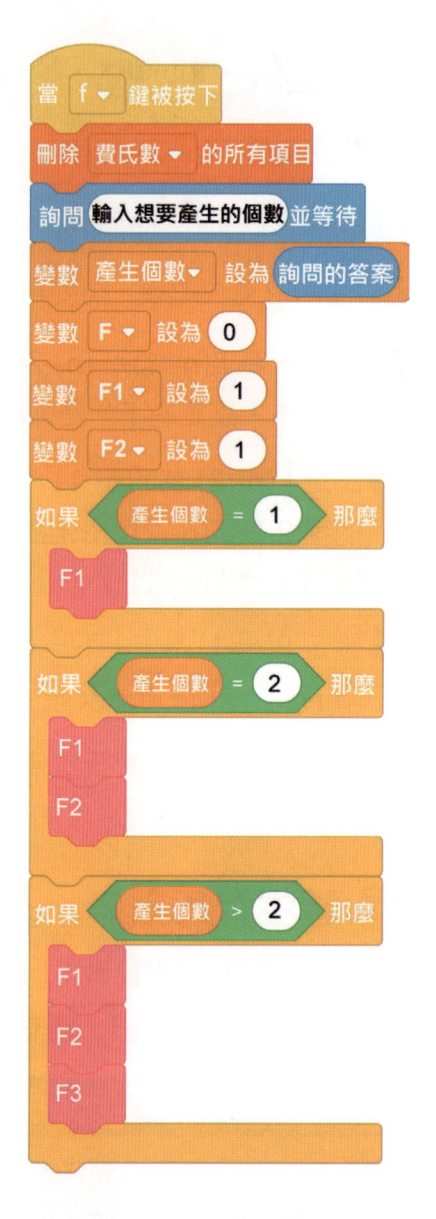

④ 按下 f 鍵，輸入「產生的個數」，檢查舞台清單產生的費氏數是否正確。

課後評量　8 Chapter

選擇題

_____ 1. 如果點擊角色時，角色貓咪詢問：「請問芳名」並等待使用者輸入（如圖 (1) 所示），應該使用下列哪一組程式？

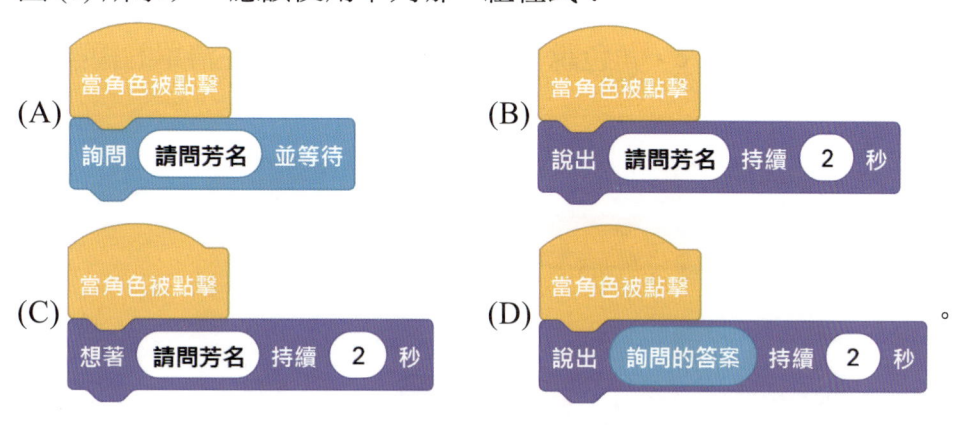

(A) 當角色被點擊／詢問 請問芳名 並等待

(B) 當角色被點擊／說出 請問芳名 持續 2 秒

(C) 當角色被點擊／想著 請問芳名 持續 2 秒

(D) 當角色被點擊／說出 詢問的答案 持續 2 秒

圖 (1)

_____ 2. 圖 (2) 程式積木的敘述，何者「錯誤」？
(A) 圖書目錄屬於變數資料
(B) 圖書目錄屬於清單資料
(C) 程式開始時刪除所有圖書目錄的項目
(D) 按下空白鍵才能新增圖書目錄。

圖 (2)

Chapter 8 課後評量

_____ 3. 圖 (3) 程式積木與舞台清單的敘述，何者「錯誤」？
   (A) 按下 a，角色說出總共有 3 筆圖書目錄
   (B) 按下 b，角色說出第 1 筆圖書目錄的名稱為 a
   (C) 按下 c，查詢圖書目錄的內容是否有「abc」
   (D) 按下 c，角色說「abc」這本圖書目錄在清單的編號為 3。

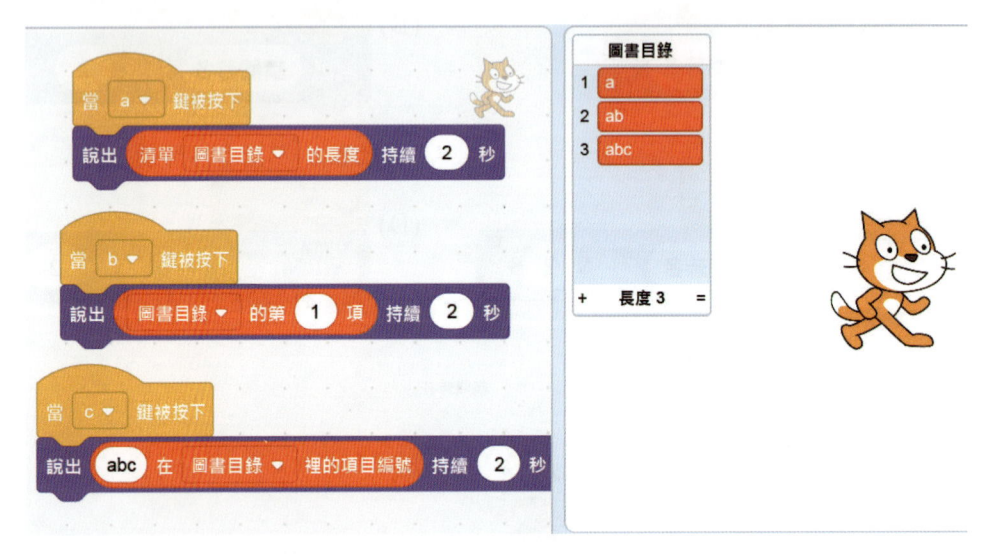

圖(3)

_____ 4. 圖 (4) 舞台顯示之「書名」與「圖書編號」的敘述，何者「錯誤」？
   (A) 「書名」屬於清單
   (B) 「書名」與「圖書編號」都屬於清單
   (C) 「圖書編號」屬於變數
   (D) 書名總共有 4 項資料。

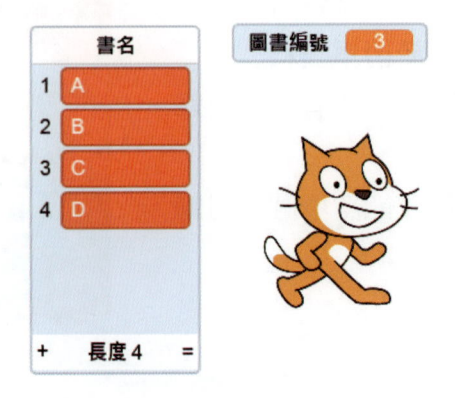

圖(4)

課後評量 8 Chapter

_____ 5. 圖 (5) 程式，按綠旗時將資料添加到「姓名」清單，請問按下空白鍵時，角色會說什麼？　(A) c　(B) abc　(C) true　(D) 1。

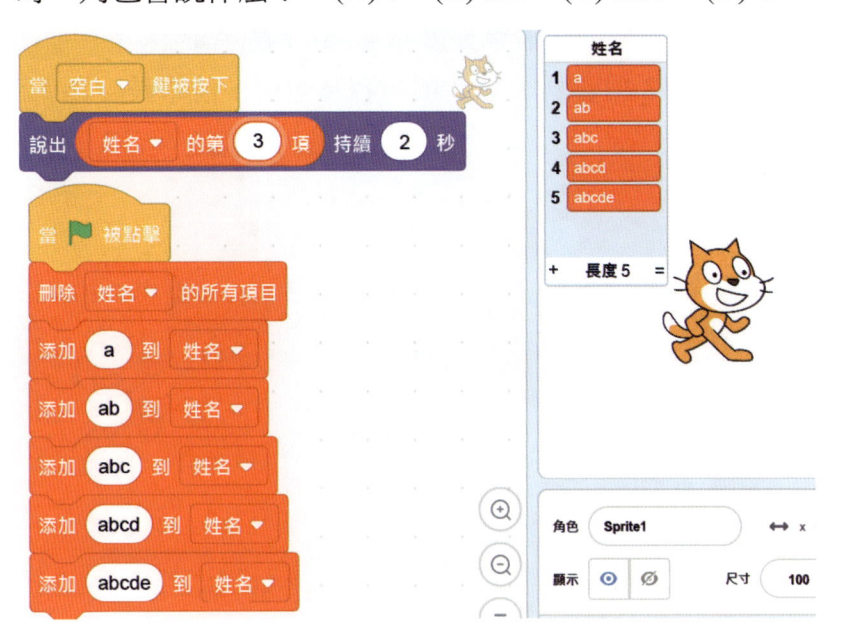

圖(5)

_____ 6. 圖 (6) 程式，按綠旗時將資料添加到「姓名」清單，請問按下空白鍵時，程式的執行結果為何？
(A) 將 abcde 改成 abcdef　　(B) 將 abcdef 插入最上方
(C) 刪除第 6 筆 abcdef　　(D) 新增第 6 筆資料「abcdef」。

圖(6)

Chapter 8 課後評量

_____ 7. 圖(7)程式，按綠旗時將資料添加到「姓名」清單，請問按下空白鍵時，程式的執行結果為何？
(A)將 ab 改 2　(B)清單長度為 4　(C)刪除 a
(D)刪除第 2 項資料，第 2 項內容為空白，清單長度為 5。

圖(7)

_____ 8. 圖(8)程式，按綠旗時將資料添加到「姓名」清單，請問按下空白鍵時，程式的執行結果為何？
(A)將第 2 項內容 ab 改為 aa　(B)在第 2 項內容 ab 後面新增一項 aa
(C)刪除第 2 項內容，變空白　(D)總共有 6 項資料。

圖(8)

課後評量 8 Chapter

_____ 9. 圖 (9) 程式，按綠旗時將資料添加到「姓名」清單，請問按下空白鍵時，程式的執行結果為何？
(A) a　(B) abcde　(C) 4　(D) 5。

圖(9)

_____ 10. 圖 (10) 程式，按綠旗時將資料添加到「姓名」清單，請問按下空白鍵時，程式的執行結果為何？
(A) 1　(B) 2　(C) 4　(D) 2,3,4,5。

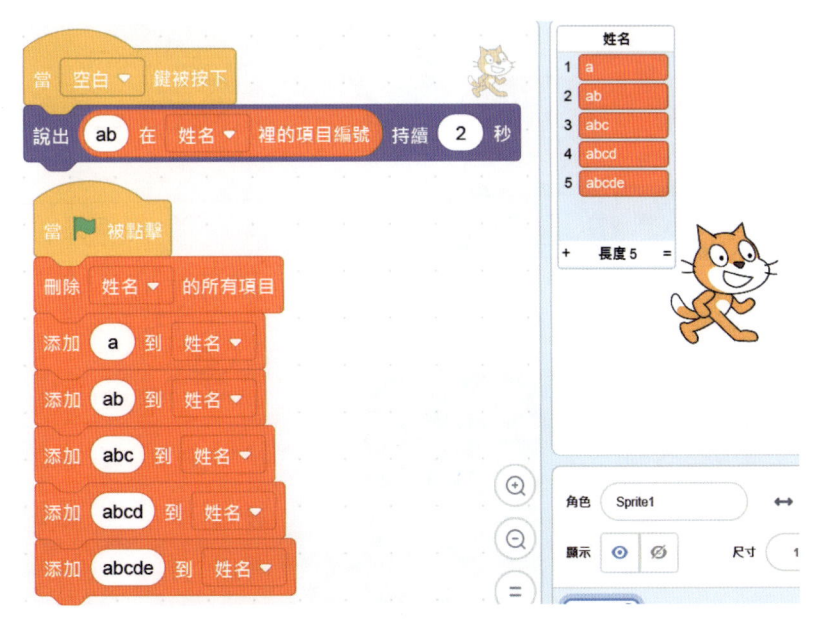

圖(10)

Chapter 8　課後評量

_____ 11. 圖(11)程式，按綠旗時將資料添加到「姓名」清單，請問按下空白鍵時，程式的執行結果為何？
(A) 3　(B) y　(C) true　(D) false。

圖(11)

_____ 12. 圖(12)程式積木中，舞台顯示「a=4，b=3」時，角色說出的結果為何？
(A) a*b　(B) a×b　(C) 1～9　(D) 12。

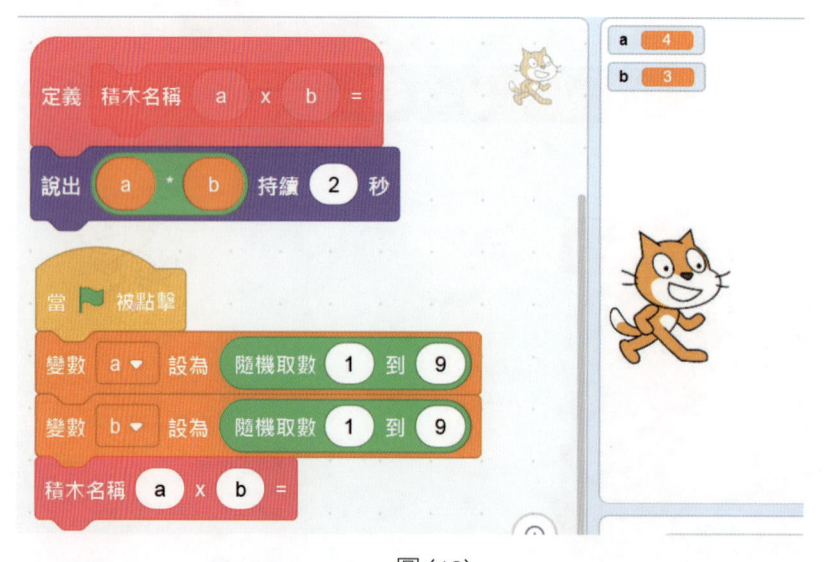

圖(12)

課後評量 8 Chapter

13. 圖 (13) 程式積木的敘述，何者正確？

(A)  積木名稱 ◯ x ◯ = 屬於函式積木

(B) 只要拖曳  定義 積木名稱 a x b = 就會執行  積木名稱 ◯ x ◯ = 定義的函數

(C)  積木名稱 ◯ x ◯ = 積木用來定義要執行的函數

(D) 函式積木僅能定義數字，無法定義文字或布林。

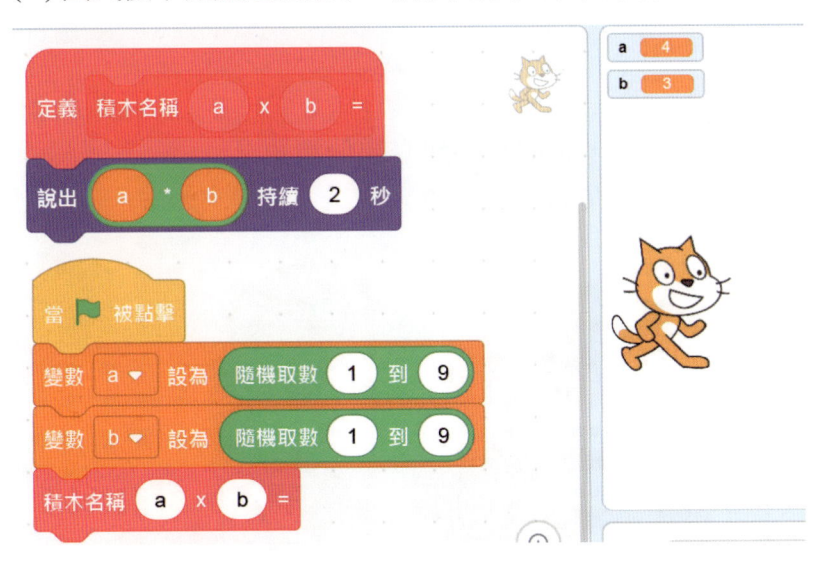

圖 (13)

14. 費氏數列的計算方式為，第 0 項為 0、第 1 項為 1、第 2 項為 1、從第 3 項開始，每一項就是前 2 項的相加，所以第 3 項為 2、第 4 項為 3⋯以此類推，如圖 (14) 所示，請問第 10 項費氏數為何？
    (A) 21　(B) 34　(C) 55　(D) 89。

圖 (14)

Chapter 8 課後評量

_____ 15. 圖 (15) 費氏數列清單中，從第 3 項開始，每一項就是前 2 項的相加，如果想設計費氏數列的程式，應該使用下列哪一種功能，將程式結構化？
(A) 資料選擇
(B) 資料排序
(C) 資料搜尋
(D) 定義函式積木。

圖 (15)

_____ 16. 如圖 (16) 所示，請問需要建立幾個清單？
(A) 1　(B) 2　(C) 6　(D) 12。

圖 (16)

課後評量 8 Chapter

_____ 17. 關於圖 (17) 清單的程式積木敘述，何者「錯誤」？
(A) 題目在 1～6 之間隨機選取
(B) 詢問英文清單的題目
(C) 詢問中文清單的題目
(D) 點擊角色才會執行詢問並等待。

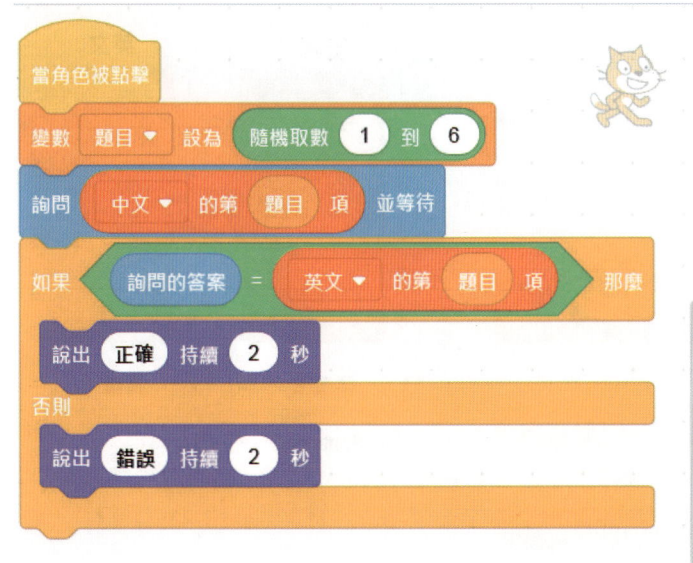

圖 (17)

Chapter 8 課後評量

_____ 18. 關於圖(18)清單的程式積木敘述，何者正確？
(A) 如果輸入正確的中文就說正確
(B) 如果輸入錯誤的中文就說錯誤
(C) 詢問的答案 是使用者從鍵盤輸入的答案
(D) 判斷的條件為「鍵盤輸入的答案與題目的中文答案相同」。

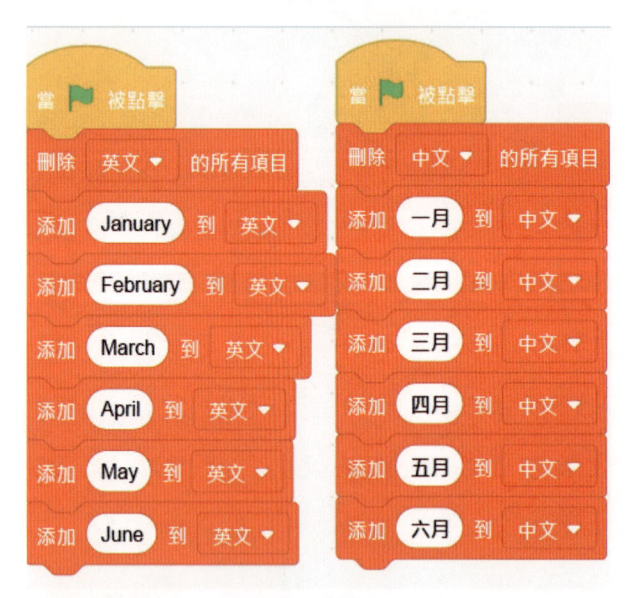

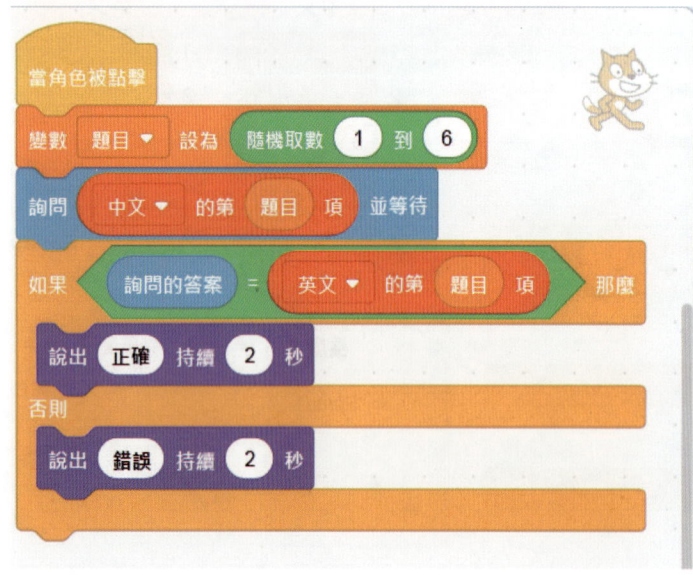

圖(18)

Chapter 9

英文語音翻譯與打字

本章將利用 Scratch 偵測、文字轉語音與翻譯,以「英文語音翻譯與打字」為範例。程式開始執行時,角色說明操作方式,「按 1 輸入英文,翻譯成中文文字」、「按 2 輸入中文,翻譯成英文文字,並唸出英文語音」或「按下 A～Z 練習英文鍵盤打字,並唸出 A～Z 語音」。

學習目標

1. 能夠設計偵測鍵盤輸入按鍵。
2. 能夠以語音唸出 A～Z 發音。
3. 能夠將中文翻譯成英文文字,並唸出英文語音。
4. 能夠將英文翻譯成中文文字。

9-1 英文語音翻譯與打字腳本規劃

舞台	角色	動畫情境
背景 自訂	「Pico Walking」	程式開始「Pico Walking」說出操作說明各 1 秒。 1.「按 1 輸入英文，翻譯成中文文字」。 2.「按 2 輸入中文，翻譯成英文文字，並唸出英文語音」。 3.「按下 A～Z 練習英文鍵盤打字，並唸出 A～Z 語音」。
	字母「A」～「Z」	1.「A」～「Z」定位在舞台固定位置。 2. 當正確輸入「A」～「Z」字母。 　(1) 唸出「A」～「Z」發音。 　(2)「A」～「Z」隱藏 1 秒再顯示。

9-2 設計英文語音翻譯與打字流程

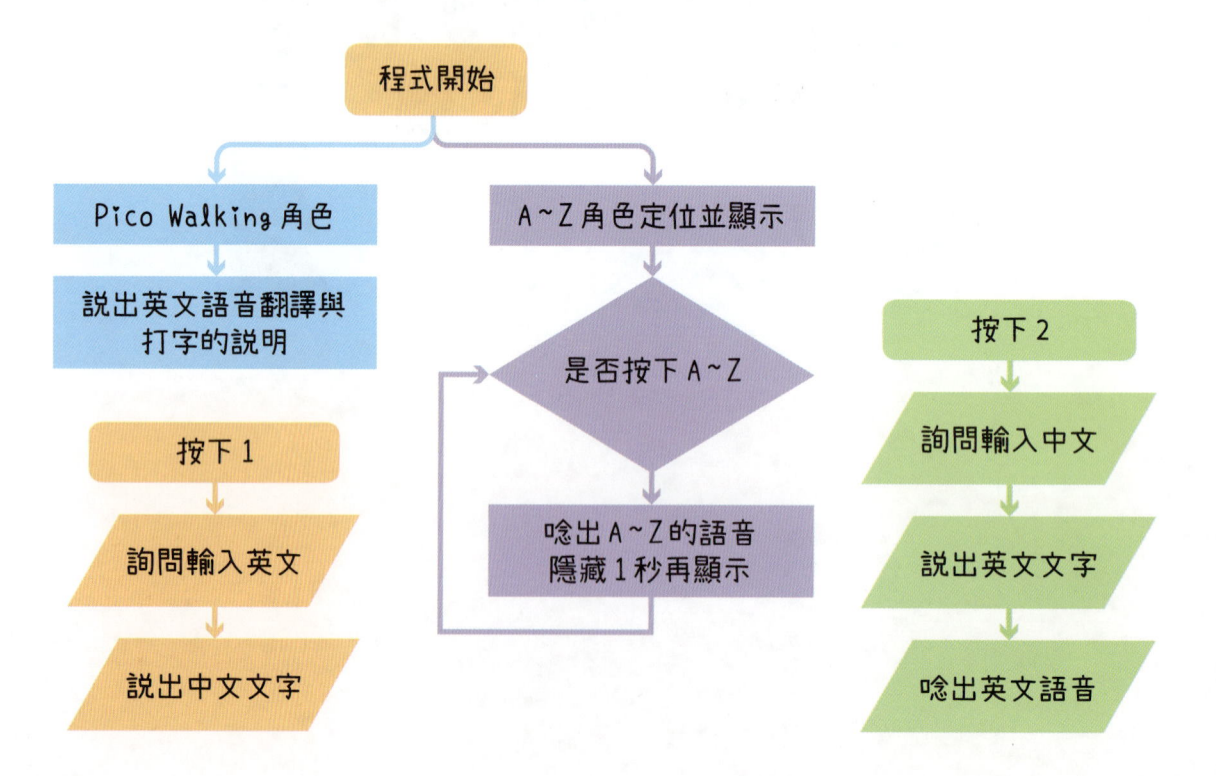

9-3 翻譯

Scratch 翻譯功能提供翻譯中文等 61 國語言。

一 英翻中或中翻英

分析問題	問題解析
按 1 輸入英文，翻譯成中文文字。	1. 利用詢問 `詢問 What's your name? 並等待` 等待使用者輸入中文。 2. 將使用者輸入的中文暫存在 `詢問的答案`。 3. 利用 `文字 詢問的答案 翻譯成 中文(繁體)` 將英文翻譯成中文。
按 2 輸入中文，翻譯成英文文字。	利用 `文字 詢問的答案 翻譯成 英文` 翻譯成英文。

二 設計「英翻中或中翻英」程式

① 新增背景、【Pico Walking】角色與【A】～【Z】26 個英文字母角色。

② 將【A】～【Z】26 個英文字母依照鍵盤的位置排列。

〈操作說明〉或開啟 ch9 練習檔 .sb3。

Chapter 9 英文語音翻譯與打字

③ 點選【Pico Walking】，按 事件，拖曳 當 ▶ 被點擊 。

④ 按 外觀，拖曳 3 個 說出 Hello! 持續 2 秒，輸入左方訊息，各 1 秒。

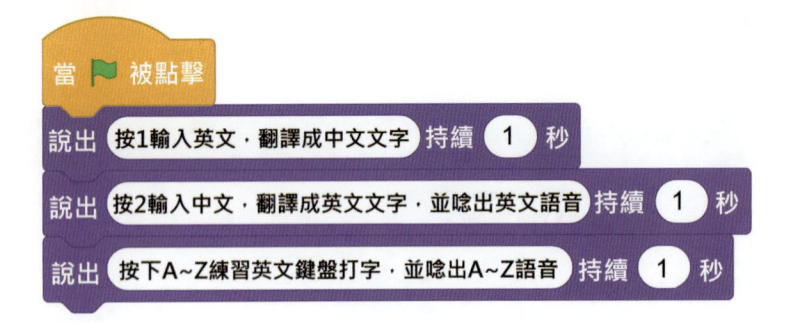

```
當 ▶ 被點擊
說出 按1輸入英文，翻譯成中文文字 持續 1 秒
說出 按2輸入中文，翻譯成英文文字，並唸出英文語音 持續 1 秒
說出 按下A~Z練習英文鍵盤打字，並唸出A~Z語音 持續 1 秒
```

⑤ 按【添加擴展】中，點選【文字轉語音】。

⑥ 重複步驟⑤，添加【翻譯】積木。

❼ 按 事件，拖曳 2 個 當 空白▼ 鍵被按下，點選【1】。

❽ 按 偵測，拖曳 詢問 What's your name? 並等待，輸入【輸入英文，翻譯成中文文字】。

❾ 按 外觀，拖曳 說出 Hello!。

❿ 按 翻譯，拖曳 文字 hello 翻譯成 阿爾巴尼亞文▼ 到「Hello!」位置，點選【中文(繁體)】。

⓫ 按 偵測，拖曳 詢問的答案 到「hello」。

⑫ 點擊 🚩，檢查角色是否說出操作說明各 1 秒。

⑬ 按 1，輸入英文【I am coding.】，檢查是否翻譯成中文【我正在編碼】。

〈操作說明〉1. 單字或句子皆可翻譯。

2. 翻譯或文字轉語音時，電腦需連接網路。

9-4 文字轉語音

一 文字轉語音

分析問題	問題解析
按 2 輸入中文，翻譯成英文文字，並唸出英文語音。	利用 [唸出 hello] 唸出，將 [文字 詢問的答案 翻譯成 英文▼] 翻譯的結果，以英文語音唸出。

設計「文字轉語音」程式

① 按 `文字轉語音`，拖曳 `語音設為 alto`，點選【尖細】，語音的音調為「尖細」。

② 複製「按 1」的「詢問與說出」改為【輸入中文，翻譯成英文文字，並唸出英文語音】、將翻譯改為【英文】。

③ `唸出 hello` 唸出與 `文字 詢問的答案 翻譯成 英文`。

```
當 2 鍵被按下
語音設為 尖細
詢問 輸入中文，翻譯成英文文字，並唸出英文語音 並等待
說出 文字 詢問的答案 翻譯成 英文 持續 2 秒
唸出 文字 詢問的答案 翻譯成 英文
```

④ 點擊 🏁，按 2，輸入中文【美國麻省理工學院】，檢查是否翻譯成英文【Massachusetts Institute of Technology】並唸出英文（MIT）的語音。

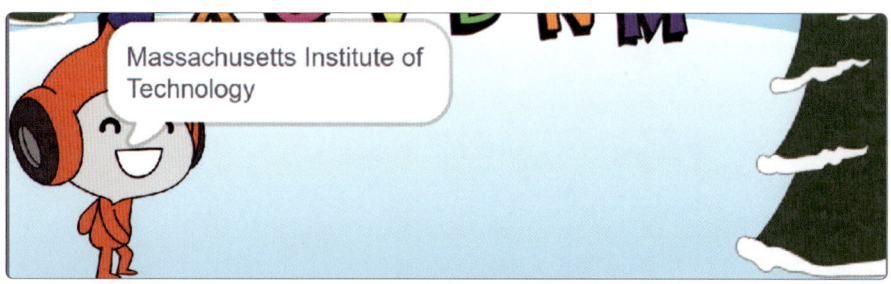

〈操作說明〉唸出語音時，請開啟電腦喇叭。

9-5 英文打字與語音

一 英文打字與語音

分析問題	問題解析
按下 A～Z 練習英文鍵盤打字，並唸出 A～Z 語音。	1. 利用 `空白▼ 鍵被按下?` 偵測鍵盤輸入 A～Z。 2. 再利用 `唸出 hello` 唸出輸入的 A～Z。

二 設計「英文打字與語音」程式

① 點選 `A-block` 角色【A】，拖曳下頁右圖積木，程式開始執行時先定位，並顯示。

② 按 `偵測`，拖曳 `空白▼ 鍵被按下?`，點選【a】，偵測是否按下鍵盤的 a 鍵。

③ 按 `文字轉語音`，拖曳 `語言設為 English▼` 與 `語音設為 alto▼`，點選【tenor】設定男性英文的語音。

④ 拖曳 `唸出 hello`，輸入【a】，如果按下 a 鍵，就唸出 a 的語音。

⑤ 拖曳 `隱藏` `等待 1 秒` `顯示`，按下 a 鍵時，角色 A 閃爍。

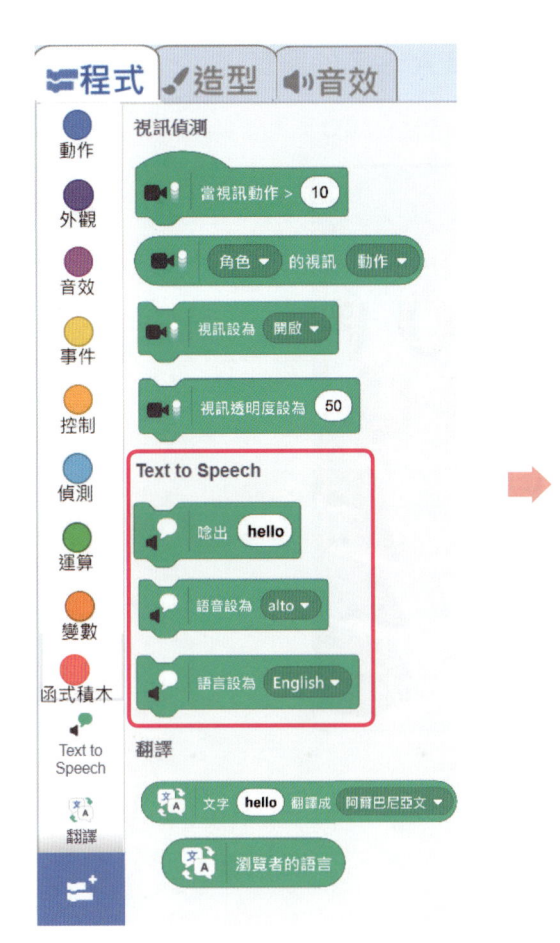

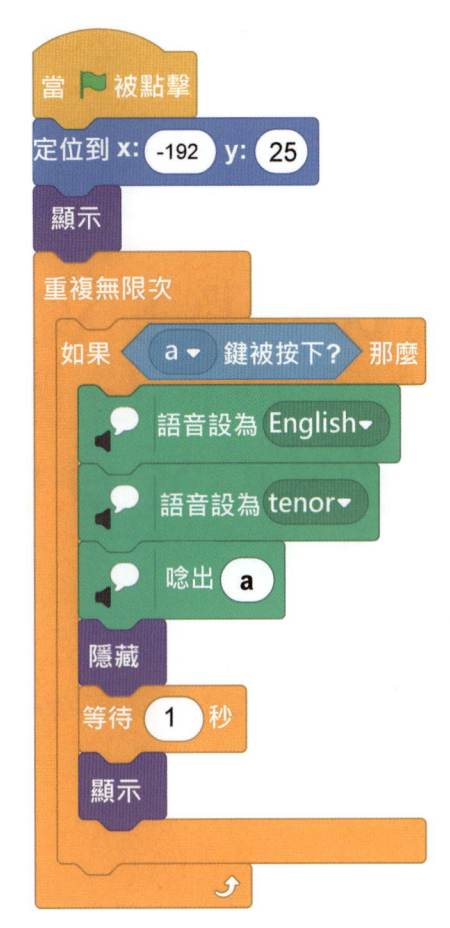

❻「A」的程式拖曳到「B」放開，複製程式。

❼更改角色「B」的【定位】、【b 鍵被按下】、【唸出 b】。

❽重複步驟❻～❼，更改 C～Z 的【定位】、【c～z 鍵被按下】、【唸出 c～z】。

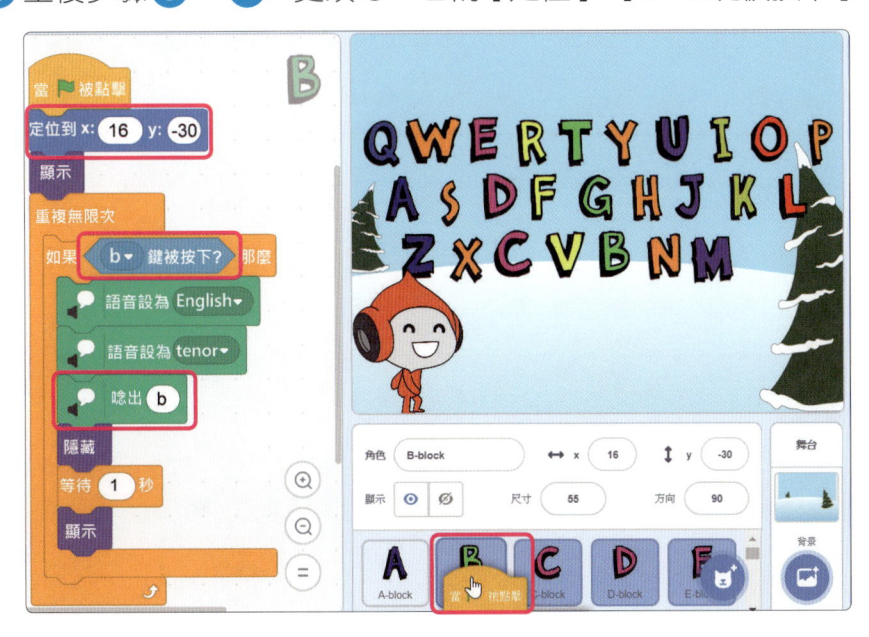

9 點擊 🚩，再按鍵盤的 A～Z，檢查是否唸出 A～Z 的語音。

課後評量 9 Chapter

選擇題

_____ 1. 如果想設計偵測鍵盤是否按下按鍵，應該使用下列哪一個積木？
(A) 與 鼠標 的間距
(B) 碰到 鼠標 ?
(C) 空白 鍵被按下?
(D) 滑鼠鍵被按下?。

_____ 2. 圖(1) 程式積木的執行結果為何？
(A) 按下空白鍵，角色顯示
(B) 按下空白鍵，角色隱藏再顯示
(C) 按下空白鍵，角色隱藏，按下綠旗才顯示
(D) 沒按下空白鍵之前，角色隱藏。

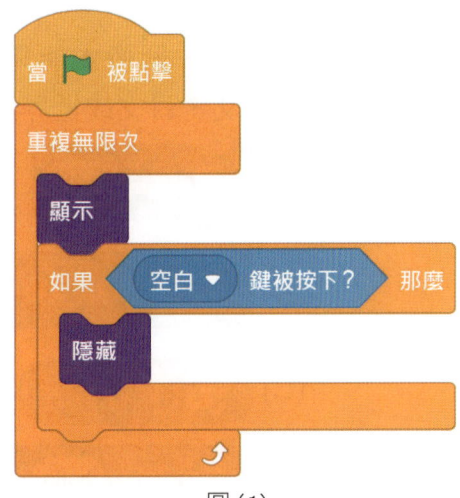

圖(1)

_____ 3. 圖(2) 程式積木的執行結果為何？
(A) 按下空白鍵，角色顯示
(B) 按下空白鍵，角色隱藏再顯示
(C) 按下空白鍵，角色隱藏，按下綠旗才顯示
(D) 沒按下空白鍵之前，角色隱藏。

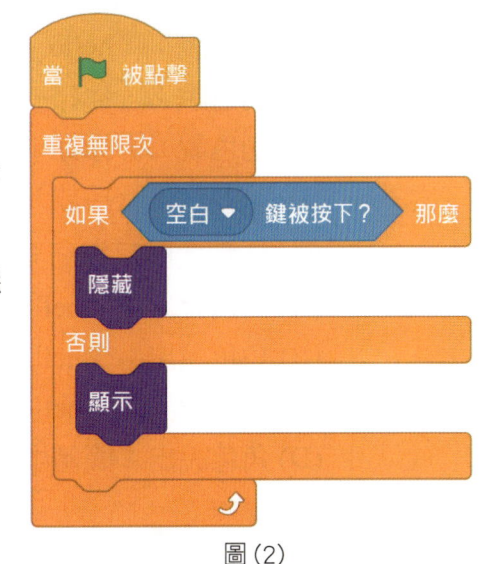

圖(2)

Chapter 9 課後評量

_____ 4. 圖 (3) 程式積木的執行結果為何？
(A) 按下空白鍵，角色顯示
(B) 按下空白鍵，角色隱藏 1 秒，之後再顯示
(C) 按下空白鍵，角色隱藏 1 秒，按下綠旗才顯示
(D) 按下空白鍵，角色永遠隱藏。

_____ 5. 下列哪一個積木能夠將英文翻譯成中文、日文或世界各國語言？
(A) 唸出 hello
(B) 語音設為 alto
(C) 瀏覽者的語言
(D) 文字 hello 翻譯成 阿爾巴尼亞文

圖 (3)

_____ 6. 圖 (4) 程式的執行結果為何？
(A) 角色說：「hello」文字
(B) 角色說：「你好」文字
(C) 角色說：「你好」語音及文字
(D) 電腦的喇叭播放 hello 語音。

圖 (4)

_____ 7. 圖 (5) 程式的執行結果為何？
(A) 角色說出：「hello」語音
(B) 角色說出：「hello」文字
(C) 角色說出：「hello」語音及文字
(D) 角色說出：簡體中文的「你好」文字。

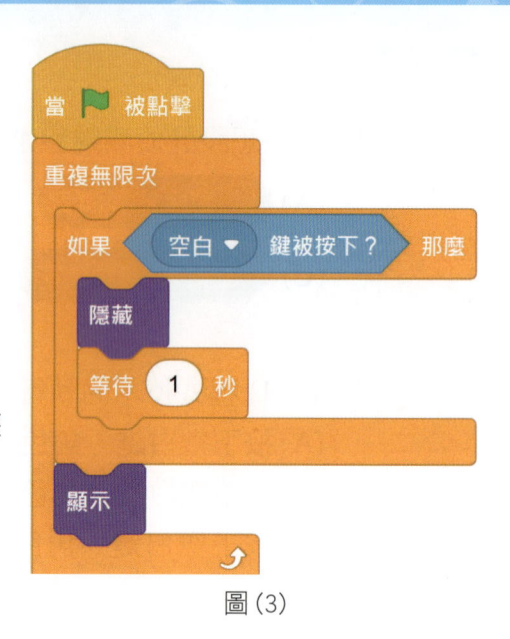

圖 (5)

附錄

課後評量參考答案

課後評量參考答案

Chapter 1

1	2	3	4	5	6	7
B	B	A	C	A	A	D

Chapter 2

1	2	3	4	5	6	7	8	9	10
C	D	D	D	A	B	B	C	A	A

11	12	13	14	15	16	17	18	19	20
D	A	B	A	D	A	B	D	B	D

21	22	23	24	25	26	27	28	29	30
C	A	C	B	D	A	B	B	B	D

31	32	33	34	35	36	37	38	39	40
A	A	C	D	A	C	A	B	D	C

41	42	43	44	45	46	47	48
A	B	B	A	D	D	D	A

Chapter 3

1	2	3	4	5	6	7	8	9	10
D	B	C	B	D	A	A	B	D	B

11	12	13	14	15	16	17	18	19	20
C	C	D	D	A	A	B	B	A	B

21	22	23	24	25	26	27	28	29	30
C	D	A	D	A	A	D	A	C	D

31
A

Chapter 4

1	2	3	4	5	6
C	B	A	C	C	A

Chapter 5

1	2	3	4	5	6	7	8	9	10
A	D	C	A	A	A	A	C	C	C

Chapter 6

1	2	3	4	5	6	7	8	9	10
C	D	D	A	C	C	B	A	C	A

11	12
C	D

Chapter 7

1	2	3	4	5	6	7	8	9	10
C	B	D	D	A	C	A	A	C	B

11	12	13	14	15	16	17	18	19	20
D	A	C	B	D	C	D	A	B	A

21
C

Chapter 8

1	2	3	4	5	6	7	8	9	10
A	A	C	B	B	D	B	A	D	B

11	12	13	14	15	16	17	18
C	D	A	C	D	B	B	C

Chapter 9

1	2	3	4	5	6	7
C	B	B	B	D	D	D

MEMO

MEMO

ICT
ICTP

Information and Communication Technology Programs
計算機綜合能力國際認證

ICT using Programming
計算機程式語言國際認證

ICT 國際證書 正面樣式

其發證單位為 GLAD 全球學習與測評發展中心，為 CompTIA 成員之一，也是全球測評發行行業協會 ATP 的成員之一。

ICT 認證是邀集了產業界、學術界的計算機專家共同參與指導研發的計算機綜合考核能力認證，考核考生對於一般電腦資訊與網路行動通訊科技的理論知識、操作與實務應用能力，確保通過認證者擁有基本的電腦軟硬體、基本故障排除、常用軟體，以及網路與網際網路、行動通訊的知識與實務應用技能的參考標準，是升學推甄者、求職者、在職者及自我能力價值肯定的重要依據之一。

當全球許多國家或地區將 CTP (Computational Thinking for Programming) 運算思維與程式設計變成在教育上與科技、經濟上重要的發展策略之一時，運算思維與程式設計也變成必要培養的科技教育能力。

ICT (Information and Communication Technology) 資訊科技使用程式設計 (ICT using Programming,ICTP) 是給程式設計的入門者，來發展他們的程式設計能力。

此認證依據難易程度區分為二個能力級別：Fundamentals（基礎能力）、Essentials（核心能力）。

ICT/ICTP 認證 考試說明

等級	考試題數	考試時間	滿分	通過分數	題型	校務基本資料庫	學習歷程資料庫
基礎能力 Fundamentals Level	50 題	40 分鐘	1000 分	700 分	是非題、單選題 複選題、配合題	10665	9795
ICT using Programming（Scratch）基礎能力 Fundamentals Level	40 題	40 分鐘	1000 分	700 分	單選題	—	076F
核心能力 Essentials Level	80 題	60 分鐘	1000 分	700 分	是非題、單選題 複選題、配合題 填充題、排序題	8999	9796
ICT using Programming（Python）核心能力 Essentials Level	40 題	40 分鐘	1000 分	700 分	單選題	—	076G

ICT/ICTP 認證 產品售價

編號	產品名稱	價格	備註
PV511	電子試卷 - (Fundamentals 基礎能力)	$1,200	考生可自行線上下載證書副本，如有紙本證書的需求，亦可另外付費申請。
PV521	電子試卷 - (Fundamentals 基礎能力)- ICT using Programming -Scratch	$1,200	
PV501	電子試卷 - (Essentials 核心能力)	$1,200	
PV531	電子試卷 - (Essentials 核心能力)-ICT using Programming -Python	$1,200	

ICT/ICTP 認證 教材售價

產品編號	書名	建議售價
FD102	新一代 科大四技商管群、外語群 數位科技概論與應用升學跨越講義含 ICT 計算機綜合能力國際認證 Fundamentals Level - 最新版 - 附 MOSME 行動學習一點通：詳解．診斷．評量．擴增	$420
PF50301	新世代計算機概論含 ICT 計算機綜合能力國際認證 Essentials Level - 最新版 (第二版) - 附 MOSME 行動學習一點通	$480
PF305	運算思維與 Python 程式設計 - 含 GLAD ICTP 計算機程式能力國際認證核心能力 Essentials Level - 最新版 - 附 MOSME 行動學習一點通 (範例 download)	$450
PF306	運算思維與 Scratch3.0 程式設計 - 含 GLAD ICTP 計算機程式語言國際認證基礎能力 Fundamentals Level - 最新版 - 附 MOSME 行動學習一點通：影音．診斷．加值	$320

※ 以上價格僅供參考，依實際報價為準。

台灣區總代理
JYiC 勁園國際股份有限公司 www.jyic.net

諮詢專線：0800-000-799
歡迎辦理師資研習課程

書　　　名	**運算思維與Scratch3.0程式設計** 含GLAD ICTP計算機程式語言國際認證基礎能力Fundamentals Level
書　　　號	PF306
版　　　次	2021年12月初版
編　著　者	王麗君
總　編　輯	張忠成
責任編輯	兩兩文化 郭瀞文
校對次數	8次
版面構成	楊蕙慈
封面設計	楊蕙慈

> 國家圖書館出版品預行編目資料
>
> 運算思維與Scratch3.0程式設計
> 含GLAD ICTP計算機程式語言國際認證基礎能力
> Fundamentals Level / 王麗君
> -- 初版. -- 新北市：台科大圖書, 2021.12
> 　　　　面；　　公分
> ISBN 978-986-523-370-9（平裝）
> 　　1.微電腦　　2.電腦程式設計
> 471.516　　　　　　　　　　110019610

出　版　者	台科大圖書股份有限公司
門市地址	24257新北市新莊區中正路649-8號8樓
電　　　話	02-2908-0313
傳　　　真	02-2908-0112
網　　　址	tkdbooks.com
電子郵件	service@jyic.net
版權宣告	**有著作權　侵害必究** 本書受著作權法保護。未經本公司事前書面授權，不得以任何方式（包括儲存於資料庫或任何存取系統內）作全部或局部之翻印、仿製或轉載。 書內圖片、資料的來源已盡查明之責，若有疏漏致著作權遭侵犯，我們在此致歉，並請有關人士致函本公司，我們將作出適當的修訂和安排。
郵購帳號	19133960
戶　　　名	台科大圖書股份有限公司
	※郵撥訂購未滿1500元者，請付郵資，本島地區100元 / 外島地區200元
客服專線	0800-000-599
網路購書	PChome商店街　JY國際學院 博客來網路書店　台科大圖書專區
各服務中心	總　公　司　02-2908-5945　　台中服務中心　04-2263-5882 台北服務中心　02-2908-5945　　高雄服務中心　07-555-7947

線上讀者回函
歡迎給予鼓勵及建議
tkdbooks.com/PF306